유전자 오디세이

유전자 오디세이

DNA가 말해주는 인류 역사의 대서사시

에블린 에예르 지음, 그자비에 뮐러 협력 | 김희경 옮김

사람in
saram
in.com

2011년 여름, 시베리아. 아침 8시 무렵 나는 양쪽에 목조주택이 늘어서고 먼지 자욱한 길을 걸었다. 멀리 태양빛을 받는 시베리아의 알타이산맥이 보였다. 산세가 험준한 이곳은 카자흐스탄과 중국, 몽골이 만나는 접경 지역이다. 영화 〈반지의 제왕〉에 나올 듯 광경이 웅장했지만 제대로 눈에 들어오지 않았다. 10여 년 전부터 관심을 두고 추진한 프로젝트 생각으로 머릿속이 가득했다. 말도 안 돼 보일 수 있지만 DNA만으로 중앙아시아 여러 민족의 역사를 재구성하는 것이 프로젝트의 핵심이었다. 내게 유전자는 역사책이자 타임머신이다. 유전학 덕분에 우리는 아무런 기록이 없는 과거의 기억을 연구할 수 있다.

내가 아시아에 간 이유는 수 세기에 걸쳐 이 지역에 사람들이 이주한 역사를 조사하기 위해서였지만, 이 작업은 훨씬 큰 그림의 일부였다. 다시 말해 '인간은 어떻게 지구를 정복했을까?'라는 질문의 답을 얻기 위해서였다. 사바나를 떠도는 소수의 사피엔스였던 인류는 어떻

6

게 수백만 년 만에 우생종이 되었을까? 우리는 엄청난 적응력으로 대륙과 생태계에 재빨리 적응했다. 아프리카의 발생지에서 벗어나 모험을 감행한 우리 조상은 어떤 경로를 거쳤을까? 우리의 게놈genome*은 새로운 기후의 위협에 대처하며 얼마나 바뀌었을까? 우리 개개인은 그 집단의 역사적 후예다.

역사적 현장을 방문하다

나와 동료 연구자들은 주민들의 DNA 표본을 채취하기 위해 마을을 방문했다. 임무를 성공적으로 완수하기 위해 미리 알타이공화국 보건부 장관과 문화부 장관의 승인을 받았다. 하지만 더 확실히 보호받으려면 지역 책임자의 동의도 얻어야 했다.

지역 책임자는 주민들에게 접근할 수 있는 권리만 우리에게 허용할 것이었다. 프랑스 같으면 서신을 교환하여 절차를 밟을 수 있겠지만 이곳에서는 머리가 여러 개 달린 히드라 같은 공무원을 만나야 한다. 아시아 외딴 지역에서는 쉬운 일이 전혀 없다는 것을 경험으로 알고 있었던 나로서는 흥분되기도 했지만 조금은 두려웠다. 한번은 키르기스스탄에서 정권에 적대적인 집단이 통제하는 지역에 간 적이 있다. 정부가 서명한 문서가 있었음에도 그들과 협상할 여지가 전혀 없었다. 우리는 그들이 거부한 일을 성사시키기 위해 뇌물을 줘야 했다.

면장은 전형적인 이 지역 사람 같았다. 가느다란 눈 때문에 둥근 얼

---

*   DNA로 구성된 생물의 모든 유전정보를 가리키며, 유전체라고도 한다.

굴과 구릿빛 피부가 두드러져 보였다. 그의 사무실은 평범한 공산주의 풍이었다. 어디서나 볼 수 있는 장식 없는 실용적 가구, 공식 대통령은 드미트리 메드베데프*지만, 잘 보이는 곳에 걸려 있는 블라디미르 푸틴의 사진 등…. 모스크바에서 멀어질수록 푸틴의 존재를 확실히 느낄 수 있었다. 이 지역에 그의 별장이 있는 덕분에 길이 제대로 연결되어 있어서 외진 곳까지 오는 것이 불편하지 않았다. 면장은 목적을 달성하기 위해 열심히 설명하는 우리를 계속 차가운 시선으로 바라봤다. 아직 알 수 없었지만 몇 년 안에 이 지역은 인류 역사에 매우 중요한 정보를 제공할 것이었다.

우리 팀의 구성원은 유전자인류학자인 나를 포함해서 우즈베키스탄 유전학자, 러시아 민족학자, 프랑스 언어학자, 자료 기록원이었다. 앞에서 얘기한 바와 같이 나는 유전자로 알아보는 인간의 다양성과 역사, 특히 인간이 지구를 점령한 방식에 관심이 많았다. 인류가 지구를 정복하는 데 결정적인 역할을 한 이동에 관한 의문 등에 심취해 있었다.

우리는 방대한 인류 역사의 중요한 사건을 재현하는 과정에서 이 지역이 무척 흥미로운 역할을 할 것이라고 면장에게 설명했다. 옛사람들은 아메리카를 정복하기 위해 이곳 시베리아 남부에서 출발했다. 우리는 상대가 우리 이야기를 외울 수 있을 정도로 반복해서 설명해야 했다. 코시아가치**는 3주 전 답사를 시작한 우리가 10번째로 방문할 마을이었다. 우리는 그의 반응을 살피며 설명을 이어갔다.

그렇다, 현 인류의 DNA를 연구하면 우리의 역사를 제대로 추론할

---

*   러시아연방의 세 번째 대통령이었으며, 제11대 러시아 총리를 역임했다.
**   러시아연방 알타이공화국 동남쪽에 위치한 산악 마을.

수 있다. 전날 어느 집 담벼락 앞에 걸려 있던 가장자리가 붉게 장식된 종교의식용 북이 생각났기 때문에 나 자신을 위해 이 말을 덧붙였다. "샤머니즘에 관한 일은 절대 아닙니다." 이 지방은 종교적 특성이 강하게 남아 있었다. 예를 들어 알타이에서 가장 높은 벨루하산은 주민들에게 일종의 마력을 발휘한다. 나는 이 산이 '강력한 치유력이 있으며', '여러분의 DNA 깊숙한 곳까지 작용한다'라는 이야기를 인터넷 사이트에서 읽은 적이 있다. 아무거나 유전학과 연관 짓는 세태라니!

　DNA 표본을 채취하기 위해서는 주민 개개인의 협조가 필요했다. 이들은 우리가 유전형질을 연구할 수 있도록 혈액과 타액을 채취하는 데 동의해주었다. 우리 계획의 의도를 이해하고, 분명 협조하겠다고 했다. 하지만 관공서가 갑인 이 나라에서 반드시 받아야 할 허가는 그것이 아니었다. 그래서 면장을 찾아갈 수밖에 없었다.

과거를 탐험하기 위한 DNA

　관료의 태도는 대리석처럼 차가웠다. 우리의 계획에 무관심해서인지 학술적 설명을 이해하지 못해서인지 종잡을 수 없었다. 나는 잠시 그의 입장이 되어 생각해봤다. 트레킹화를 신은 도시의 과학자인 나, 그리고 세상과 동떨어져 말 타고 가축 떼를 키우는 사람들이 사는 작은 마을의 공무원. 우리 두 사람의 문화적 차이가 얼마나 클지 짐작해봤다. 내가 있는 곳은 서부가 아닌 동부였다! 사실 DNA를 활용하여 시간을 거슬러 올라갈 수 있다는 생각은 당황스러울 수도 있었다.

　우리를 바라보는 면장의 경멸하는 시선이 조금 걱정됐지만 나는 확신할 수 있었다. 표본을 채취하기 위해 답사하면서 우리 일을 모두에게 이해시키는 방법을 터득했기 때문이다. 실제로 마을 사람들은 '고고학자들이 과거의 흔적을 찾아 땅을 파는 것처럼 우리는 선조들의 역사, 그리고 중앙아시아와 시베리아의 다양한 구성원의 유사점을 찾기 위해 DNA를 조사한다'라고 고고학에 빗댄 설명을 가장 잘 이해했다.

우리는 DNA로 고고학을 연구한다고 면장에게 말했다. 대화 상대가 유전자에 대해 어떤 지식이 있는지 몰랐지만, 다른 사람들처럼 DNA에 대해 들어본 적은 있는 듯했다. 유전학의 가장 매력적인 면은 현재 살아 있는 한 개인의 DNA로 과거를 탐색할 수 있다는 것이다.

아랄해* 해안의 중앙아시아 서쪽에서부터 바이칼호 근처의 시베리아 동쪽까지 내가 방문한 모든 마을의 주민들은 이 역사에 흥미를 보였다. 자신들의 기원에 대한 정보를 좋아했고, 특히 자신이 어디서 왔는지 알고 싶어 했다. 연구에 참여한 주민 수천 명의 또 다른 공통점은 호기심과 자부심이었다. 그들은 프랑스 연구자에 호기심이 있었고, 세계적인 연구에 참여하는 것에 자부심을 느꼈다. 프랑스는 에펠탑과 지네딘 지단 덕분에 외국에서 평판이 좋았다. 이라크전쟁을 거부한 자크 시라크 덕분에 한동안은 평판이 더 좋았다. 우리는 "여러분 덕분에 우리 마을이 세계지도에 나오겠네요"라는 말을 여러 번 들었다.

관리는 몇 명 되지도 않은 우리 팀을 훑어보더니 마침내 반응을 보였다. 수천 년 전에 생존한 자기 선조가 아메리카 주민의 뿌리라는 말이 마음에 들었던 모양이다. 그 자신도 이주 경로를 그려보는 것 같았

---

* 카자흐스탄과 우즈베키스탄 사이에 있는 염호鹽湖.

다. 이 지역 토착민은 외모뿐만 아니라 문화도 북아메리카 원주민과 매우 흡사하다는 것을 그도 잘 알고 있었다. 예를 들면 베링해협 양안의 전통 가옥은 나무껍질로 만든 원추형 천막이다. 나는 안도했다. 이 사람은 우리 계획에 제동을 걸기는커녕 지지자가 됐다.

이제 상황이 유리해진 덕분에 고지가 멀지 않았다는 걸 알 수 있었다. 우리는 환하게 미소 짓는 상대에게 따뜻한 미소로 화답했다. 내가 때로 현장에서 활동하는 이유는 바로 이 때문이다. 연구 분야가 추상적 영역이었다면 컴퓨터 앞에서 온종일을 보내야 했을 것이다. 이렇게 바깥공기를 마시며 잊을 수 없는 사람들을 만나는 것은 큰 즐거움이다. 그러다 보면 일하다 겪는 불운들도 잊을 수 있다.

우리는 한 장소를 며칠간 사용하게 해달라고 면장에게 요청했다. 그 정도면 자원자들의 타액을 채취하는 데 충분할 것 같았다. 시베리아에서의 임무를 위해 우리는 타액에서 DNA를 수집하기로 했다. 혈액에서 채취하는 DNA보다 질이 떨어지지만 논리적으로 생각하면 그것이 유일한 선택지였다. 면장은 관청 손님을 맞기 위해 마련된 작은 집이 딸린 '호텔'이란 곳을 우리에게 대신 제안했다. 나는 연구를 위해 다양한 장소에서 표본을 채취했다. 보건소, 학교, 주민 회관, 심지어 이슬람 사원에서도 채취했다.

우리는 코시아가치의 '호텔'에서 50여 명의 친절한 사람들로부터 소량의 타액을 기증받았다. 그러고 나서 짐을 꾸려 몇 킬로미터 떨어진 새로운 마을로 떠났다. 협상 상대인 관리에게서 놓여나자마자, 모든 것을 알고 있던 주민들이 우리의 일을 치하했다. 우리는 그곳에서 이틀을 보내고 다시 짐을 꾸려 또 다른 마을로 갔다.

최근 10여 년간 나는 파리의 내 사무실로부터 멀리 떨어진 시베리아에서 아프리카를 거쳐 중앙아시아까지 여행했다. 끝없이 펼쳐진 사막과 스텝을 뒤지고 태양빛에 그을리며 산을 타고 오솔길을 다녔다. 수세기 전 사람들은 향신료와 보석을 구하려고 원정 길에 올랐다. 나의 향신료는 우리 혈관 속에 흐르는 혈액이다. 다른 사람들에게 금이나 석유가 귀하듯 내겐 혈액이 무엇보다 소중하다. 그렇지만 이 책에서 내가 하려는 이야기는 나의 이야기가 아니다. 세포 깊은 곳에 숨어 있고 내가 탐하는 이 보물이 가장 놀라운 이야기의 한 부분을 간직하고 있기 때문이다.

인간의 모험에 관한 이야기

약 7백만 년 전, 네 발로 걷는 종이 아프리카 땅에 살고 있었다. 이들은 지구를 정복하기 위해 길을 떠났다.

이 책은 인간의 모험에 관한 이야기다. 가장 가까운 사촌인 침팬지와 우리가 달라진 이유를 살펴보고, 10만 년 전에 아프리카를 벗어나 모험을 떠난 이후 어떻게 지구를 정복했는지를 알아볼 것이다. 종족 간의 혼혈과 이주로 실현된 이 역사적 사건은 우리 DNA에 기록됐지만 결코 접근할 수 없을 듯했다. 그러나 이제는 유전자 암호genetic code를 해독해서 과거로 갈 수 있다.

정보처리 기술과 유전자 증폭 기술 덕분에 우리는 현재 살아 있는 인간의 DNA뿐만 아니라 먼 선조들의 DNA에 대해 말할 수 있게 됐다. 더 나아가 각 개인의 혈통과 유전자도 알 수 있다.

나는 인류의 모험을 추적하며 네안데르탈인Neanderthal[*]과 데니소바인

Denisova^{**}처럼 사라진 종들뿐만 아니라 비옥한 초승달 지대^{***}의 초기

농민들, 인도유럽어족의 기원으로 추정되는 신비한 스텝의 민족, 현재

중국과 몽골 인구 10퍼센트의 조상인 칭기즈칸, 현대 캐나다 퀘벡인

대부분의 선조인 왕의 딸들,^{****} 아프리카계 미국인들의 유전자 검사

로 출생지가 밝혀진 노예들의 자취도 따라갈 것이다.

우리가 해답을 찾으려 하는 문제들은 현기증이 날 정도로 어마어마

하다. 75억 인구 전체가 선사시대 아프리카에서 살던 사람들의 후손일

까? 인도네시아 사람들은 눈매가 길쭉한 데 반해 가까운 이웃인 오스

트레일리아 원주민들은 피부가 검고 머리가 곱슬곱슬한 이유가 뭘까?

몇몇 유전병이 퀘벡 지역에 특히 많이 나타나는 이유는 뭘까? 바스크

인들이 유럽의 다른 언어들과 전혀 관계없는 언어를 구사하는 이유는

뭘까? 어째서 일부 사람들만 우유를 소화할 수 있을까? 문화의 다양성

과 유전자의 다양성에는 어떤 관계가 있을까?

사람들은 유전자에 기록된 긴 역사에 열광한다. 약간의 타액으로 자

신의 유전자 계보를 추적할 수 있으니 말이다. 이 책에서는 유전자 검사

에서 가끔 발생하는 예기치 못한 결과를 해석하는 법도 살펴볼 것이다.

과거를 돌아본다는 말이 미래를 계획하지 말자는 의미인 것은 아니

---

*   독일 네안데르 계곡의 석회암 동굴에서 발견된 화석 인류. 35만~3만 년 전 생활했다.

**   알타이산맥 데니소바 동굴에서 발견된 고대 인류. 네안데르탈인에 가깝지만 독립적인 고
                대 인류 계통이다.

***   현대 이집트 북동부에서 레바논, 이스라엘, 팔레스타인, 요르단, 시리아, 이란으로 이어지는
                지역. 땅이 비옥하여 농경과 목축이 발달하고 고대 문명과 도시가 출현했다.

****   1663~1673년 루이 14세의 명령으로 프랑스 식민지를 건설하기 위해 북아메리카로 떠난
                약 8백 명의 젊은 여성.

다. 평균수명을 늘리는 데 한계가 있을까? 환경의 영향을 계량화하는 방법이 있을까? 무엇보다 인간의 역사가 지구와 조화롭게 지속되려면 어떤 길을 가야 할까? 이제 여행을 시작하자!

제
1
장

인류의 첫걸음

드마니시(조지아)

라이프치히

데안데르 계곡

생타쉴(아미앵)

빈디야 동굴(크로아티아)

아타푸에르카

모로코

지중해

미슬리야 동굴(이스라엘)

에티오피아

카메룬

가봉

킨샤사

콩고민주공화국

우간다

나미비아

남아프리카공화국

케메로보

메즈두레첸스크(시베리아)

알타이

보르네오

뉴기니

플로레스섬(인도네시아)

오스트레일리아

침팬지와의 이별

— 기원전 7백만 년

콩고민주공화국 수도 킨샤사에서 25킬로미터 떨어진 열대우림 한가운데에 있는 석조 건물 몇 동은 우리의 먼 친척에게는 평화로운 안식처다. 롤라 야 보노보Lola ya Bonobo 보호소는 야생동물 고기 암거래로 어미를 잃거나 불법 거래된 아기 보노보를 세계에서 유일하게 돌봐주는 곳이다.

아기 보노보들은 나무 울타리가 있는 보호소 주변의 거대한 자연 공간에서 절반쯤 자유롭게 산다. 스스로 먹이를 구할 수 없는 이들에게 콩고인 유모들이 젖병으로 영양분을 공급한다.

배가 부르면 어린 보노보들은 사람 어머니 품에서 몸을 흔들며 소리지르고 서로 싸우기도 한다. 이들을 보면 어린이집에 있는 것 같다. 아기 보노보와 아기 인간의 행동은 당혹스러울 정도로 비슷하다. 그렇다면 보노보와 인간의 공통 조상이 살았던 시기는 언제일까? DNA로 인간과 대형 유인원의 계보가 언제 분리됐는지 알아낼 수 있을까? 다시 말해 인간이 언제 모험을 시작했는지를 유전학의 도움으로 알 수 있을까?

대형 유인원을 관찰하면 우리가 이들과 얼마나 비슷한지 잘 알 수 있다. 그러나 찰스 다윈과 그의 진화론이 받아들여지는 데는 시간이 필요했다. 사실 인간은 영장목, 정확히는 고생물학자가 사람과_Hominidae_라고 부르는 구세계 원숭이에 속한다. 침팬지와 보노보는 우리와 가장 가까운 종이다. 이들보다는 약간 멀지만 고릴라와 오랑우탄도 우리와 유사한 종이다. 그렇지만 인간은 대형 유인원의 후손이 아니고, 유사한 종도 아니다. 우리와 가장 근연한 종은 침팬지와 보노보로 구성된 군이다. 즉, 계통 관계를 볼 때 침팬지와 보노보 그룹과 가장 근연한 종은 인간이다. 침팬지는 고릴라보다 인간과 더 가깝다.

근연 관계에 관한 정확한 지식은 2000년대부터 눈부시게 발전한 유전학에서 비롯됐다. 유전학자는 인간, 침팬지, 보노보, 고릴라, 그리고 오랑우탄의 DNA 염기서열을 분석하고 계통을 구분하여 각 종을 비교했다. 이 모든 것은 A, C, T, G라는 4개의 글자 덕분이다. DNA 나선의 사슬을 구성하는 각 분자의 이니셜*인 4개의 글자는 지구 상 모든 생물의 게놈을 기록하는 알파벳이다. 황수선화, 해초, 새 등의 모든 생물은 각각 동일한 글자와 동일한 분자 기계를 가지고 있다. 이 보편성은 어디서 유래했을까? 지구 상의 모든 생명이 약 35억 년 전 출현한 분자 하나의 후손이기 때문일 것이다. 우리는 DNA에 포함된 정보를 해독할 수 있는 동일한 유전자 기계를 그 분자에게서 물려받았다.

---

*   아데닌adenine, 사이토신cytosine, 티민thymine, 구아닌guanine.

유전자 암호는 보편적이지만 글자들의 배열 순서에 따라 게놈의 특징이 나타난다. 예를 들면 인간의 DNA에는 30억 개의 뉴클레오티드 nucleotide*가 줄지어 있다. 이름은 A·C·T·G 분자의 연결에 따라 정해진다. 그 정보의 양은 유명한 프랑스 갈리마르 출판사의 플레야드 총서 750권 혹은 75만 쪽에 맞먹는다. 2001년이 되어서야 비로소 생물학자들이 이처럼 기나긴 이야기를 구성하는 문자들을 해독하는 데 성공했다.

우리와 98.8퍼센트 유사한 종

유전학자의 작업과 대형 유인원에 관한 기획들 덕분에 많은 연구자가 인간이 대형 유인원과 어느 정도 유사한지를 양적으로 측정할 수 있었다. 생물 계통에서 두 종이 가까울수록 DNA 배열이 유사하기 때문에 이 비교는 무척 중요하다. 그럼 과학자들은 어떻게 결론 내렸을까? 인간의 DNA는 침팬지의 DNA와 98.8퍼센트 비슷하다. 다시 말하면 우리 유전자의 1.2퍼센트만이 침팬지와 우리를 구별해준다!

아주 작은 동시에 큰 차이다. 인간의 DNA에는 30억 쌍의 뉴클레오티드가 있다. 그중 1.2퍼센트에 해당하는 3천5백만 쌍의 뉴클레오티드가 시간이 흐르며 우연히 달라졌다. 두 종을 구별하는 유전자의 차이는 항상 뉴클레오티드와 관련된 변이에서 만들어지기 시작한다. A가 T로 변하거나 다른 조합으로 변하는 현상인 변이는 자연선택을 통해 곧 걸러진다. 변이가 세포 기관을 지나치게 손상시키면 형질을 지닌 개체가

---

*   DNA와 RNA 같은 핵산을 이루는 단위체로 생명을 유지하는 데 중요하다.

죽거나 재생되지 않는다. 반면 어느 변이가 한 개체에 우월한 형질을 부여하면, 미래 세대에 더 잘 전달되고 세대가 거듭될수록 발현하는 빈도수가 많아질 것이다. 여기서 주의할 점은 변이는 DNA 중 아주 작은 부분이 단백질로 바뀐 것이기 때문에 대부분의 변이는 유익하지도 해롭지도 않고 중성적이라는 것이다. 변이는 세대가 거듭되면서 남거나 서서히 사라진다.

　인간과 침팬지의 DNA를 비교하자 1.2퍼센트의 유전자 차이 외에도 중요한 점이 발견되었다. 한 종에 있는 몇몇 게놈이 다른 종엔 없다는 것이다. 생물학자들은 DNA 조각 추가를 '삽입', 조각 상실을 '결실'이라고 한다. DNA 사슬에서 이러한 차이들이 변이보다 자주 나타나진 않지만, 이중나선 구조의 분자인 뉴클레오티드의 배열이 길기 때문에 게놈에서는 큰 부분을 차지한다. 그래서 총 9천만 개의 뉴클레오티드 중 50만 개의 삽입과 결실이 침팬지와 다른 우리의 특이성을 드러낸다.

　과학자는 인간과 침팬지의 DNA뿐 아니라 종이 같은 두 대형 유인원의 게놈도 비교했다. 그리고 여러 종의 지리적 분포와 연관된 놀라운 결과를 얻었다. 지구본을 들어 대형 유인원 집단의 서식지를 표시해보자. 인간과 다른 종의 큰 차이가 눈에 들어올 것이다. 우리 종인 호모사피엔스는 지구 전체에 퍼진 반면, 가까운 종인 침팬지, 보노보, 고릴라는 중앙아프리카의 국한된 지역에 산다. 우리와 더 먼 종인 오랑우탄은 열대기후의 동남아시아에 한정적으로 분포한다.

　우리 종은 지구 전체에 퍼져 있지만 유전자 다양성은 가장 낮아서 99.9퍼센트가 동일하다. 두 사람의 DNA를 한 글자씩 비교하면 평균적으로 1천 개 중 한 글자로 두 사람이 구별된다. 다른 대형 유인원과 비교하면 매우 낮은 수치다. 중앙아프리카의 침팬지는 유전자 차이가 인간보다 대략 2배 높다. 보르네오 오랑우탄의 유전자 다양성은 인간보다 3배 높다.

이처럼 거의 일치하는 유전자는 인류의 역사를 반영한다. 사실 우리 종은 초기에 진화하는 동안 다른 영장류보다 실질 인구가 감소했다. 유전자 정보에 따르면 1백만~10만 년 전에는 침팬지와 보노보가 인간보다 현저히 많았다. 현재 지구 생태계에 살고 있는 인간이 70억 명이 넘는다는 것이 놀랍지 않은가?

거대한 분기

결국 종이 한 장처럼 아주 작은 유전자의 차이가 우리와 침팬지, 그리고 제2의 침팬지로 여겨지는 보노보를 구별한다. 이 현상을 설명해주는 단 하나의 원인은 꽤 가까운 과거에 침팬지와 인간이 하나였다는 것이다. 그렇다면 침팬지와 인간은 언제 나뉘었을까? 인간의 계통은 언제 침팬지를 낳을 계통과 분기되었을까? 유전학은 과학적으로 이 질문에 계속 답했다. 첫 번째 새로운 국면을 이해하려면 훌륭한 연대 추정 기술인 분자시계molecular clock[*]에 주목해야 한다. 원리는 간단하다. 두 계통을 낳은 공통 조상으로부터 시간이 흐를수록 각 계통의 게놈은 변이가 거듭되며 달라진다. 변이가 규칙적이라고 가정하면, 시간 단위

[*]   돌연변이가 발생하는 빈도를 통해 생물 집단이 둘 이상의 집단으로 분기한 시점을 측정하는 기술.

22

로 나타난 변이의 비율을 추정하여 두 종의 분기점까지 거슬러 갈 수 있다.

이 과정을 거친 생물학자는 인간과 오랑우탄이 적어도 150만~130만 년 전에, 그리고 인간과 침팬지는 6백만~5백만 년 전에 분기됐다고 추정했다. 그러자 고인류학자들이 터무니없는 주장이라고 들고 일어났다! 그들의 자료로는 이러한 연대를 추정할 수 없었기 때문이었다. 브리지트 세뉘Brigitte Senut와 마틴 픽퍼드Martin Pickford가 발견한 인류의 가장 오래된 조상 중 하나로 여겨지는 오로린투게넨시스Orrorin tugenensis는 약 6백만 년 전 살았다고 추정된다. 미셸 브뤼네Michel Brunet가 발견한 또 다른 '더 오래된 인류' 후보 사헬란트로푸스차덴시스Sahelanthropus tchadensis 투마이Toumaï*도 논쟁의 여지는 있지만 7백만 년 전 생활했다고 추정된다.

사실 과학자들은 DNA 고속 염기서열 분석법 때문에 분자시계의 속도를 재검토해야 했다. 아이들의 DNA와 부모의 DNA를 비교하면 각 세대에 나타나는 변이의 수를 계산할 수 있다. 각 개인에서는 약 70개의 새로운 변이가 나타난다. 어머니와 아버지의 DNA에서 나타나는 변이는 각각 20~40개다. 이 수는 매우 가변적이어서 때로는 1백 개가 넘을 수도 있다. 아버지의 나이와도 관계 있다. 아버지의 연령이 높을수록 변이가 많아지는 반면 어머니의 나이는 거의 영향을 미치지 않는다.

따라서 나이 많은 아버지의 아이들은 젊은 아버지의 아이들보다 새

---

* 인간과 침팬지가 공통 조상에서 분기한 직후에 생활한 듯한 화석 인류.

로운 변이가 더 많다. 그렇다면 이것이 자폐증의 원인 중 하나라고 할 수 있을까? 아이 아버지의 나이가 많을수록 자폐증 위험이 높기 때문에, 연구자들은 '자폐증의 원인은 아버지 나이에 따라 전달되는 새로운 변이가 증가하기 때문인가?'라는 물음을 던지며 상관관계를 찾으려 했다. 하지만 이 생각은 변이가 영향을 미치는 게놈이 매우 적다는 중요한 요인을 간과했다. 한 가지 작용과 관련 있는 게놈은 5퍼센트 미만이다. 따라서 이 변이들이 영향을 미칠 가능성은 매우 낮다. 결국 이 가설은 자폐증을 설명하는 요인으로 인정받지 못했다.

학자들은 지금도 평균 변이의 수를 이용해 새로운 분자시간을 계산한다. 이 분자시간은 앞선 분자시간보다 2배 느리다! 이 분자시계로 계산하면 이전 분자시계로 계산할 때보다 다양한 유전자의 수가 축적되기까지 2배의 시간이 걸린다. 다시 말해서 모든 날짜를 2배로 곱해야 한다. 그래서 인간과 침팬지의 분기는 1천만 년 전, 인간과 오랑우탄의 분기는 2천만 년 전으로 추정된다. 화석 자료에 따르면 이 연대는 지나치게 오래전이다. 그렇다면 유전학과 고인류학을 절충할 순 없을까?

대답은 '가능하다'다. '화석 자료의 연대와 유전자 정보의 연대를 실제로 비교할 수 있을까?'라는 질문을 시작으로 과학자들이 의견을 조율할 필요가 있다. 유전자 정보는 종들 간에 번식이 되지 않는 시기를 측정하는 데 사용된다. 반면 고인류학 정보는 인간 계통에 속한다고 할 수 있을 만큼 두 발로 걸은 가장 오래된 화석 인류를 찾는 데 쓰인다. 두 종의 분기와 신종 형성이 반드시 동시에 발생했다고 할 수는 없다. 조만간 분기될 두 종은 상당히 오래 혼혈을 지속했을 것이다. 하지만 화석에는 그 가능성에 대한 정보가 없다. 예를 들어 오로린이 속한 종의 각 개체가 침팬지의 조상들과 혼혈할 수 있었는지 알려주는 증거는 없다. 만약 이들이 혼혈했다면, 화석 정보로 규정된 두 종의 분기는 유전자 정보로 계산된 두 종의 분기보다 더 오래전에 이루어졌어야 한다.

종들이 분기된 시기를 계산하는 데 반드시 필요한 변이율은 놀랍게도 아직까지 밝혀지지 않았다. 여러 가족에게서 얻은 측정값은 2배에 달한다. 이 정보를 설명할 여러 가설이 현재 연구되고 있다. 물론 여러 가족을 통해 계산한 수가 모든 변이를 포착하지는 못했을 것이다. 시계를 너무 느리게 정해서 낮게 평가됐을 수도 있다. 시계가 일정하지 않았을 수 있고, 몇몇 계통, 특히 인간 계통에서는 영장목이 진화하는 과정에서 변화한 번식기의 영향 때문에 빨라졌을 수도 있다. 혹은 변이율이 게놈의 부분에 따라 달라 특정 부분이 일정하지 않았을 수도 있다.

생물학자들은 마지막 가정을 시험해봤다. 불안정한 변이율을 높게 가정하여 인간과 침팬지의 분기를 보다 정밀하게 다시 계산했다. 그러자 8백만~7백만 년 전이라는 결과가 나왔다. 이 시기는 화석 자료와 더 잘 들어맞는다.

인간과 멀지 않은 종

인간이 침팬지, 보노보와 같은 종이었던 때로부터 약 7백만 년이 흘렀다. 학자들은 인간이 분기된 시대의 화석을 철저히 분석하며 대형 유인원을 연구하고 있다. 인간은 7백만 년을 유리하게 활용하여 호모사피엔스가 됐다. 침팬지도 우리처럼 도구를 사용하고, 영토를 지키기 위해 무리를 형성하며, 침입자를 공격하고, 정치적 목적을 위해 동맹을 맺는 전략을 사용한다. 대형 유인원은 전통뿐만 아니라 문화가 있다. 조직을 결성하고, 사냥하거나 영토를 지키는 등의 공동 임무를 위해 협동하고 소통한다.

이러한 발견의 결과는 철학자들이 수 세기 동안 애써 정의한 이른바 '인간 고유의 특성'을 무너뜨렸다. 하지만 완전한 직립보행, 큰 뇌, 복잡한 언어 등이 분명 우리 종만의 특성이라는 것에는 변함이 없다. 침팬지 계통과 분기된 인간 계통이 이런 특성을 축적한 이유는 무엇일까? 유전자를 통해 그 진화의 역사를 이해할 수 있을까?

뇌에 관련하여 우리 뇌가 커진 이유에 대해서는 크게 2가지 가설이 있다. 사회적 뇌와 생태적 뇌다. 생태적 뇌 가설에 따르면 예측할 수 없는 환경에서 여기저기 흩어져 있는 먹이를 찾으려면 큰 뇌가 필요했기 때문이다. 영장류와 일부 포유류 중 잘 익은 열매를 찾아 먹어야 하는 동물은 잎만 먹고 사는 동물과 뇌 구조가 다르다. 우리처럼 고기도 먹는 동물의 뇌도 달라질 필요가 있었을 것이다.

사회적 뇌라고 불리는 두 번째 가설에 따르면 인간이 더 크고 사회 관계가 다양한 무리에서 살아야 했기 때문이다. 복잡한 사회에서 발생했을 선택의 중압감 때문에 뇌 신경이 다양하게 연결되었고, 진화에 따라 특히 소뇌의 용량이 증가했을 것이다. 2가지 가설 외에 다른 가설도 제기되었다. 고기를 먹으려면 사냥하거나 죽은 동물의 고기를 취해야 한다. 그렇게 활동하려면 무리를 짓는 쪽이 훨씬 유리했을 것이다.

뇌가 커진 현상이 불의 사용과 밀접하다는 주장도 있다. 익힌 고기는 생고기보다 많은 에너지를 만들어낸다. 뇌는 에너지를 많이 소비하는 기관 중 하나다. 불을 다룰 줄 알게 된 덕분에 뇌가 커질 수도 있었을 것이다. 하지만 인간이 불을 활용하기 시작한 시기는 기원전 40만 년 경인 데 반해 뇌 용량이 증가한 시기는 약 170만 년 전이기 때문에 이 가설은 받아들여지지 않았다.

그런데 당시 인간이 화로를 만들기 전부터 불을 이용했을 수도 있지 않을까? 선사학자들은 이 이론에 회의적이다. 한편 요리, 즉 음식을 가공하는 습성은 그보다 오래전부터 나타났다. 초기에 제작된 도구들은 고기나 구근을 빻아 재료에서 더 많은 열량을 추출하는 데 사용됐을 것이다. 인간이 섭취한 음식은 가공되지 않은 음식보다 1그램당 열량이 훨씬 높았다.

직립보행의 드라마

원인이 무엇이든 인간 계통의 뇌가 커졌다는 사실은 부정할 수 없다. 오스트랄로피테쿠스 이후 뇌의 용량은 3배 커졌다. 이러한 증가는 우리의 진화에 결정적인 영향을 미쳤다. 3백만 년 전 획득한 일상적인 직립보행은 골반 구조를 바꿨다. 말하자면 언제나 걸을 수 있도록 뼈가 고정됐다. 동시에 뇌가 커짐에 따라 출산이 점점 힘들어졌다. 이것을 출산의 딜레마라고 한다. 대형 유인원에 비해 인간의 출산은 위험하고 어렵다. 예를 들면 현대 의술이 미치지 못하는 지방에서 여성이 사망하는 원인 중 세 번째는 바로 출산이다. 그렇기 때문에 모든 인간 사회에서 출산하는 여성은 다른 사람의 도움을 받는다. 얼마 전 나의 동료가 요약해서 말했듯이 "세상에서 가장 오래된 직업은 산파다!"

어찌됐든 진화는 여성들의 분만을 돕는 해결 방안을 마련했다. 인간 아기는 다른 영장류에 비해 미성숙한 상태로 태어난다. 출산 때 아기의 뇌는 성인 뇌의 23퍼센트 정도인 반면 아기 침팬지 뇌는 어른 침팬지 뇌의 40퍼센트나 된다. 인간은 성숙하는 데 시간이 걸리므로 15세가 되어서야 이른바 생물학적으로 성인이 된다!

이처럼 긴 유년기는 다른 대형 유인원과 우리를 구별하는 세 번째 차이이기도 하다. 이 시기에 아기는 무리의 다른 사람들과 상호작용하며 복잡한 사회관계를 형성한다. 갓난아기는 태어나자마자 인간의 얼굴을 인식한다. 우리는 '사회적 동물'이다. 갓난아기의 생존은 어머니뿐 아니라 다른 사람들에게도 달려 있다. 예를 들어 어머니가 죽는 극단적인 경우에는 아기의 생존 확률이 낮아진다. 고아 침팬지의 경우 오래 살아남지 못할 것이다. 하지만 인간 아기는 가족 혹은 사회의 다른 일원이 책임질 것이다. 침팬지가 고아 침팬지를 입양하는 경우는 매우 드물다.

어린 인간의 미성숙은 무리 안의 연령 피라미드*에 영향을 미쳤다. 침팬지 무리에서 암컷은 5살 이하의 새끼 1마리 혹은 아주 드물게 2마리를 돌본다. 5살이 지난 젊은 침팬지는 자신의 식량을 위해 독립한다. 대부분의 암컷은 새끼를 독립시켜야 하므로 4, 5년 주기로 번식한다. 인간은 한 어머니 밑에 연령대가 다른 아이가 많은 가족이 흔하다. 막

---

* 막대그래프로 연령과 개체 수를 나타낸 그림.

내가 자신의 생리적 욕구를 해결하게 되기까지 적어도 15년이 걸리기 때문이다.

침팬지 무리를 관찰하면 또 다른 특이점을 쉽게 파악할 수 있다. 번식할 수 있는 나이가 지난 늙은 암컷이 거의 없다는 점이다. 몇몇 고래류를 제외하면 인간은 암컷이 생식 가능한 시기를 지나서도 생존하고 완경기가 있는 유일한 종일 것이다. 침팬지의 가족사진은 벽난로 위를 장식하는 인간의 가족사진과는 전혀 다르다. 침팬지들의 가족사진에는 아기 1마리만 돌보는 번식 가능한 암컷들만 있고, 우리의 가족사진에는 돌볼 아기가 없는 나이 든 여성이 다양한 연령의 아이를 키우는 젊은 엄마들에 둘러싸여 있을 것이다.

우리의 생물학적 특징에 관한 이야기는 마지막 2가지 현상에 관하여 여러 가설이 존재한다는 말을 끝으로 마무리하겠다. 인간은 아이 1명을 키우는 데 적어도 15년이 필요하고, 어머니의 생존이 아이의 생존에 영향을 미친다. 따라서 진화론 관점에서는 적어도 막내가 15살이 될 때까지 어머니가 생존하는 것이 아이의 생존에 확실히 유리하다. 다른 연구에 따르면 할머니가 살아 있는 경우 손주 양육을 도와주기 때문에 아이들의 생존 가능성이 더 높아진다.

옛날에도 늙은 여성들이 아이들을 돌보는 일에 참여했을 것이다. 그들의 축적된 지식은 무리의 생존에 기여했을 것이다. 이러한 장점은 스스로 음식을 구할 수 없게 된 그들이 무리에 끼칠 손해에 대한 보상이었을 것이다. 사실 이러한 사회적 상부상조는 오래전부터 있었다. 곧 언급하겠지만 180만 년 전 선사시대 인간들이 발휘한 이타성의 가장 오래된 흔적이 조지아 드마니시에서 발견됐다. 나이 들어 이가 빠진 사람의 턱뼈는 더 이상 음식을 먹을 수 없는 사람이 무리의 부양을 받아 생존했음을 명확히 보여준다.

우리 유전자의 내밀한 곳?

인간과 다른 대형 유인원의 커다란 생물학적 차이는 우리의 생애 주기와 관계 있다. 우리는 몇 살에 어른이 될까? 몇 살에 어떤 주기로 생식할까? 그리고 언제 죽을까? 우리 유전자에 이러한 특성의 흔적이 남아 있을까? 인간과 침팬지의 유전자 1만 4천 개를 비교한 학자들은 그중 5백 개의 유전자가 다르다는 사실을 발견했다. 이 유전자들은 면역, 정자 형성 등의 생식, 후각·청각 등의 감각적 지각과 형태와 관련 있다.

초기 연구자들은 인간 계통의 후각과 청각이 급격히 진화한 반면 침팬지는 형태와 관련된 유전자가 급격히 진화했을 거라는 의견을 제시했다. 이러한 관점에서 보면 침팬지와 공통 조상의 외모는 인간과 공통 조상의 외모보다 더 많이 달라졌을 것이다. 하지만 이어진 연구들은 이러한 생각을 증명하지 못했고, 후각과 청각의 진화가 인간-침팬지 공통 계통의 특성임을 암시했다. 다시 말하면 인간은 청각과 성장을 조절하는 특정 유전자를 분명히 가지고 있다는 의미다.

이 유전자들 중 어느 것도 뇌 크기의 증가나 생애 주기에 대한 비밀의 열쇠를 제공하지 못했다. 사실 유전자의 차이가 기능의 차이를 유발하는지, 그렇다면 그 기능이 무엇인지는 알기 어렵다. '어떤 유전자/어떤 기능'이라는 도식은 맞지 않다. 하나의 유전자가 여러 기능을 할 수 있고, 여러 유전자가 하나의 기능을 할 수도 있다. 이들은 다양하게 상호작용한다. 뿐만 아니라 현재 모든 유전자의 역할이 알려진 것도 아니다. 대부분의 유전자가 연관된 생체 메커니즘이 밝혀지긴 했지만, 특정한 경우를 제외하면 하나의 뉴클레오티드 변이와 하나 혹은 여러 기능의 변이를 연결하기는 어렵다.

최근 수십 년간 생물학자의 주목을 받은 유전자는 성장과 관련된 그 유명한 *FOXP2*다. 이 유전자의 변이는 구성원 몇 사람이 언어를 잘 구사하지 못하는 한 가족에게서 발견됐다. 하나의 유해한 변이가 일관성 있게 언어장애를 야기했기 때문에 현재 이 유전자가 말과 관련 있다는 주장은 정설이 되었다. *FOXP2*는 섬세하고 민첩한 운동과 관련 있을 것이다. 사실 언어 구사는 소리를 생산하고 연결하기 위해 정밀함과 민첩함이 필요한 활동이다. 그렇지만 이 유전자는 언어 유전자가 아니다. 인간과 동일한 *FOXP2* 유전자를 갖도록 조작하여 유전자를 이식한 생쥐들은 말을 하지 못한다! 이 유전자는 다만 언어의 다양한 동인 중 하나일 뿐이다.

물론 이런 발견은 매우 흥분되는 일이지만 몇 가지 유전자 차이로 인간의 특성을 설명할 순 없다. 마치 게놈에 '마법 지팡이'가 작용하여 인간의 특성이 몇몇 변이로 갑자기 발현한 것처럼 몇몇 유전자로 두 종의 변이를 설명할 수 있다는 생각은 비현실적이다. 인간의 진화는 점진적 현상이고, 알려지지 않은 여러 특징이 결합한 결과다.

인간 계통이 진화하는 과정에서 여러 종, 아종, 속이 동시에 아프리카에 살았다는 사실은 잘 알려졌다. 기원전 4백만~기원전 2백만 년에 존재한 유명한 오스트랄로피테쿠스아파렌시스*Australopithecus Afarensis* 루시

Lucy는 초기 사람종*Homo*과 많이 다르고 건장한 파란트로푸스*Paranthropus*와 동시대에 살았다. 이 종들은 후기까지 남았든 아니든 간에 특징이 달랐다. 이들의 뒤를 이은 종들 간의 정확한 관계를 알기는 어렵다. 아마도 몇몇 갈래가 널리 퍼진 듯하다. 진화는 한 계통이 아니라 다발처럼 뭉텅이로 발생한다.

이 말로 인간과 유연관계가 있는 종의 유전학에 관한 이야기를 마감하려 한다. 인간과 침팬지의 가장 큰 차이는 조절 메커니즘을 통해 상호작용하는 여러 유전자 네트워크에 관여하는 기능들이다. 그렇기 때문에 더 많은 연구자가 유전자 발현을 수정하는 방법을 연구하고 있다. 현재는 세포에 발현된 유전자, 다시 말해 유전정보를 읽고 단백질을 합성하는 유전자를 측정할 수 있다.

한 개인의 모든 세포는 DNA가 동일하지만, 이 세포들은 기관에 따라 달라지며 동일한 유전자로 발현하지 않는다. 안구세포는 안구세포의 기능을 하고 간세포는 간세포의 기능을 한다. 따라서 연구자들은 침팬지와 인간의 차이가 유전자 '발현'에 있는 것도, 유전자 자체에 있는 것도 아닐 거라고 생각하고 있다. 답을 얻으려면 유전자 발현 양상, 즉 어떤 유전자가 어떤 세포에서 어떤 성장 순간에 얼마만큼 발현하는지를 비교해야 한다. 가장 큰 발현 양상의 변이는 뇌가 아니라 간과 고환에서 발생한다. 게다가 정신질환과 밀접한 유전자의 발현에 관해서는 인간과 침팬지의 특이성이 전혀 발견되지 않았다. 매우 실망스런 결과지만 두 종 간 인지의 차이를 증명하는 데는 좋은 모델이 될 것이다.

인간과 침팬지의 게놈을 비교하여 얻은 가장 큰 결론은 결국 두 종의 유전자 중 적응의 결과로 발현한 것이 매우 적다는 사실이다. 대부분의 차이는 중립적이고, 우연히 각 개체에서 발생한 변이들이 축적된 결과다. 그렇다면 현생인류는 단순히 우연의 산물일까? 이러한 물음을 통해 우리는 자신을 돌아볼 수 있을 것이다.

첫 번째 탈아프리카
— 기원전 220만~기원전 180만 년

1991년, 고인류학자들이 조지아 캅카스산맥에서 중요한 발견을 했다. 나무가 우거진 언덕으로 둘러싸이고 중세의 성채가 굽어보는 마을 드마니시를 발굴한 이들은 약 180만 년 된 여러 인류 화석을 발견했다. 이 발굴로 마침내 인류가 아프리카를 벗어난 연대에 관한 논쟁이 끝났다. 당시까지 인류의 탈아프리카에 관한 유일한 흔적은 중국에서 발견된 220만 년 전의 원시적 물체뿐이었고, 인간과 관련된 뼈는 없었다.

그런데 이제 인간 계통이 아프리카를 벗어난 모험에 180만 년 전 드마니시라는 분명한 지리적·시간적 지표가 생겼다. 요람이었던 대륙을 떠난 첫 인류의 정체에 관해서는 2가지 가설이 있다. 첫 현생인류였던 '솜씨 좋은 인간' 호모하빌리스*Homo habilis*가 아니면 호모에렉투스*Homo erectus*일 것이다. 호모에렉투스는 호모에르가스테르*Homo ergaster*라고도 불린다. 발견된 여러 개체의 해골에서 가장 주목할 점은 이들의 형태가 호모하빌리스나 초기 호모에렉투스만큼 다양하다는 것이다. 고인류학자들이 같은 지역에서 여러 종이 잇달아 나타났다고 결론짓기보다는, 당시 그곳에 살던 동일한 종에서 유래했지만 형태가 많이 다른 여러 사람종(호모게오르기쿠스 *Homo georgicus*)이었을 것이라고 가정했다.

그렇다면 이들이 정말 아프리카에서 처음 벗어난 종일까? 앞에서 언급한 것처럼 더 오래전 아프리카에서 나온 사람종이 있다는 것을 중국에서 발견된 220만 년 전 물체가 증명하고 있는데 어떻게 명확히 말할 수 있을까? 인간처럼 도구를 만드는 것은 아니지만 침팬지도 도구를 사용한다. 도구는 인간만의 것이 아니기 때문에 누가 그 흔적을 남겼는지를 단정하기는 힘들다. 오랫동안 많은 학자가 첫 사람종들과 도구 제작을 연결하여 생각했지만 최근 케냐에서 발굴된 사례는 이 패러다임을 재검토하게 만들었다. 케냐에서 발굴된 원시적 도구들은 330만 년 전, 즉 280만 년 전에 최초의 사람종이 출현하기 50만 년 전 오스트랄로피테쿠스와 파란트로푸스만 존재했던 시기의 것으로 추정된다. 따라서 도구와 인간의 조합은 사라지고 중국에서 발견된 도구와 사람종을 결합하려는 시도가 문제가 됐다.

유전학은 고대 사람종의 관계를 분석하는 훌륭한 도구지만, 발굴된 유골들은 너무 오래돼서 DNA가 없다. 화석이 되면서 유기물이 조금씩 사라졌고, DNA도 손상되고 부서졌다. 현재 우리가 분석할 수 있는 가장 오래된 인간의 DNA는 40만 년 전의 것으로 추정된다. 2백만 년 전의 사람종과는 거리가 멀지만 이것만으로도 대단한 발견이다.

어째서 고향을 떠났을까

약 2백만 년 전 인간 계통이 처음으로 고향을 떠난 이유는 무엇일까? 당시 사람종이 아프리카를 벗어나는 모험을 감행하도록 결심하게 만든 사건이 있었을까? 고인류학에 따르면 당시는 아슐리안 문화 Acheulean culture *라고 불리는 주먹도끼 등의 체계적 도구들이 처음 출현한 매우 흥미로운 시대다. 아슐리안 문화라는 이름은 1872년 이 유형의 도구가 처음 확인된 프랑스 아미앵 생타쇨Saint-Acheul에서 유래했다.

주먹도끼의 균형미는 물건의 효과와는 상관없지만 상징적 사고와 뇌가 새로운 단계로 진화했다는 점을 분명히 보여준다. 따라서 학자들은, 기능만이 아니라 추상적이고 미적인 면도 생각해서 물건을 제작하고 선조보다 지능이 우수한 사람종이 아프리카 밖으로 이주했을 것이라고 오랫동안 생각했다. 그런데 드마니시 유적은 이러한 생각을 여지없이 무너뜨렸다. 이곳에서는 주먹도끼가 전혀 발굴되지 않았다!

탈아프리카 모험을 설명하기 위해 한동안 제시된 다른 가설은 개척자였던 사람종의 뇌가 컸을 것이라는 주장이다. 몇몇 연구자는 이러한 특징이 추상력을 높여서 미지에 대한 호기심을 느끼거나 다른 환경에 적응할 수 있는 등의 새로운 정신과 신체 능력이 생겼을 것이라고 생각했다. 이러한 생각도 드마니시 발굴로 풍비박산되었다. 호모게오르기쿠스의 뇌는 같은 시대 아프리카 사람종의 뇌보다 크지 않았다. 게다가 뇌와 키의 비율을 고려하면 호모게오르기쿠스의 뇌는 더 오래된 아

---

*   한쪽은 둥글고 반대쪽은 뾰족한 날이 있는 좌우대칭의 뗀석기 등이 제작된 전기 구석기 문화.

프리카 사람종의 뇌보다 작았다.

생태학적 가설도 고려의 대상이 되었다. 극심하게 건조해진 기후 같은 환경 변화 때문에 아프리카를 떠났을 것이라는 생각이다. 문제는 최근 연구에 따르면 이 사람종이 아프리카를 떠난 시대에 환경이 바뀌지 않았다는 점이다. 탈아프리카는 환경 변화보다 앞선 3백만 년 전 혹은 그보다 늦은 170만~130만 년 전에 발생했다.

약 180만 년 전 드마니시에 처음 사람종이 이주할 당시 캅카스의 기후는 고온다습했고, 170만 년 전에는 지중해 기후로 변했다. 아프리카 최초 사람종의 음식에 관한 연구에 따르면 이들은 기후가 습하건 건조하건 다양한 환경에 적응할 수 있었다. 나무가 우거진 사바나에도 적응했고, 더운 기후에도 순응했다.

기후는 그들이 처음 아프리카에서 흩어진 결정적인 이유가 아니었다. 따라서 이 문제도 여전히 해결되지 못하고 있다. 호모게오르기쿠스의 탈아프리카는 우연일까? 호기심 때문일까? 아무도 알 수 없다. 수십만 년 후 우리 사람종도 우주로 멋진 모험을 떠나지 않았는가!

현생인류의 출현
— 기원전 30만~기원전 20만 년

2017년 여러 일간지가 인간의 유골, 특히 두개골로 1면을 장식했다. 〈르몽드〉는 "호모사피엔스의 역사를 혼란에 빠뜨린 발견"이라는 제목의 기사를 실었다. 라이프치히 막스플랑크연구소 진화인류학 분과의 장자크 위블랭Jean-Jacques Hublin은 유골을 발견한 독일-프랑스-모로코 발굴팀의 책임자로서 모든 라디오 인터뷰를 했다. 이 유골의 무엇이 특별해서 여러 매체가 소동을 벌였을까? 가장 오래된 호모사피엔스의 유골이기 때문이다. 잘 알려졌다시피 호모사피엔스는 '현명한 사람'이라는 의미로 현생인류를 일컫는 학명이다. 모로코 제벨이르후드에서 발굴된 이 유골은 30만 년 전의 것으로 추정된다. 당시까지 알려진 가장 오래된 사피엔스 유골은 20만 년 전의 것이었다. 일간지 〈리베라시옹〉은 그 점을 빈정거리듯 지적하며 "호모사피엔스, 10만 년 늙다"라고 언급했다!

당시 장자크 위블랭은 이 화석을 '진정한' 첫 사피엔스 화석이라고 소개했다. 이름표는 화석을 평가하는 방식에 따라 달라진다. 턱의 존재, 둥근 두개골 등 현생인류의 특성을 고스란히 지닌 유골을 사피엔스라고 명명하거나, 몇몇 특성이 비슷한 유골들을 모아 같은 이름으로 명명할 수도 있다. 예컨대 제벨이르후드의 두개골은 얼굴이 '사피엔스' 유형이지만 형태가 더 오래되었다.

어느 관점을 택하느냐에 따라 가장 오래된 '사피엔스'라는 자격을 30만 년 전의 제벨이르후드 유골에 부여할 수도 있고, 19만 5천 년 전의 에티오피아 오모키비시 유골에 부여할 수도 있다. 사실 우리 종은 점진적으로 진화했기 때문에 출발점을 찾는 것은 별 의미가 없다. 그럼에도 불구하고 분명한 점은 어떻게 정의하든 초기 사피엔스는 모두 아프리카에서 나왔고, 유일한 발생지는 없다는 것이다. 사람들이 발견한 것은 북아프리카, 동아프리카 그리고 남아프리카의 '사피엔스', 굳이 말하면 오래된 '사피엔스들'이다.

인류의 아프리카 기원은 확실한 것 같지만, 최근까지도 모든 과학자가 동의하지는 않았다. 1990년대 유전학이 인류의 기원을 연구하기 시작하면서 또다시 격렬한 논쟁이 벌어졌다. 한쪽은 아프리카 유일 기원설을 주장했고, 다른 한쪽은 아프리카, 유럽, 아시아의 여러 지역에서 여러 진화 과정을 거쳐 각 대륙에서 독립적으로 현재의 사람종이 태어났다고 생각했다.

유럽에 국한해서 이야기하면 유럽인은 네안데르탈인의 후손이라는 것이 첫 번째 가설이고, '사피엔스'가 사촌 네안데르탈인을 대체했다는 것이 두 번째 가설이다.

미토콘드리아 이브

유전학 연구는 2가지 가설에 종지부를 찍을 수 있었을까? 1991년에는 수백만 개의 게놈 조각을 동시에 분석하는 오늘날과 같은 유전자 빅 데이터를 상상하지도 못했다. 당시에는 DNA의 일부인 미토콘드리아 DNA라는 특정 부분만 분석할 수 있었다. 에너지를 생산하는 작은 세포 소기관 미토콘드리아에 있는 이 DNA는 유전형질의 미세한 부분을 구성한다. 흥미로운 점은 개인들 간의 차이가 다양하다는 것이다. 이 차이를 기준으로 혈족 관계를 이야기하고 역사를 재구성할 수 있다. 미토콘드리아 DNA의 또 다른 특성은 여성만이 후손에게 전달한다는 것이다. 한 개인이 어머니의 미토콘드리아 DNA를 물려받고, 어머니의 어머니는 자신의 어머니에게서 물려받고, 그 어머니는 자신의 어머니에게서 물려받는 식으로 계속 세대를 거슬러 올라갈 수 있다.

전 세계 사람의 미토콘드리아 DNA를 비교하여 공통 모계 조상인 일종의 '미토콘드리아 이브'까지 거슬러 올라가면 모든 현생 사피엔스의 공통 미토콘드리아의 조상을 추정할 수 있다. 사람과 침팬지의 분기 연대를 추정하는 데는 분자시계 원리가 사용된다. 좀 더 자세히 살펴보자.

앞에서 언급했듯 이 기술을 이용하면 두 개체를 가르는 뉴클레오티드의 수를 계산할 수 있다. A와 B라는 두 사람과 천분율의 변이율을 가정해보자. 1천 년마다 1회의 변이가 발생한다는 의미다. A와 B의 공통 조상이 1천 년 전에 살았다면 평균적으로 A에게 1회의 돌연변이가, 그리고 B에게도 동일한 변이가 발생했을 것이다. 그러니까 1회가 아니라 2회의 변이로 A와 B를 구별할 수 있을 것이다. 이들의 공통 조상이

1만 년 전에 살았다면 A와 B의 DNA에서 20개의 차이를 발견할 수 있을 것이다. 변이율을 근거로 생물학자들은 '미토콘드리아 이브'의 나이를 추정할 수 있었다.

여기서 이브라는 용어는 혼란을 야기할 수 있기 때문에 조심해야 한다. 우리 조상이 미토콘드리아 DNA를 지닌 여성만이라는 의미는 아니다. 이 DNA는 한 개인 가계의 아주 작은 부분인 모계의 역사를 이야기한다. 한 개인은 4명의 조부모가 있지만 1명의 조모만 우리의 미토콘드리아 조상이고, 8명의 증조부모와 16명의 고조부모가 있지만 각 세대의 미토콘드리아 조상은 1명뿐이다. 우리 모두는 수많은 여성의 후손이지만, 단 1명만 자신의 미토콘드리아 유전자를 남겨 우리에게 도달했다. 다른 모계 조상들은 딸이 없었거나 그들의 딸의 딸, 그들의 딸의 딸의 딸이 없었다는 의미다. 이들의 미토콘드리아 DNA는 세대가 거듭되며 소실됐다. 하지만 모든 조상처럼 그들도 세포핵 속의 DNA인 핵 DNA의 일부를 우리에게 전했을 것이다.

그럼 미토콘드리아 DNA를 정확하게 계산할 수 있을까? '미토콘드리아 이브'는 20만~15만 년 전에 존재했을 것이다. 사피엔스의 탈아프리카가 나중에 이루어졌는지 혹은 그보다 먼저 아프리카, 아시아, 유럽에서 동시에 진화했는지에 관한 논쟁은 미토콘드리아 이브의 추정 연대로 종지부를 찍었다. 20만~15만 년 전이라는 연대는 비교적 최근의 탈아프리카 가설과 일치하기 때문이다. 2백만 년간 세 대륙에서 동시에 진화했다는 다른 가설이 사실로 확인된다면 최근의 미토콘드리아 공통 조상은 20만~15만 년 전이 아니라 적어도 2백만 년 전 인물이어야 한다.

초기 사피엔스들은 동아프리카, 남아프리카, 그리고 모로코에서 발견됐다. 우리 종이 아프리카의 한 장소에서 출현하진 않았을 것이다. 유전적 진화 이론이 증명한 바에 따르면 우리 종은 빨리 진화하는 방식을 통해 여러 아종으로 나뉘었다. 이들은 이주했지만 서로 연결되어 있었다. 각각의 종에서 우연히 혹은 선택적으로 새로운 변이가 발생하고 각각의 개체군에 퍼진다. 개체들이 이주를 통해 교류하면 각 개체에 새로운 것들이 섞이고 경우에 따라서는 더 효과적인 새로운 조합이 생긴다.

사람의 경우 많은 혼혈이 기원전 약 60000년에 중동에서 (유럽에서는 기원전 40000년에) 발생했다. 그 혼혈에 관해 알아보기 전에 고향을 떠난 모험에 관해 이야기하겠다.

아프리카를 떠나 모험에 나선 현생인류
— 기원전 10만~기원전 70000년

알타이 작은 마을의 면사무소로 돌아가보자. 나는 누구보다도 소련 사람 같은 면장의 놀란 얼굴을 잊을 수 없을 것 같다. 나는 DNA 표본을 채취하는 데 필요한 승인을 얻은 후에도 그와 대화를 이어갔다. 동료 연구자들과 나는, 아프리카를 벗어난 인류가 어떤 경로로 유라시아까지 퍼졌는지를 이 연구로 설명할 수 있기를 염원한다고 이야기했다. 그러자 그는 우리가 지구가 평평하다고 얘기한 것처럼 갑자기 머릿속이 혼란스러운 듯했다. 머리를 흔들며, 자신의 조상들이 아프리카에서 왔을 리가 없다고 반박했다. 그는 피부색 차이 때문에 이러한 생각을 도저히 받아들일 수 없었다. 하지만 현재 사람 계통이 아프리카에서 기원했다는 사실은 과학적으로 의심의 여지가 없다.

면장은 우리의 설명을 듣고 결국 수긍했지만, 진심으로 이해했는지는 알 수 없다. 이 사람이 사는 시베리아 남쪽은 아프리카에서 아주 멀다. 그로서는 자기 조상들이 아프리카 대륙에서 왔다고 상상하기 힘들었을 것이다. 사람종의 아프리카 기원설에 당황한 사람이 그뿐인 것은 아니다. 수십 년 전의 유럽인과 마찬가지로 중국인도 우리와 가장 유사한 사람종이 아프리카에서 기원했다는 생각을 쉽게 받아들이지 않았다. 내 생각에 그 이유는 사람종의 탈아프리카 모험이 서서히 진행됐다는 것을 이해하기 어렵기 때문이다. 우리가 아프리카에서 기원했다는 증거는 유전학, 더 정확히는 유전적 다양성에서 찾을 수 있다.

한 개체의 유전적 다양성은 여러 개인의 DNA를 2개씩 짝지어 비교하여 뉴클레오티드 개수의 차이를 계산하면 알 수 있다. 그런데 이 방식으로 여러 집단을 비교하던 연구자들은 현생인류 집단의 유전적 다양성이 아프리카의 집단에서 가장 많이 나타나고, 아프리카에서 멀어질수록 감소하는 현상을 관찰했다. 이것이 사람종이 아프리카에서 기원했다는 명백한 증거다. 왜일까? 창시자 효과founder effect* 와 다양성 상실이 이어져 있기 때문이다.

창시자 효과를 이해하기 위해 의복, 머리 모양, 체형이 달라서 외모가 다양한 학생들로 가득 찬 교실을 상상해보자. 그중 10여 명의 소집단 학생에게 다른 교실로 가라고 해보자. 이 소집단이 모든 의복과 모든 머리 모양의 표본이 될 수 없는 것은 당연하다.

이것이 창시자 효과와 같은 원리다. 이주 집단은 원집단에 비해 다양성이 감소한다. 이 현상은 아프리카를 벗어난 집단의 인구가 증가하는 내내 반복된다. 탈아프리카 집단이 처음 정착한 중동 지역 사람의 유전적 다양성은 유럽인이나 아시아인보다 크다. 이 대륙들을 정복한 호모

---

*   큰 개체군으로부터 떨어져 나온 작은 개체들이 새로운 개체군을 만들고 유전적으로 변이하는 현상.

사피엔스들은 아프리카 호모사피엔스 출신 소집단인 중동 호모사피엔스 출신의 소집단이다.

따라서 다음과 같이 탈아프리카 모험의 시나리오를 가정하는 것이 온당하다. 한 집단이 대륙을 떠나 새로운 장소에 정착한다. 그리고 이 집단에서 소집단이 떨어져 나와 좀 더 먼 곳에 정착한다. 사람들은 이와 같은 이주를 계속 반복한다. 새로이 이주할 때마다 새로운 소집단은 자신들이 속했던 원집단의 유전적 다양성의 일부만을 가지고 간다. 따라서 전 세계 다른 지역보다 아프리카 집단의 다양성이 큰 현상은 원집단이 이 대륙에서 살았다는 증거다.

원집단은 아프리카의 어느 지역에서 살았을까? 이 문제는 여전히 논쟁거리다. 사실 사피엔스들이 탈아프리카를 감행할 당시인 기원전 약 70000년(기원전 90000~기원전 60000년으로 불확실하다) 아프리카에는 뚜렷이 다르고 다양한 집단이 살았다. 사하라사막 남쪽 아프리카의 다양성에 관한 최근 자료를 보면 여러 집단을 발견할 수 있다. 첫 번째 집단은 언어에서 흡착음을 많이 구사하는 남서아프리카(나미비아)의 수렵채집 집단 코이산족Khoisan*의 조상이다. 코이산족은 수십 년 전 영화 〈부시맨〉이 성공하면서 매체를 통해 잘 알려졌다.

두 번째는 서아프리카 열대우림, 카메룬, 우간다 동쪽에 사는 피그미Pigmy족의 조상 집단이다. 세 번째는 반투족Bantu 출신인 사하라사막 이남 여러 부족의 조상 집단이다. 네 번째는 동아프리카의 여러 집단이다. 아프리카 밖의 사람 집단은 분명 이 마지막 집단 출신일 것이다. 아

---

*   반투족을 제외한 남아프리카 부족의 통칭. 영어로 부시맨Bushman이라고 한다.

프리카 집단의 다양성에 관한 현재의 지식에 따르면 아프리카를 떠난 집단들이 기원했을 가능성이 가장 높은 지역은 동아프리카다. 하지만 아프리카에서 얻은 표본은 여전히 단편적이다. 또한 아프리카로 역이주한 집단도 있을 가능성이 커서 해석을 복잡하게 만든다.

개미처럼 천천히

탈아프리카 모험은 이처럼 '잇단 창시자 효과'로 일어났고, 진행 과정은 더뎠다. 현재 탈아프리카 연대는 대략 7만 년 전으로 추정되는 반면 호모사피엔스가 유럽에 처음 정착한 시기는 4만 년 전으로 추정된다. 가장 간단한 모델을 예로 들면 중동에서 유럽까지 가는 데 3만 년이 필요했을 것이다. 3천 킬로미터를 가는 데 3만 년이 걸렸다는 것이다. 만약 꾸준히 이동했다면 이 선사시대 개척자들은 1천 세대에 3천 킬로미터, 그러니까 한 세대에 3킬로미터를 전진했다는 의미다. 이 이동 리듬에 따르면 자녀들은 부모로부터 3킬로미터 떨어진 곳에 정착했다.

이 비교적 느린 속도는 의외로 중요하다. 사피엔스의 탈아프리카는 지구를 정복하기 위해 미지의 세상으로 떠나는 집단적 모험이 아니었다. 여러 개인은 동시에 세대에서 세대로 이어진 느리고 긴 이주의 결과였고, 그들은 새로이 만난 생태계에 둥지를 틀었다. 이처럼 느린 속도 덕분에 식민지를 개척하는 우리 조상들은 매번 새로운 곳에 적응하고 정착할 시간을 벌 수 있었을 것이다.

따라서 최근엔 탈아프리카 이동 시기를 기원전 약 70000년으로 추정한다. 이 추정값은 동시대에 아프리카 밖에 거주한 사람들과 아프리카에 거주한 사람들의 게놈을 비교하여 두 집단의 DNA 차이와 평균 변이율을 근거로 연대순으로 나누어 얻는다. 사람과 침팬지의 공통 조상의 연대를 추정할 때도 같은 계산법을 사용한다. 아프리카와 유라시아의 인류는 완전히 분리되지 않고 이주를 통해 유전자를 계속 조금씩 교환했다. 이때 두 집단이 이주를 통해 유전자를 교환하면 할수록 유전적으로 유사해지는 경향이 있다. 분리된 집단들에서 변이에 의해 축적된 차이와 반대 효과를 발생시키는 메커니즘을 고려하면 두 집단 간 이주의 역사 시나리오 시뮬레이션을 고전적 모델에 포함해야 할 것이다.

더 오래된 사피엔스들의 화석이 아프리카 밖에서도 발견됐기 때문에 7만 년 전이라는 결과가 낭혹스러울 수도 있다. 예를 들면 이스라엘 카프제 동굴 화석은 기원전 92000년의 것으로 추정되고, 이스라엘 미슬리야 동굴의 사피엔스 턱뼈는 기원전 17만 년의 것으로 추정된다. 사실 현대의 유전자 정보로는 우리 조상들만의 역사를 재현할 수 있다는 것을 이해해야 한다. 현재 후손이 없는 이들의 과거에 관한 흔적은 우리의 게놈에 남아 있지 않기 때문이다. 따라서 사피엔스는 기원전 70000년 이전에 아프리카를 떠났을 수도 있다. 이들이 존재했지만 우리의 게놈에 흔적을 남기지 않은 이유는 이 개체들이 유전적 관점에서 우리와 직접적인 관련이 없기 때문이다. 콕 집이 연대를 이야기하는 또 다른 이유는 유전자로 추정한 연대를 신뢰할 수 있기 때문이다. 변이율이나 새로운 유전자가 나타나는 속도는 아직 확실하지 않다. 따라서 탈아프리카는 기원전 10만 년과 기원전 50000년 사이인 기원전 70000년으로 추정할 수 있다.

네안데르탈인과의 만남
— 기원전 70000년

1856년 8월, 독일 네안데르 계곡. 뒤셀도르프에서 10여 킬로미터 떨어진 뒤셀강 변의 석회암 채석장에서 작업하던 노동자들이 램프의 불빛 속에서 인간으로 보이는 유골을 발견했다. 자연사에 관심이 많았던 엘버펠트의 교사 요한 카를 플로트Johann Carl Fuhlrott는 서둘러 현장으로 갔다. 그는 발견된 뼈와 두개골 조각에 흥미를 느꼈다. 몇 주에 걸친 발굴 끝에 그는 매우 오래된 유골이 우리와는 완전히 다른 원시적 존재의 뼈라고 주장했다. 어떻게 우리와 다른 종이 있을 수 있을까? 당시 사람들은 허튼소리라고 생각했다!

많은 사람이 사기라고 비난하거나, 이 미천한 창조물을 기형적 인간이라고 생각하고 싶어 했다. 발견된 지명을 따서 명명된 네안데르탈인은 유럽 전역에서 구조가 동일한 표본들이 발견되기 전까지 인간의 대역사에서 자신의 자리를 찾지 못했다. 네안데르탈이라는 이름이 '새로운 사람의 계곡'을 의미한다는 것은 참으로 기묘한 우연이다.

약 7만 년 전 사피엔스들이 아프리카를 떠났을 때 유라시아에 사람이 전혀 없었던 것은 아니다. 수십만 년 전부터 스페인에서 몽골에 이르는 드넓은 영토를 차지하고 있던 종이 바로 네안데르탈인이었다. 이들은 기원전 약 70만 년에 아프리카에서 나온 다른 종의 후손이거나, 60만 년도 더 된 사피엔스 이전의 종일 것이다. 아프리카를 벗어나 중동에 도착한 사피엔스들은 자신들과 다른 인간인 네안데르탈인을 만났다. 전형적인 네안데르탈인의 모습은 어땠을까? 키는 우리보다 작지만 체격은 건장하고 뇌도 더 컸다. 이들은 죽은 자를 매장하고, 정교한 도구를 제작하며, 사냥에 능숙하고, 집단으로 생활했다. 이 세 번째 유형의 만남은 어떻게 이루어졌을까? 최근까지는 고고학을 통해서만 정보를 얻을 수 있었다. 시간에 따라 그들이 차지한 곳과 물질적 흔적들은, 그들이 어느 정도 물질문화를 교류하며 평화적으로 공존했음을 시사한다.

이후 유전학 덕분에 더 많은 연구가 가능해졌다. 라이프치히 소재 막스플랑크연구소 진화인류학 분과 책임자 스반테 페보Svante Pääbo가 이끄는 독일의 연구팀이 2010년 네안데르탈인 화석에서 핵 DNA를 분석하는 기술적 쾌거를 이루며 놀라운 결론을 도출했다. 페보와 그의 동료들은 네안데르탈인과 현생인류의 DNA를 비교했다. 결과에 따르면 우리는 그들과 99.87퍼센트 유사하다! 무작위로 선택한 두 사람의 99.9퍼센트가 유사하다는 것, 즉 1천 개의 뉴클레오티드 중 1개만 다르다는 것은 우리가 네안데르 계곡에서 발견된 사람과 유전적으로 매우 가깝다는 의미다.

현재의 인간은 네안데르탈인과 불과 0.13퍼센트만 다르다. 놀라운 것은 이처럼 미미한 유전자의 차이 때문에 두 종을 명확히 식별할 수 있다는 것이다. 네안데르탈인의 두개골은 사피엔스의 두개골보다 부피가 더 크다. 이것만이 두 종의 유일한 차이는 아니다. 형태도 다르다. 네안데르탈인의 두개골은 럭비공처럼 길쭉하다. 눈의 형태도 다르다. 네안데르탈인은 눈 위에 뚜렷이 두드러진 군살이 돌출하여 길게 이어져 있다. 건장한 현대인 중에도 군살과 돌출한 눈썹이 있는 사람이 있지만 네안데르탈인처럼 길게 이어져 있지는 않다. 논란의 여지 없이 두 종을 구별하는 특징은 바로 턱이다. 사피엔스만이 턱이 있기 때문이다. 네안데르탈인의 하악은 안쪽으로 기울어져 있고 돌출된 부위가 없다. 이 차이를 생물학적 적응의 결과로 보기는 어렵다. 네안데르탈인이 추위에 적응하며 안와상부 군살이 두드러지거나(내부는 비어 있음) 얼굴이 부풀었다고 주장하는 학자도 있지만, 현재 그 가정을 뒷받침할 증거는 없다. 어쩌면 진화의 우연일지도 모르겠다….

　　네안데르탈인의 게놈 깊숙이 들어가 보면 무엇을 알 수 있을까? 그러려면 우선 네안데르탈인과 현생인류의 게놈을 나란히 정렬하고 비교해야 한다. 그런데 네안데르탈인의 게놈은 파손되거나 조각난 DNA에서 가져오기 때문에 유전자 분석 결과가 현생인류의 게놈처럼 완전하지 않다. 따라서 유전 코드가 있고 단백질을 생성하는 게놈 부분에 큰 영향을 미치는 요소가 거의 발견되지 않았다. 비교 분석한 유전자들 중 첫 번째 그룹은 네안데르탈인의 '외형'과 관련 있다. 실제로 각질을 이루는 케라틴과 머리카락 분자, 피부의 상처 치유와 관련된 유전자와 외형과 관련된 유전자들이 발견됐다. 두 번째 그룹은 인간의 제2형 당뇨와 관련 있다. 따라서 이 유전자들은 신진대사 기능이 있었을 것이다. 세 번째 그룹은 병원체에 대한 저항과 관련 있다.

또한 우리와 이어진 네안데르탈인의 특성은 자폐 혹은 조현병 같은 몇몇 정신질환을 일으키는 유전자가 있다는 것이다. 하지만 네안데르탈인이 지닌 이 유전자들의 변이는 사피엔스에게서 나타나는 변이와 달라서 어떤 영향을 발휘하는지 짐작할 수 없다. 요컨대 이처럼 반복된 변이들이 네안데르탈인과 우리의 뇌를 다르게 만들었을지도 모른다. 미래의 큰 도전은 그 차이들의 정확한 기능을 이해하는 것이다.

호모사피엔스와 네안데르탈인의 혼혈

독일 고유전자 연구팀은 비아프리카인 전체의 낯선 혈통을 발견하는 예상치 못한 결과에 도달했다. 이들의 연구에 따르면 사피엔스와 아프리카를 벗어난 네안데르탈인 사이에 혼혈이 태어났다. 사실 네안데르탈인의 게놈은 아프리카인보다 유럽인이나 아시아인의 게놈과 더 유사하다. 다시 말해서 아프리카를 벗어나 살고 있는 우리는 네안데르탈인의 DNA 조각이 있는 유전형질을 물려받았다. 초기에 아프리카를 떠난 사피엔스와 네안데르탈인은 많은 육체관계를 맺었다. 유럽인, 아시아인, 오세아니아인의 핏속에는 턱이 없는 먼 조상의 피가 흐르고 있다. 최근 몇몇 아프리카인을 조사한 결과에 따르면 다른 대륙에서 아프리카로 반대의 길을 갔을 사피엔스로부터 받은 네안데르탈인의 게놈이 매우 적게 검출됐다.

유럽인의 게놈에 포함된 네안데르탈인의 DNA 조각은 약 2퍼센트다. 이 유산은 무엇을 의미할까? 그중 현재 유효한 유전자가 있을까?

답변하기 전에 잊지 말아야 할 것은 네안데르탈인에게서 받은 2퍼센트의 DNA는 게놈이 우리의 유전자와 99.87퍼센트 동일하다는 것이다. 1만 개의 뉴클레오티드로 이루어진 기다란 조각의 경우 두 사피엔스의 DNA는 10개의 뉴클레오티드만 다르다. 사피엔스와 네안데르탈인을 같은 방법으로 비교하면 13개의 뉴클레오티드가 다르다는 것을 알 수 있다. 네안데르탈인에게서 온 게놈 조각은 1만 개 중 3개만 추가로 다르다.

무척 적은 숫자다. 뿐만 아니라 네안데르탈인에게서 물려받은 DNA 조각들은 대부분 유전자가 없다. 따라서 이것들은 유전 코드가 없고 단백질로 바뀌지 않는 고물 DNA에 불과하다. 게다가 2퍼센트에 해당하는 DNA 부분은 대부분 각 개체마다 다르다. 그럼에도 불구하고 모든 유럽인과 아시아인이 지닌 2퍼센트의 DNA를 하나하나 비교하면 네안데르탈인의 게놈과 50퍼센트 일치한다! 매우 중요할 수도 있는 2퍼센트라는 수치에는 이론의 여지 없이 실재하는 유전자가 감춰져 있다.

보존된 2퍼센트의 DNA에는 무엇이 남아 있을까? 네안데르탈인이 실제로 현생인류에게 물려준 유전적 유산은 무엇일까? 이 세계의 어딘가에는 거의 모든 개체가 네안데르탈인의 게놈 몇 조각을 가지고 있는 지역이 있다. 유럽인 대부분은 피부 조직의 색소를 형성하는 *BNC2* 유전자를 포함한 네안데르탈인의 DNA 조각을 가지고 있다. 아시아인 대부분은 표피층을 생성하는 세포인 케라티노사이트의 분화에 작용하는 *POU2F3* 유전자를 포함한 네안데르탈인의 DNA 조각을 가지고 있다. 생리적 메커니즘이 구체적으로 알려지진 않았지만 일반적으로 네안데르탈인의 유산은 긍정적이라고 생각된다. 이러한 주장이 단정적으로 보일 수도 있지만 통계가 뒷받침하고 있다.

이른바 생물학적으로 기능하는 유전자가 많은 네안데르탈인의 DNA를 사피엔스들에게서 찾아보기 힘들어지고 있다. 무슨 의미일까? 네안데르탈인과 사피엔스가 혼혈하던 시기가 지나자, 네안데르탈인의 유전자를 많이 가진 사피엔스 후손들은 이 유전자가 적은 후손들에 비해 평균수명이 줄었다.

이러한 '네안데르탈인의 저주'에 관한 설명은 2가지다. 첫 번째는 유전자 기계가 다른 종에서 유래한 DNA 조각을 게놈에 통합하려 할 때 DNA 조각들이 나머지 게놈과 조화를 이루지 못해서 제대로 기능하지 않는다는 것이다. 두 번째는 네안데르탈인의 유전형질이 우리의 유전형질보다 상태가 좋지 않다는 것이다. 턱이 없는 사람은 인구 감소와 밀접한 근친교배로 인해 여러 해로운 변이를 축적했다. 그 결과 네안데르탈인의 유전자를 보유한 사람은 실제로 건강이 좋지 않거나 생식이 어려웠을 것이다.

반대로, 네안데르탈인에게서 온 유전자가 유익한 경우도 있다. 이 유전자가 어떻게 유효한지, 환경에 적응하는 데 어떤 이점이 있는지 정확히 알려지진 않았다. 그럼에도 불구하고 네안데르탈인이 물려준 유전자 중 어떤 것은 머리카락과 털의 케라틴에 포함되어 있고, 어떤 것은 면역체계(HLA 유전자)와 관련 있다. 또한 어떤 것은 특정 유형의 당뇨병과 밀접하다고 알려짐에 따라 신진대사와 관련 있다는 사실이 확인됐다.

또 다른 가설은 추위, 미미한 일조량, 병원체 등 네안데르탈인이 자신의 환경에 적응하는 데 도움이 된 유전자를 우리가 지니고 있다는 것이다. 이 네안데르탈인의 축복은 사피엔스가 유럽의 고위도 지역에서 맹위를 떨치던 추위와 적은 일조량을 견디고 병원체에 저항하는 능력을 높여줬을 것이다.

네안데르탈인은 수십만 년간 유라시아에 살았기 때문에, 사피엔스들이 떠나온 아프리카와 달리 견디기 힘든 환경에도 자연선택을 통해 적응할 시간이 있었다. 이처럼 유리한 DNA를 지닌 개체는 그렇지 않은 개체들보다 잘 견디고 생식했다. 여러 세대가 흐르며 네안데르탈인이 물려준 DNA 조각은 유럽 대륙에 사는 모든 사피엔스에게 전해졌다.

유전학자들이 전문용어로 '적응을 돕는 유전자 이입'[*]이라고 부르는 DNA 동화 메커니즘은 유전자를 받는 개체에게 선택적 특혜를 준다. 또한 네안데르탈인이 물려준 유전자 버전들이 단 한 번 게놈에 이입되기만 해도 적응에 유리해질 가능성이 높아진다. 아시아와 유럽의 개체들에서 이입된 DNA 조각들이 다르게 나타나는 이유는 약간 다른 환경과 우연히 이루어진 유전자 이입 때문이다.

사피엔스의 게놈에 네안데르탈인의 게놈 조각이 대칭적으로 통합된 DNA는 네안데르탈인도 사피엔스의 DNA를 받아들였다는 사실을 보여준다! 가장 놀라운 것은 네안데르탈인에게서 발견된 사피엔스의 DNA가 현생인류에게서는 발견되지 않는다는 것이다. 다시 말해 네안데르탈인과 만난 특이한 사피엔스는 현대의 후손을 남기지 못했다.

[*]   다른 품종이나 종끼리 교배하여 생긴 잡종이 양친의 한쪽과 계속 교배하여 한 종의 유전인자가 다른 종에 침투하는 현상.

만남의 장소

사피엔스들은 아프리카를 떠났기 때문에 네안데르탈인을 만날 수 있었다. 그렇다면 그들이 혼혈한 장소를 정확히 알 수 있을까? 유전학은 몇 가지 정보를 제공한다. 유럽인, 아시아인, 파푸아인, 오스트레일리아인 등 누가 됐든 아프리카를 벗어난 모든 사피엔스는 네안데르탈인의 게놈 조각을 가지고 있다. 따라서 사피엔스가 전 세계로 퍼져 나가기 전에 중동에서 혼혈한 것이 확실하다. 그렇다면 시기는 언제일까? 약 7만~5만 년 전일 것이다. 이후에도 네안데르탈인과 우리는 함께했던 역사에서 또 다른 밀접한 관계를 맺었지만 우리 게놈에서 흔적을 찾기는 어렵다.

어쨌든 유전학은 그 사건을 잘 밝혀내고 심지어 육체관계의 최소 횟수를 꽤 정확히 예측했다. 횟수는 매우 적은 150회로 추정된다. 결과적으로 현재의 사피엔스가 네안데르탈인의 DNA 2퍼센트를 갖게 된 원인은 후손을 얻은 150회의 성교였다. 아프리카를 떠난 사피엔스들은 몇 명이나 될까? 아프리카를 벗어난 우리 종의 유전적 다양성이 단지 수천 명의 개체만으로 결정됐을까?

당연히 그들은 하나의 무리를 이루지는 않았다. 현대 수렵채집인은 1백~2백 명 정도가 한 무리를 이루어 산다. 따라서 아프리카를 떠난 무리는 다수였을 것이다. 네안데르탈인은 기원전 37000년경 유라시아에서 사라졌다. 두 종은 수천 년에 걸쳐 유라시아 대륙에서 만날 수 있었다. 이러한 관점에서 보면 생식력을 발휘한 150회의 만남은 상당히 적다. 그 이유는 2가지로 설명할 수 있다. 서로에 대한 감정이 부족해서 혼혈이 적었거나, 성교는 많았으나 후손을 낳은 경우가 150회뿐이었을 것이다. 사자와 호랑이, 말과 당나귀 같은 몇몇 이종 간의 교배처럼 네안데르탈인과 사피엔스의 혼혈은 생식력이 없었을 것이다.

한 가지 알아야 할 것은 사피엔스와 네안데르탈인이 로맨틱한 밤을 보냈다는 것과 이들의 은밀한 만남이 어떻게 이루어졌는지를 설명하는 것은 별개의 문제라는 점이다. 상황은 어땠을까? 각 개인의 만남은 우연이었을까? 예컨대 새로운 부족을 발견한 기념으로 잔치를 벌였을 때일까? 이들이 사랑의 감정을 공유했을 가능성이 있을지 아닐지를 생각해볼 수도 있다. 한 개체가 다른 종의 구성원에게 매력을 느꼈을까? 아니면 지금도 전쟁 중에 종종 발생하는 것처럼 부족 간의 습격 때 성폭행으로 혼혈이 이루어졌을까? 대답하기 어렵더라도 이 문제들을 생각해봐야 한다. 여기서도 유전학은 할 말이 있다. 최근 네안데르탈인의 DNA 해독에 성공함으로써 약간 놀라운 사실이 밝혀졌다.

네안데르탈인의 X 염색체를 분석해서 우리 염색체와 비교해보니 우리의 X 염색체가 다른 비非성염색체들보다 네안데르탈인의 게놈 조각을 확실히 적게 가지고 있었다. 모든 포유동물과 마찬가지로 인간도 X와 Y 성염색체가 한 개인의 생물학적 성을 결정한다. 여성은 XX고, 남성은 XY다. 우리의 X 염색체는 네안데르탈인의 영향을 받지 않았거나 거의 받지 않았다는 의미다.

이에 대한 설명으로 우선 네안데르탈인의 지분이 많은 X 염색체를 가진 개체가 생존에 불리했다는 점을 들 수 있다. 인간은 다른 염색체들이 2개씩 있는 반면 X와 Y 염색체는 하나씩만 가지고 있다. 이러한 사슬 결합 덕분에 결함 있는 유전자들을 보완할 수 있다. 둘 중 하나가 결함이 있으면 다른 하나가 대체재로 사용된다. 다시 말해 인간의 X 염색체는 자연선택에 의해 '두드러지기' 때문에 결함 있는 X 염색체를 지닌 개체는 생존 가능성이 낮아지거나 생식이 어렵다. 따라서 일반적으로 잡종의 경우 수컷이 암컷보다 생식력이 떨어진다. 사피엔스와 네안데르탈인의 공동 후손도 이 현상을 겪었을까?

이 추론 외에도 우리의 X 염색체가 다른 염색체들에 비해 네안데르탈인의 지분이 적은 이유를 설명하는 흥미로운 가설이 제기되었다. 인류학자들은 대부분 여성 사피엔스들(성염색체 XX)과 남성 네안데르탈인들(XY)이 혼혈했을 것이라는 가설을 제시한다. 따라서 같은 비율로 사피엔스의 X 염색체들이 네안데르탈인의 X 염색체들보다 흔하다는 주장이다. 이처럼 성별이 불균등한 혼혈에 관한 추측은 이주기에 사피엔스 집단에서 나타난 현상과 일치한다. 예컨대 앞으로 언급할 농경인 집단과 수렵채집인 집단의 만남 등이다.

사피엔스 집단과 네안데르탈인 집단이 만나 여성 사피엔스가 남성 네안데르탈인과 성관계를 맺는 시나리오를 상상해보자. 다양한 집단이 만났을 때 한 집단의 성이 다른 집단의 다른 성과 더 많이 생식하는 불균형한 현상은 흔하다. 이 경우 여성 사피엔스는 남성 네안데르탈인에게 더 호감을 가진 반면, 여성 네안데르탈인은 남성 사피엔스에게 매력을 느끼지 않았을 것이다. 수렵채집인과 아프리카에서 이주한 농경인 사이의 비대칭적 생식 사례에서는 성폭력으로 설명할 수 없는 불균등한 선호로 인해 불균등한 혼혈이 나타났다. 그러나 사피엔스와 네안데르탈인의 만남을 증언해줄 증인은 없다.

네안데르탈인의 마지막 역사

두 종의 관계가 어떤 성격을 띠었든 분명 네안데르탈인의 소멸과 함께 관계는 끝났다. 유라시아에서 30만 년 이상 살았던 우리의 유사종이 기원전 37000년에 사라진 이유는 무엇일까? 사피엔스들과의 싸움, 전염병으로 인한 피해, 빙하기 등 여러 가설이 제시됐지만 결정적인 해답은 나오지 않았다. 그러나 유전학을 바탕으로 흔히 인용되는 이론 중 하나인 근친교배를 조사해볼 수는 있다. 네안데르탈인 집단은 규모가 매우 제한적이었을 것이다. 이 환경에서는 결국 종을 소멸시키는 유전적 결함이 증가하는 근친교배를 할 수밖에 없었을 것이다.

2015년 알타이에서 발견된 표본 덕분에 처음으로 네안데르탈인의 근친교배를 추정할 수 있었다. 해골 보존 상태가 좋았기 때문에, 모계에서 받은 DNA와 부세에서 받은 DNA 자료를 모두 읽을 수 있었다. DNA들을 비교한 결과에 따르면 한 개체에 부계와 모계 모두와 가까운 공통 조상이 있었던 듯하다. 다시 말해서 근친교배를 했다. 결론적으로 그 개체는 한 가족 구성원들이 짝짓기한 결과였다. 삼촌과 조카, 사촌과 사촌, 혹은 이복남매나 이부남매가 교배했다는 의미다.

알타이에서 발견된 네안데르탈인의 DNA 분석 결과는 다른 네안데르탈인들에게서 발견되지 않았다. 몇 개월 후 진행된 두 번째 분석에서는 크로아티아 빈디야에서 발견된 다른 네안데르탈인에 학자들의 관심이 집중되었다. 이 연구를 통해 알타이 네안데르탈인의 근친교배보다 정도가 낮지만 빈도가 높은 근친교배가 확인됐다. 네안데르탈인의 근친교배와 현대 인류의 근친교배를 비교하면, 수백 명으로 구성된 수렵채집인 집단에서 현재도 발견되는 정도와 비슷하게 근친교배했음을 알 수 있다. 다시 말하면 이 정도의 근친교배는 어떤 경우에도 집단 구성원을 멸종시키지는 않는다.

그럼에도 불구하고 네안데르탈인이 유전적 다양성이 부족하여 피해를 입은 것은 사실이다. 이들은 숫자가 사피엔스의 10분의 1 정도였던 듯하다. 네안데르탈인의 인구통계학 기록을 보면 약 4만 년 전 사피엔스들이 유라시아 대륙에 도착하기 훨씬 전인 10만 년 전에 숫자가 급격히 감소하기 시작했다. 다시 말해 사피엔스들이 유럽에서 네안데르탈인을 만났을 때는 이미 인구수가 감소하는 중이었다. 자원을 차지하려는 경쟁 때문에 혹은 네안데르탈인의 영역을 분할하려 했기 때문에 사피엔스들의 진화도 속도가 빨라졌다. 사용할 수 있는 자원이 풍부했던 점을 생각하면 자원에 대한 경쟁 가설은 설득력이 없어 보인다. 당시 이전의 네안데르탈인보다는 새로운 네안데르탈인들 사이의 근친교배가 증가했다고 볼 수 있다.

여러 가정을 검증하기에는 양질의 DNA를 추출할 수 있는 네안데르탈인의 수가 충분하지 않다. 따라서 고인류학 자료로 네안데르탈인화 neandertalisation를 설명하는 쪽이 흥미로울 것이다. 이 용어는 가장 오래된 네안데르탈인보다 최근의 네안데르탈인의 경향을 묘사한 것이다. 네안데르탈인의 특징은 진화에 따라 더욱 두드러졌다. 몇몇 연구자는 네안데르탈인화는 유전적 진화 현상으로 설명할 수 있고, 근친교배가 많았던 소집단에서 발견된다고 시사했다. 요약하면, 사피엔스들이 도착하여 네안데르탈인 집단들이 고립되고 영역이 나뉜 현상이 이들이 사라질 수밖에 없었던 이유를 설명할 수 있을 것이다.

사피엔스의 '또 다른 충동'

사피엔스와 다른 종의 모험 이야기는 여기서 그치지 않는다. 아프리카를 떠난 사피엔스의 여행 이야기를 잠시 상기해보자. 중동에 터전을 잡은 사피엔스 개척자들은 우선 동쪽으로 멀리 모험을 떠나 아열대기후의 아시아를 지나 오스트레일리아까지 갔다. 아프리카를 떠나서 처음 만든 대규모 식민지였다. 장거리 여행을 한 초기 사피엔스들은 현재 멸종된 사람종인 데니소바인을 만났다. 2010년 시베리아 남부 알타이 지방의 초르니아누이 마을 인근 동굴에서 고인류학자들이 손가락뼈 조각을 발견했다. 네안데르탈인의 화석들도 발견됐지만, 손가락뼈의 DNA를 해독한 결과 데니소바인은 네안데르탈인도 아니고 사피엔스도 아니라는 놀라운 정보가 밝혀졌다!

데니소바인의 게놈은 동남아시아인과 특히 오세아니아인에게서 높은 비율로 발견되기 때문에 매우 중요하다. 뉴기니섬 주민과 오스트레일리아 토착민에게서 발견되는 데니소바인의 게놈은 최대 6퍼센트 정도다. 하지만 데니소바인이 알타이에서 발굴된 단 하나의 개체를 통해 알려진 데다, 게놈을 지닌 사람들이 수천 킬로미터 떨어진 오세아니아에 산다는 사실은 이 수치에 의구심을 품게 한다.

이처럼 이해할 수 없는 현상에 놀란 고인류학자는 식민지 시나리오를 제시하여 설명하려 했다. 초기에 이 종이 분포한 영역은 매우 넓었을 것이다. 처음 이주한 사피엔스들은 이들과 만나 혼혈했을 것이다. 이후 아시아로부터 새로운 이주 물결이 불어서, 뉴기니와 오스트레일리아를 제외한 세계의 초기 이주자들이 사라졌을 것이다. 과학계는 다른 데니소바인 혹은 아시아 대륙에서 왔을 유사한 종의 화석이 발견되기를 초조하게 기다리고 있다.

유전적 영향이라는 관점에서 보면 데니소바인은 현생인류 게놈의 6퍼센트에 이르는 양뿐만 아니라 질적인 면에서도 중요한 영향을 미쳤다. 데니소바인은 그저 쓸모없는 뉴클레오티드들이 배열되어 유전 코드가 없는 DNA를 심어놓은 것이 아니다. 티베트 주민들이 고도가 높고 산소가 희박한 곳에서도 살 수 있도록 변이한 원인은 데니소바인의 DNA 덕분이다. 특히 이 변이는 출산 시 산모와 아기의 사망 위험이 중국 대륙 출신 주민에 비해 적어지도록 돕는다. 수치로 따지면 3분의 1로 낮춰준다. 이러한 장점은 고도가 높은 곳에서만 유익하다. 그래서인지 아시아의 다른 주민에게서는 전혀 발견되지 않는다. 적응에 도움이 되는 유리한 조건을 만들어주는 게놈에 DNA 조각을 삽입한 유전자 이입의 좋은 사례다.

데니소바인의 게놈을 분석한 학자는 또 다른 당황스런 문제와 마주쳤다. 핵에 없는 DNA 부분이 아니라 어머니에게서 딸에게 전해지는 미토콘드리아 DNA를 보면 다른 이야기가 펼쳐졌기 때문이다. 데니소바인의 핵 게놈은 자신이 네안데르탈인과 근연 관계라고 말하고 있다. 인류 계보의 유연관계를 나타내는 계통수에서 이 두 종은 사피엔스와 인접한 같은 가지에 속한다. 한편 미토콘드리아 게놈은 네안데르탈인보다 더 먼 화석종과 데니소바인을 연결하는 훨씬 오래된 유연관계를 확인해준다. 사실 데니소바인의 미토콘드리아 DNA는 더 오래된 다른 인간의 흔적인 스페인 시마데로스우에소스 유적지의 것과 유사하다!

스페인 북부 아타푸에르카의 동굴에서 발견된 시마데로스우에소스 유골은 약 40만 년 전으로 거슬러 올라간다. 학자들은 네안데르탈인의 조상이었을 하이델베르크인과 연관 있는 이 유골에서 DNA를 추출했다. 이 DNA는 현재까지 사람 계통에서 분석한 것 중 가장 오래되었다.

첫 번째로 채취한 DNA 조각은 미토콘드리아 DNA였다. 네안데르탈인과 사피엔스의 DNA와는 달랐지만 4만 년 전 그곳에서 수천 킬로미터 떨어진 곳에 살았던 데니소바인의 DNA와는 유사했다. 정말이지 예상 밖의 결과였다! 이 수수께끼를 풀기 위해서는 화석의 핵 DNA가 부분적으로나마 분석될 때까지 몇 년을 기다려야 했다. 이종교배 때 네안데르탈인은 초기 여성 사피엔스의 미토콘드리아 DNA를 선물로 받았고, 시마데로스우에소스 유골과 데니소바인은 원래의 미토콘드리아 DNA를 간직했을 것이다. 즉, 또 한 번의 이종교배가 이루어졌다! 화석에서 추출한 DNA를 연구한 결과 중 가장 참신하고 흥미진진한 것은 사피엔스와 네안데르탈인, 데니소바인과 사피엔스 혹은 네안데르탈인과 데니소바인처럼 여러 사람 계통이 이종교배했다는 것이다. 불과 몇 개월 전에는 네안데르탈인과 데니소바인이 이종교배하여 낳은 여자아이 유골이 발견되었다.

이종교배의 세계

인간의 역사는 지금은 멸종한 종들과의 이종교배로 형성되었다. 유럽에서는 대상이 네안데르탈인이었다. 탈아프리카 초기에 유럽에서 나타난 이종교배 외에도 훗날 한정된 지역에서 다른 이종교배가 나타났을 수도 있지만 우리 게놈에 많은 영향을 미치진 않았다. 아시아인 대부분에게는 6만 년 전 네안데르탈인과 이종교배한 흔적이 있지만, 데니소바인의 게놈도 매우 다양한 비율로 가지고 있다. 몇몇 파푸아뉴기니 사람들은 6퍼센트나 있는 반면, 아시아 대륙의 주민은 1퍼센트도 되지 않는다. 다양한 지리적 위치와 시기가 이종교배에 영향을 미쳤을 것이다.

지금은 유럽 화석들에 관한 고대 DNA가 분석된 상태다. 물론 전 세계 여러 장소에서 발견된 고대 DNA를 분석하면 더 풍부한 정보를 얻을 수 있을 것이다. 아시아 대륙을 연구하면 데니소바인이 분포했던 영역을 제대로 파악하고 외형, 물질적 생산품에 대한 정보를 알려줄 화석이 있는 곳을 발견할 수도 있을 것이다. 한편 현대 DNA 자료를 활용한 여러 연구팀이 아프리카에서 사피엔스와 현재는 사라진 사람종이 이종교배했을 것이라고 주장했다. 그러나 열대지방에서는 DNA가 급격히 손상되기 때문에 아프리카 땅에서 고대 DNA를 추출하기가 어렵다.

연구자들은 플로레스인Flores man*을 연구할 때도 같은 문제에 봉착했다. 5만 년 전의 것으로 추정되는 이 유골은 인도네시아 플로레스섬에서 발굴됐다. 1~1.1미터 정도의 작은 키 때문에 선사시대의 호빗이라는 별명이 붙었다. 플로레스인은 호모에렉투스처럼 더 오래되고 큰 종의 후손으로 '섬 왜소화'가 나타났을 가능성이 있다. 섬에서는 자연선택 때문에 작은 종이 발생할 수 있다. 예컨대 지중해에는 피그미하마**가 있는 반면 코모도왕도마뱀처럼 몇몇 종은 거대해졌다. 플로레스인은 신장이 작고 더 오래된 다른 아프리카 조상의 후손일 수도 있다. 이

---

*   학명은 호모플로레시엔시스*Homo floresiensis*다.
**   서아프리카에 서식하는 하마과 포유류.

들의 DNA를 채취하면 진정 굉장한 성과가 될 것이다. 어쨌든 이 유골은 6만 년 전 적어도 4가지 사람종인 네안데르탈인, 데니소바인, 플로레스인, 사피엔스가 지구에 살았음을 상기시켜준다. 최근에는 필리핀에서 살았던 새로운 종 호모루조넨시스*Homo luzonensis*가 추가됐다. 지구에서 우리가 유일한 사람종이 된 시기는 그리 오래되지 않았다.

하지만 우리가 정말 유일한 사람종일까?

시베리아 남쪽 케메로보 지방의 드넓은 삼림은 접근하기 매우 어려운 곳이어서 사람들의 상상력에 불을 지폈다. 우리는 시베리아 횡단철도 덕분에 메즈두레첸스크 광산 마을에 갈 수 있었다. 남쪽으로 가기 위해 탄 열차는 관광열차가 아니어서 화려하지 않았다. 차내에 에어컨은 물론 물도 없고, 화장실은 몇 해 전부터 청소하지 않은 것 같았다. 저녁이면 상의를 벗은 취객들로 객실이 가득 찼는데, 이들은 노래 부르고 예티* 이야기를 하며 고된 삶을 위로받았다.

잔존하는 선사시대 사람종, 특히 호모에렉투스로 여겨질 법한 이 끔찍한 설인은 정기적으로 그 지역 신문들의 1면을 장식한다. 나무들 사이로 얼핏 보이는 윤곽, 나뭇가지에 걸려 발견된 털 등이 사람들의 맥박을 뛰게 만든다. 관광 개발을 위해 예티 연구 협회를 설립하자는 의견도 나왔다!

메즈두레첸스크 주민들이 이처럼 열광하는 데는 근거가 있을까? 시베리아 타이가는 멸종한 사람종의 마지막 표본을 보호하고 있을까? 최근 영국 옥스퍼드대학교 인간유전학 교수 브라이언 사이크스*Bryan Sykes*

---

* 발자국만 발견됐을 뿐 정체가 알려지지 있지 않은 수수께끼의 동물. 눈사나이로도 불린다.

는 전 세계에서 수집한 예티의 털을 분석한 결과를 신뢰할 만한 저널에 발표했다. DNA 덕분에 예티의 털들 하나하나가 어느 종에 속하는지 확인할 수 있었다. 털들은 곰, 야크 등의 것이었다. 고대 사람 계통의 흔적은 없었다. 친애하는 러시아 친구들에게는 안타까운 일이지만, 우리는 지구 상에서 유일한 사람종이다. 또한 우리 모두는 아프리카 대륙에서 왔다!

제
2
장

모
험
이
야
기

그린란드

카렐리야공화국(러시아)

알래스카

코펜하겐

덴마크

돌니배스토니체

고예(벨기에)

(체코공화국)

런던

코스텐

체더

콜로라도

파리

도르도뉴

빌라브루나

페스테라쿠오아세

(이탈리아)

(루마니아)

카발로네 동굴

(이탈리아)

쿠바

중앙아프리카

우간다

야운데(카메룬)

브라질

가봉

콩고민주공화국

세라다카피바라

안데스산맥

혼곶

우랄

시베리아

알타이

몽골

톈위안 동굴(중국)

하말라야

푸옌 동굴(중국)

인도

칼링가(필리핀)

태국

칼라오 동굴

안다만니코바르제도

뉴기니

수마트라섬
(인도네시아)

플로레스섬

폴리네시아

오스트레일리아

태즈메이니아

카라칼파크스탄

카자흐스탄

타슈켄트

톈산

우즈베키스탄

부하라

키르기스스탄

사마르칸트

테시크타시

카스피해

투르크메니스탄

타지키스탄

페르가나

이란

아프가니스탄

중국

오스트레일리아 이주에 관한 수수께끼
— 기원전 50000년

지금까지 살펴본 바를 요약해보자. 유전자 정보에 따르면 현생인류 호모사피엔스는 약 7만 년 전 아프리카를 벗어나 모험을 떠났고, 네안데르탈인을 만나 '유전자를 교환'했다. 이민자들 중 몇몇은 유럽으로 갔고, 다른 무리는 아시아로 가서 선사시대의 다른 사람종 데니소바인과 이종교배했다.

아프리카를 벗어난 이주 물결이 두 대륙을 점령했다. 여기에서 지구의 이주 역사에 중요한 질문이 떠오른다. 그렇다면 현재 아프리카 외의 지역에 살고 있는 모든 사람이 이들의 후손일까? 다시 말해서 모든 비아프리카인은 다른 곳으로 떠나려 한 인류의 첫 번째 욕망에서 비롯되었을까? 우루과이 사람이나 뉴기니의 열대 삼림에서 사는 파푸아 사람 모두 이 개척자들의 후손일까? 표현형, 즉 외모만 본다면 의심할 만한 이유가 있다. 오스트레일리아 덤불숲에 사는 토착민을 예로 들어보자. 이들은 피부색이 짙고, 머리카락은 숱이 많고 곱슬곱슬하다. 외형은 물론 피부가 아프리카 흑인과 유사하다. 선사시대 사람종이 오스트레일리아로 직행한 듯 이들의 외모가 아프리카인들과 같다는 사실은 놀라운 일이다. 인도에서 태국 서쪽 안다만제도를 거쳐 필리핀에 이르는 아시아 해안에 거주하는, 피부색 짙고 키가 작은 네그리토Negrito[*]도 마찬가지다. 처음 필리핀에 간 스페인 사람들이 이 부족을 네그리토라 불렀다. '작고 검은'이란 뜻의 네그리토는 경멸적인 의미가 없는 스페인어 단어다. 오스트레일리아 토착민들과 마찬가지로 이들의 외형은 동남아시아의 다른 집단과 확연히 다르다.

이처럼 서로 떨어진 지역에서 확연히 구분되는 과거의 흔적들이 관찰되는 것은 흥미로운 일이다. 그러니까 아프리카를 떠난 사건이 적어도 2회 일어났을 것이다. 한 번은 네그리토와 오스트레일리아 토착민을 낳았고, 다른 한 번은 아시아 대륙과 유럽의 집단을 낳았을 것이다. 어느 시나리오가 사실에 가까울까? 오스트레일리아에서 머리카락 덕분에 드디어 진실이 밝혀졌다. 2011년, 코펜하겐대학교 고유전학자 에스케 빌레르슬레우Eske Willerslev가 오스트레일리아 토착민들의 게놈 연구에 뛰어든 후였다. 왜 그토록 오래 기다려야 했을까? 낫지 않은 오래된 상처 때문이었다.

머리카락이 해결한 비밀

18세기 영국 탐험가 제임스 쿡James Cook은 오스트레일리아에 발을 들

---

[*]   뱅골만 안다만제도의 주민과 말레이반도의 세망족, 루손섬의 아에타족 등을 가리킨다. 아프리카 피그미족과 함께 왜소 그룹에 속한다.

여놓은 후 이곳을 영국 군주에게 귀속시켰다. 이후 오스트레일리아 토착민들은 폭력적 차별 정책을 겪어야 했다. 식민지 통치자들은 부모에게서 아이들을 빼앗아 기숙사에서 길렀고, 토착민들을 이주시켰으며, 땅을 가로챘다. 차별은 대부분 과거의 일이 되었지만 오늘날에도 사건들에 대한 기억이 남아 있다. 그래서 토착민들, 특히 나이 든 토착민들은 자신의 DNA를 훔치려 하는 유럽 연구자를 좋게 볼 수 없었고, 그들을 연구자로 위장한 식민지 지배자로 생각했다.

오스트레일리아 이주사에 대한 지식을 진일보하게 해준 머리카락은 수십 년 전부터 서랍 속에 잠들어 있었다. 1920년대에 젊은 토착민이 자발적으로 영국 민족학자에게 넘겨준 것이었다. 고생물유전학자 에스케 빌레르슬레우는 머리카락을 받아 연구하기 전에 덴마크 생명윤리위원회에 후원을 요청했다. 나중에 토착민 대표는 빌레르슬레우에게 감사를 표했다. 빌레르슬레우의 논문은 발표되자마자 많이 회자됐는데, 단지 오스트레일리아 역사를 밝혔기 때문만은 아니었다. 그가 기술적 성과를 이루었기 때문이었다. 그의 연구팀은 처음으로 고대인의 머리카락에서 완전한 핵 DNA를 분석했다.

사람들은 오래도록 머리카락의 DNA는 뿌리인 모근에만 있다고 생각했다. 머리를 자르거나 빗으면 떨어지는 머리카락으로 DNA를 검출하는 것은 상상에서나 가능한 일이었다. 2000년대 초에 기술이 진보한 덕분에 머리카락에서 몇 개의 DNA 분자를 분리하기 시작했지만 미토콘드리아 DNA에만 해당하는 일이었다. 2011년 마침내 덴마크 연구팀이 한 개체의 핵 DNA를 추출하는 데 성공했다. DNA는 극소량이지만 놀랍도록 상태가 좋다는 사실이 확인됐다. 머리카락의 케라틴이 DNA

를 보호했기 때문이다. 이로써 지금껏 뼈나 치아에서 추출한 것보다 상태가 훨씬 좋은 DNA가 발견되었다.

단 한 번의 탈출

오스트레일리아 토착민의 머리카락에서 추출한 DNA에서 무엇을 알게 됐을까? 이들의 조상과 아프리카인의 조상이 분기된 연대를 추정할 수 있었다. 고유전학자들은 오스트레일리아인의 게놈과 아프리카인의 게놈을 비교하여 다른 게놈의 수를 계산했다. 축적된 변이의 수는 각 개체의 조상이 분기한 이후 흐른 시간과 비례한다. 연구자들이 얻은 추정 연대는 언제일까? 대략 7만 년 전이다. 유럽인 혹은 아시아인과 사하라사막 남부 주민들을 비교해도 비슷한 결과를 얻을 수 있다. 그렇지만 오스트레일리아 토착민의 조상이 이들과 같이 이주했다고 결론짓기엔 너무 성급해 보인다. 왜냐하면 추정 연대가 10만~5만 년 전으로 애매하고, 따라서 변이율도 모호해지기 때문이다.

하지만 추정 연대를 뒷받침해줄 다른 사실이 밝혀졌다. 토착민의 DNA에 2퍼센트의 네안데르탈인 게놈이 포함되어 있다는 것이었다. 따라서 오스트레일리아 토착민은 중동 지역 네안데르탈인과 혼혈한 초기 사피엔스의 후손이다. 즉, 그들은 약 7만 년 선 함께 아프리카를 떠난 사람들의 후손이다. 이 발견은 모든 비아프리카인에게 적용된다. 학자들은 이 결과를 뉴기니 주민과 네그리토에게서도 확인했다. 오스트레일리아 토착민은 동쪽으로 떠난 사피엔스의 후손이다. 한편 다른 사피엔스는 유럽이나 아시아로 떠났다.

유전자의 금광

앞에서 언급한 것처럼 덴마크 빌레르슬레우의 연구팀이 발표한 논문은 큰 반향을 일으켰다. 과학계는 기술적 성과를 치하했을 뿐만 아니라 연구팀이 열어놓은 문들에 대해 미리 기뻐했다. 왜냐하면 수많은 박물관, 특히 파리 인류박물관 지하에 우리 종에 대해 알려줄 진정한 보물인 생물인류학 수집품들이 잠들어 있기 때문이다.

18세기부터 유럽 탐험가들은 자연의 다양성에 관한 여러 정보를 수집하는 임무를 맡은 과학자들과 함께 세계를 탐험했다. 그들이 가져온 여러 동식물 표본들로 파리 국립자연사박물관의 수집품이 풍족해졌다. 수집품 중에는 살아 있는 듯한 인간의 모형, 어느 정도 토착민의 동의를 구해 지역 묘지에서 발굴한 유골 등이 포함된 다양한 인간 표본도 있었다.

수집품들은 수십 년 동안 각양각색의 여러 기증품으로 풍부해졌다. 19세기 살롱에서는 하나 혹은 여러 두개골을 과시하듯 전시하는 것이 일반적이었다. 유행이 지나자 대다수의 두개골들은 파리 국립자연사박물관에 기증되었고, 이후 파리 인류박물관에 보관되어 수집품을 풍성하게 만들었다. 두개골 수집품에 머리카락 수집품이 추가되며 인류박물관 저장고는 전 세계에서 유일하게 머리 타래 모음집을 보유하게 됐다. 덴마크 연구팀의 성과는 이 유물들을 부차적인 것으로 생각했던 시선을 완전히 바꿨다. 이것들은 멸종됐거나, 강제로 이주했거나, 이종교배한 인종의 마지막 유물이다. 한마디로 사건 이전의 시간으로 거슬러 갈 수 있는 유일한 수단이다.

오스트레일리아에 도착하다

토착민의 조상은 약 7만 년 전에 아프리카를 떠났다. 그럼 오스트레일리아에는 언제 도착했을까? 머리 타래에 관한 초기 연구에 이어 덴마크 연구팀은 토착민 공동체와 가까워지려고 노력한 끝에 다양성에 관한 연구에 필요한 생체 표본을 채취하는 데 동의를 얻었다. 다양성의 척도는 이 주민들의 '나이'다. 제한된 수의 사람들이 오스트레일리아를 점령한 후 각지로 흩어졌다는 사실에서 출발하면, 이들을 가르는 유전적 편차는 오스트레일리아에 도착한 이후 흐른 시간을 반영한다.

연구 결과는 어떨까? 현재 오스트레일리아 토착민과 파푸아 주민의 유전적 다양성에 따르면 오스트레일리아-뉴기니의 식민화는 대략 5만 년 전의 일이다! 추정치는 5만 년 전의 것으로 추정되는 점유지의 고고학적 흔적과 일치한다. 6만 5천 년 전의 것으로 추정되는 유골도 있지만 유전자 후손을 남기지 못하고 더 일찍 도착한 사람들일 것이다. 다시 말해 첫 식민지화 물결이 7만 년 전 아프리카에서 나타났고, 약 6만 년 전 네안데르탈인과 이종교배했으며, 그들의 일부가 동쪽으로 이동했다. 그들의 후손은 약 5만 년 전 오스트레일리아에 도착했다. 이동 속도를 정확히 측정하기엔 불확실한 것이 많다. 그럼에도 불구하고 1년에 4킬로미터 비율로 계산하면 아프리카인의 후손은 5천 년 동안 2만 킬로미터를 이동했다!

이 집단은 어떤 길로 이동했을까? 세계지도를 보며 네그리토 집단을 확인하면 인도와 아시아의 해안을 따라 이동했을 거라는 생각이 제일 먼저 떠오른다. 여러 무리가 해안을 따라갔을까? 고고학자들은 세월에 따른 변화를 고려해도 해안에서 1백 킬로미터가 넘는 거리의 지역에서만 유적지들을 찾을 수 있었다. 해안을 따라가는 바닷길을 벗어난 것이다. 초기 이주자들이 해안을 따라갔을 가능성도 있지만 육로를 이용했을 것이다.

유전자 정보는 초기 이동 경로를 측정하는 데 도움이 될 수 있다. 유전자 정보에 따르면 사피엔스들은 이동 중 네안데르탈인과 분파가 같고 우리와 가까운 데니소바인과 만나 이종교배했다. 앞에서 언급했듯 후손을 낳은 만남의 증거는 현재 데니소바인의 게놈을 6퍼센트까지 가지고 있는 파푸아인과 오스트레일리아 토착민들의 게놈에 있다!

혼혈이 어떻게 이루어졌는지는 여전히 큰 의문으로 남아 있다. 데니소바인이 시베리아에만 있었던 것이 아니라 이동 중인 사피엔스들과 마주칠 만큼 남쪽으로 훨씬 넓은 영역을 점령하고 있었고, 그 후손들이 뉴기니와 오스트레일리아에 갔을 것이라는 추측이 설득력 있다. 어떤 경우든 DNA는 이 만남이 혼혈을 낳았음을 증명한다.

육로와 해로

오스트레일리아 토착민의 조상들은 아시아 동쪽 끝 육지에서 만났다. 그 후는 어땠을까? 남태평양의 한적한 섬이지만 오스트레일리아 영토가 넓다는 사실을 잊어선 안 된다. 이 대륙의 식민지화 역사의 마지막 장면을 이해하려면 과거의 지리를 알아야 한다. 원래 하나의 대륙이었던 사훌Sahul에서 오스트레일리아, 태즈메이니아, 뉴기니가 약 10만 년에 걸쳐 형성됐다. 사훌과 아시아 대륙은 당시에도 해협으로 분리되어 있었다. 따라서 이 지역의 동식물상은 지금도 바다를 경계로 다른 곳과 상당히 다르다. 기후변화에 따라 이 해협은 확장되거나 축소됐고, 대서양 수위가 가장 낮았던 마지막 최대 빙하기에 대서양 지역의 폭은 30~40킬로미터였다.

5만 년 전 이곳 상황은 어땠을까? 최근 연구자들은 이 지역의 고기후를 복원해서 10만 년 전부터 지금까지의 환경을 복제하는 모의실험에 성공했다. 이들은 2가지 결론을 얻었다. 첫째는 하나의 섬에서 다음 섬의 정상을 볼 수 있었다는 것이다. 이 결론은 바다의 높이와 화산섬 정상의 고도를 고려한 결과다. 토착민의 조상들은 오스트레일리아에 상륙할 때까지 섬에서 섬으로 연안 항해를 했을 것이다.

두 번째는 이 연구가 중요하게 공헌한 점이다. 해류의 강도를 재현한 연구자들은 아시아 대륙의 순다Sunda*에서 사훌 북쪽 해안까지 해류를 거슬러 가는 것은 불가능했다는 점을 증명했다. 그러니까 개척자들은 짧고 넓적한 노를 저어 오스트레일리아에 도착했을 것이다. 아니면 작은 돛단배를 이용했을 수도 있다. 누가 알겠는가? 오스트레일리아 이주는 의도적인 항해의 가장 오래된 증거라고 할 수 있다!

개척자의 수가 많았을까? 멀리 보이는 산 정상을 목표로 수십 킬로미터의 해협을 건너려 하는 사람들을 상상해보자. 이 모험가들은 소수였을까? 현대 토착민들의 유전적 다양성을 고려하면 생식하고 성장하고 지금까지도 이어지는 인구의 토대가 될 만큼 규모가 컸을 것이다. 당시에 이미 여행에 성공할 수 있도록 충분히 준비한 집단이 있었다는 의미다.

---

* 　　동남아시아 말레이반도에서 몰루카제도까지 뻗어 있는 열도.

고립된 구성원들

당시의 바다 환경을 모의실험한 결과에 따르면 오스트레일리아 식민지화는 사훌 북쪽(현재의 뉴기니)부터 시작되었다. 사람들은 구대륙의 동쪽과 서쪽 해안을 따라 내려온 듯하다. 뉴기니와 오스트레일리아는 기후가 다시 따뜻해지고 해수면이 상승하면서 분리된 9천 년 전까지 하나의 대륙이었다. 해수면이 상승한 사건으로 이주는 종결됐다. 유전자 정보는 이 시기 이전 뉴기니에서 오스트레일리아 방향으로 혼혈이 나타난 흔적을 담고 있다. 아시아 대륙과 파푸아뉴기니의 혼혈은 연구마다 수치가 달라서 아직 정확히 평가할 수 없지만 도출된 수치는 매우 낮다. 파푸아뉴기니인이든 오스트레일리아 토착민이든 주민들은 오랫동안 다른 세상으로부터 고립된 채 살았다. 대륙 전체에서 한 인간 집단이 오래 거주한 사례다.

주민들의 고립은 오스트레일리아 내부에서도 알 수 있다. 실제로 오스트레일리아 북부와 남부, 동부와 서부 주민들 간의 유전적 차이가 두드러진다. 양립하는 이 2가지 현상은 주민들의 이동이 적었다는 의미다. 이들 간의 두드러진 유전자 차이가 그 증거다.

이동이 많지 않았던 원인 중 하나는 지리적 영향 때문이었다. 2만 년 전의 최대 빙하기에 오스트레일리아는 춥고 건조해졌고, 중부의 사막 지역이 사람들의 교류를 제한했다.

다른 한편으로 외골수처럼 땅을 상징적으로 묘사하는 예술품(특히 회화)과 신화에서 알 수 있듯이 오스트레일리아 토착민들은 영역에 대한 애착이 강한 것으로 유명하다. 이 공동체는 인류학자가 세상에서 가장 복합적이라고 여기고 수학자가 관심을 보일 만큼 지극히 정교한 혼인 규칙을 개발했다. 이들의 가족관계 규칙은 거리가 먼 주민들 간의 왕래를 제한했다.

한 발 물러서서 생각해보면 오래 지속된 가족관계 규칙과 지금까지 전래되는 신화가 수천 년간 동일하게 남아 있을 거라고 상상하기는 어렵다. 언젠가 토착민들의 게놈에서 오스트레일리아 내부의 이주사를 알아낼 수 있을까? 이 일을 어렵게 만드는 한 가지 요인은 식민 통치자들이 토착민들을 강제로 이주시켰다는 것이다. 따라서 오스트레일리아 내에서의 이주를 정확히 분석하기는 어려워 보인다.

북부 지방의 식민지화

기원전 60000~기원전 50000년에 여러 사람이 대서양에 도달했다. 이들이 외딴섬들에 발을 디딘 첫 번째 직립보행인이었을까? 아니다. 지금은 멸종된 인간 계통의 한 가지인 먼 친척이 먼저 도착한 흔적이 적어도 세 곳에서 발견됐다. 2018년 필리핀 북부 칼링가 지방에서 사람이 만든 물건들과 잘린 흔적이 있는 짐승들의 뼈가 발굴됐다. 사람이 점유했던 이 유적은 약 70만 년 전의 것으로 추정된다. 2019년에는 필리핀 칼라오 동굴에서 발굴된 13개의 화석 잔해가 앞에서 언급한 6만 7천~5만 년 전에 살았다고 추정되는 새로운 종 호모루조넨시스[*]의 것으로 밝혀졌다.

이 종에 관한 유골은 매우 드물지만, 고생물학자들은 동남아시아 섬들 중 가장 동쪽에 있는 플로레스섬에서 운 좋게도 자료를 얻었다. 대류에서 3백 킬로미터 정도 거리의 태평양에 닿아 있는 플로레스섬은 기원전 70만~기원전 60000/40000년까지 사람종 개체들이 오래도록 점유했다는 증거를 보여준다. 앞에서 이곳에 사는 키 작은 사람들에 대해 언급했다. 원래 학자들은 이들이 유전병이 있는 호모사피엔스와 유사하다고 생각했다. 하지만 이후 비슷한 화석들이 많이 발굴되면서 생각을 수정해야 했다. 구성원 전체가 병에 걸릴 수는 없을 테니까! 후대의 계량형태학적 분석에 따르면 그들은 호모에렉투스와 더 가깝다. 따라서 대륙의 호모에렉투스의 후손일 것이다. 이 섬에 고립된 이들은 섬 왜소화라고 불리는 형태로 진화했다.

현재의 플로레스섬 주민들도 평균 키가 1.45미터로 작다. 하지만 이들의 게놈을 연구한 결과 플로레스의 선사시대 사람들의 후손이 아니라는 사실이 밝혀졌다. 이 지방의 다른 주민들과 마찬가지로 게놈에 데니소바인과 네안데르탈인의 DNA가 조금 있었지만 다른 고대 종의 DNA는 전혀 없었다. 열대지방에서는 유전물질이 제대로 보존되지 않기 때문에 지금까지 플로레스 화석의 유골에서 DNA를 추출하는 데 성공한 팀은 없다.

---

*   현생인류와 원시인류의 특징이 섞여 있기 때문에 진화 과정에서 원시적 특징이 다시 나타났을 가능성과, 원시인류와 현생인류가 혼혈했을 가능성이 제기되고 있다.

아프리카 피그미족의 조상
― 기원전 60000년

  토착민들이 오스트레일리아에 도착한 것과 같은 시기에, 현생인류의 탄생을 목격한 먼 대륙에서는 수렵채집인 중 하나인 피그미족의 조상이 다른 아프리카인들로부터 분기했다. 나는 피그미족에 관해 많이 연구했기 때문에 이 집단을 잘 안다. 유전학과 민족학 연구자들이 특히 이들에 관심을 집중하는 이유는, 사라져가는 생활 방식을 고수하며 살아남은 이들이어서 진화를 이해하는 데 매우 중요하기 때문이다.

  실제로 우리 종은 출현한 이후부터 1만 년 전까지만 해도, 즉 핵심적으로 진화하던 시기에 그들과 비슷하게 살았다. 사냥하고 물고기를 잡거나 조개를 채집하고 열매를 채집하여 식량을 구했다. 지금도 존재하는 수렵채집인들과 마찬가지로 피그미족이 우리 조상을 그대로 복제한 것은 아니다. 하지만 우리의 과거 생활을 이해할 수 있는 좌표를 제공한다. 그래서 나는 2011년에 중앙아프리카로 가는 비행기를 탔다.

  나는 카메룬의 수도 야운데에 착륙한 후 사륜구동 자동차를 타고 오지를 몇 시간쯤 달리고 나서야 아프리카 전통 가옥이 늘어선 마을 티카에 도착했다. 마을 이름은 카메룬의 부족명과 같다. 피그미족은 티카족Tikar의 지역에서 살며 자신들만의 역사를 형성하고 있다. 나는 동료 1명과 함께 '귀환' 임무를 수행하고 있었다. 며칠 전 우리는 중앙아프리카 피그미 부족에 관해 수년간 연구한 핵심 결과를 학회에서 발표하고 이제 현장으로 돌아왔다. 우리는 동료가 3년 전 집단의 표본을 얻기 위해 방문한 피그미 마을로 갔다.

호메로스가 붙인 이름

피그미는 정확히 누구를 가리키는 용어일까? 사실 수렵채집하는 전통 생활 방식을 고수한 집단 전체를 아우르기에는 적절하지 않은 단어다. 적어도 15번까지 번호가 매겨진 이 집단은 가봉에서 카메룬과 콩고민주공화국, 중앙아프리카공화국을 거쳐 우간다까지 띠처럼 펼쳐진 지역에 분산되어 있다. 피그미족은 작은 키라는 표현형 특징을 공유한다. 대부분의 피그미족 남성의 평균 키는 1.50미터고 여성은 1.45미터다. 《오디세이아Odysseia》의 아버지 호메로스Homer는 키가 작고 서로를 콜라Kola, 봉고Bongo, 아카Aka, 바카Baka라고 불렀던 여러 부족을 통틀어 '1쿠데*의 높이'를 의미하는 피그미로 불렀다.

수렵채집인 집단에 기록 전통이 없으면 역사를 재구성하기가 무척 복잡하다. 몇몇 언어학자가 언어를 활용하면 시간을 거슬러 갈 수 있다

---

*   팔꿈치에서 가운뎃손가락까지의 길이를 나타내는 단위로 약 50센티미터다.

고 생각하고 피그미족의 전통을 기록하려 한 적이 있다. 안타깝게도 이들의 연구는 이 집단들의 방언이 각기 다르다는 사실을 보여줬을 뿐이다. 피그미어는 존재하지 않는다. 각 집단은 피그미족이 아닌 이웃 부족의 언어와 유사한 언어를 사용한다. 그럼에도 불구하고 중앙아프리카 서부 피그미족과 동부 피그미족의 사냥 기술을 비교한 학자들이 적게나마 공통 기층언어를 발견했다. 고대 피그미 언어일까? 이 부족들의 기원이 하나라는 증거일까?

우리의 목표는 여러 피그미 부족과 그들의 역사를 유전학을 통해 이해하는 것이었다. 따라서 가능한 한 많은 표본을 추출하기 위해 중앙아프리카를 두루 돌아다녀야 했다. 다행히도 유전학 외의 과학 분야 연구자들이 수십 년 전부터 피그미족을 연구하고 있다. 연구자들 중 특히 파리 인류박물관 연구실의 민족학자들이 이들을 만날 수 있도록 문을 열어주었다.

민족학자들은 피그미족에 관해 어떤 지식을 우리에게 전해줬을까? 이들은 놀라운 특징을 밝혀냈다. 예를 들면 피그미족은 사냥한 식량을 공평하게 재분배하는 체계에 기반하고 우두머리가 없는 집단을 형성했다. 평등한 성향은 남녀 관계에서도 나타나는데, 아버지가 자녀를 돌보는 일을 중시한다. 피그미족 마을에 갔을 때 무엇보다 내게 강한 인상을 남긴 광경이 있다. 오후에 가보니 여성들이 모여 담배 피우며 이야기하는 동안 남성들은 벤치에 앉아 아이들을 안고 있었다.

치료사와 주술사

피그미족의 또 다른 특징은 열대 삼림에 대한 지식이 매우 해박하다는 것이다. 이들은 남녀가 함께 무리 지어 사냥한다. 코끼리 사냥은 예외적으로 남성들만 한다. 물고기를 잡거나 조개 채집하는 일은 개인적으로나 집단으로 한다. 숲에서 사냥과 채집으로 주요 식량을 얻는 이들은 2~3세기 전부터 지금까지도 다른 피그미족이 아니라 농사짓는 사람들과 식량(재배한 전분질 채소)을 교환한다.

또 다른 특징은 경제적으로나 사회적으로 같은 생태계의 피그미족이 아닌 사람들과 많은 교환을 한다는 것이다. 숲에서 얻은 산물을 철기나 도기, 농산물과 교환하고, 사회 관습, 공공 의례도 교환한다. 이들의 언어가 혼합된 현상은 사회관계가 반영된 결과다. 반면 피그미족과 이웃 주민이 혼인하는 경우는 거의 없다. 민족학자들이 알려준 바에 따르면 피그미족은 뛰어난 치료사와 주술사로서 다른 지역 주민들 사이에서 명성이 높고, 수많은 약초 사용법을 잘 안다.

민족학자들은 유전학 기술이 연구에 많은 도움이 되었다고 이야기했다. 나는 박식하고 역량 있는 민족학자와 유전학자들을 규합하기로 했다. 내 제자가 민족학자들과 함께 사전에 현장 표본 추출을 책임질 예정이었다. 힘겨운 답사를 끝내면 기후 조건과 운송의 어려움, 몇몇 장소의 안전 문제 등을 생각해야 했다. 지금은 동료가 된 제자는 6개 이상의 피그미족 집단의 표본을 가져오는 성과를 거두고 여러 집단의 DNA를 추출했다. 이 표본은 집단의 역사를 넘어 다른 분석에도 쓰일 만큼 완벽했다.

파리로 돌아온 후에는 유전자를 분석해야 했다. 어떤 정보를 알아냈을까? 먼저 피그미족 집단들의 공통 조상이 있다는 사실을 증명했다. 그들의 조상은 약 6만 년 전 지금의 마을 사람들이 된 집단에서 분기했다. 이후 약 2만 년 전 아프리카 서부와 동부의 피그미족은 각자 독립했다. 분기한 이유는 무엇일까? 하나의 가설에 따르면 기후 때문이다. 당시 아프리카가 더욱 건조해져 적도의 삼림이 나뉘면서 흩어졌을 것이다.

유전학 관점에서 보면 그때부터 동부와 서부의 왕래가 드물어졌다. 그 결과는 상당히 놀라웠다. 아프리카 동부 피그미족과 서부 피그미족은 사냥과 채집 기술, 심지어 음악까지 상당히 비슷했다. 유전적으로 거리가 먼 두 집단이 어떻게 문화적으로 유사할 수 있을까? 곧 이야기하겠지만 이처럼 유전자와 문화가 분리되는 현상은 드물지 않다. 유전적 차이가 크더라도 문화적으로 유사할 수 있고 그 반대로 나타날 수도 있다. 하지만 독특한 피그미족의 역사를 어떻게 설명할 수 있을까? 어쩌면 약 2만 년 전 사냥과 고기잡이 기술을 적절하게 개발하여 이후 더 이상 바꾸지 않았을 수도 있다. 그 후 개인들의 사적 관계는 없었다 하더라도 두 집단끼리 기술을 교환하지 않았을까?

유전자의 선물

피그미족 역사의 일부를 복원한 원동력은 유전학이다. 이유는 단순하다. 피그미족은 기록물이나 유적을 남기지 않았고, 다른 한편으론 적도 삼림의 산성 토양이 고대인들의 유골을 거의 남기지 않았다. 그렇기 때문에 수렵채집인의 생활 방식이 집단의 유전적 다양성에 어떤 영향을 미쳤는지 이해하는 데 과학의 도움이 컸다. 눈에 띄는 결과 중 하나는 이들의 유전적 차이가 농사짓는 집단보다 크다는 것이다. 유럽과 아시아 대륙 사람들 간의 유전적 차이보다 두 피그미 집단의 차이가 더 크다!

이 이상한 현상은 피그미족의 기본 단위인 생식이 이루어지는 집단의 규모가 작다는 사실을 반영한다. 한 '마을' 혹은 야영지 전체의 인구는 대략 성인 2백~3백 명이다. 게다가 피그미족 집단 간의 혼인은 매우 제한적이다. 한 집단의 인원이 적으면 그 집단은 유전자 부동*에 따라 급속히 진화한다. 다시 말해 한 세대에서 다음 세대로 전해지는 우연히 발생하는 유전자 변이의 빈도가 급격히 변한다.

예를 들어 인구가 적은 집단에서 1, 2개체만 하나의 유전자 변이체를 가지고 있다면 다음 세대에 변이체가 발생하거나 얼마나 많이 발생할지의 여부는 변이체를 가진 개체가 생존할 수 있는가, 얼마나 많은 자녀를 두는가에 달려 있다. 우연성도 염색체의 전달에 영향을 미친다. 인구가 많은 집단에서는 더 많은 개체가 같은 빈도로 변이체를 가진다. 각 생명의 역사에 영향을 미치는 우연은 이처럼 균형을 이룬다. 빈도는 세대 간에 크게 다르지 않다.

인원이 적은 집단에서 강하게 나타나는 유전자 부동에 의한 진화는 각 집단을 다르게 만든다. 각 집단은 우연히 진화하고 다른 집단과 구별된다. 따라서 인구가 적은 집단은 많은 집단보다 더 빨리 분화한다.

물론 집단 간의 대규모 이주가 이 경향을 보완할 수 있다. 그런데 피그미족 집단의 DNA를 분석한 결과 그들 간의 유전자 교환이 상대적으로 감소했다고 추정되었다. 피그미족들의 수렵채집 영역이 반경 50킬로미터로 다소 넓은 점을 감안해도 그들이 생식할 수 있는 영역이 지리적으로 국한되어 있기 때문에 다소 놀라운 결과다. 유전자 정보에 따르면 일반적으로 자녀들은 부모의 거주지에서 10~15킬로미터 반경에 산다.

최고의 음악가들

유전자 정보는 집단의 실제 인구, 교환 수준과 방법에 관한 정보를 제공한다. 이게 다가 아니다. 자세한 연구 결과는 피그미족 집단에 관해 알아보려는 호기심을 넘어 전 세계에 분포하는 구석기시대 수렵채집인 집단의 생활 방식을 이해하는 참고자료다.

피그미족이 그때 이후로 진화하지 않은 유산 같은 집단이라는 의미는 아니다. 다른 모든 집단처럼 이들도 자신들만의 방식으로 유전적, 문화적으로 진화했다. 한편 이들은 음악학자들을 통해 가장 큰 명성을 얻었다. 피그미족은 특유의 가창법과 극도로 정교한 음악 레퍼토리를 가지고 있다. 이들은 유럽 음악의 극치로 여겨졌던 요한 제바스티안 바흐Johann Sebastian Bach가 최절정으로 발전시킨 내위법을 완벽히 숙달했다!

여러 사회의 진화 단계가 각각 다르다고 생각하는 사람들이 여전히 많았던 1970년대부터 음악학자들은 피그미족에 관심을 가졌다. 사회는 덜 진화한 사회에서 가장 진화한 사회로 발전한다. 덜 진화한 사회는 무리 지어 사는 수렵채집인 사회일 것이고, 가장 진화한 사회는 국가를 낳은 문명이다. 중간 단계는 지도자의 지휘를 받으며 무리 지어 살고 농사짓거나 가축을 기르는 사회다. 하지만 피그미족은 현대적 기술 같은 분야는 덜 발달했지만 다른 분야의 능력은 뛰어난 듯하다. 음악이 그렇다. 다시 말해서 다른 사회보다 더 진화한 사회가 있는 것이 아니라 여러 사회가 각자 다른 길을 간다.

현재 수렵채집인 집단은 지구 상에 조금밖에 남지 않았다. 오스트레일리아 토착민과 중앙아프리카 피그미족 외에 흡착음을 사용하여 말하는 아프리카 남부 코이산족, 그린란드와 북극지방의 이누이트, 아시아의 네그리토가 있다. 이 집단들은 가축 사육이나 농사에 유리한 공간을 점유하고 있다. 어떤 면에서 이들은 지구의 구석으로 내몰렸지만 무척 다양한 환경에 적응하는 우리 종의 놀라운 능력을 보여준다.

다양한 환경에서 살기 위해 사람들은 기술적 쾌거를 이뤘을 뿐만 아니라 생물학적으로도 적응했다. 오스트레일리아 토착민들의 게놈을 분석하면, 진화 과정에서 탈수증에 적응한 징후인 혈청 요산염 관련 유전자, 그리고 사막의 추위에 적응하여 갑상선계에 관여하는 유전자를 선택했다는 사실이 드러난다. 마찬가지로 아프리카 남서부의 수렵채집인 코이산족의 게놈을 분석하면 형태, 골격의 발달과 신진대사에 관여하는 유전자가 적응했음을 알 수 있다.

중앙아프리카 피그미족의 작은 키는 습한 열대 삼림에서 적응한 결과지만 모든 관련 유전자가 밝혀지지는 않았다. 작은 키와 관련된 몇몇 희귀 유전자가 탐지됐지만 대부분의 다른 유전자는 질문으로 남아 있다. 이러한 적응을 제외하면 각 지역에 특화한 수렵채집인 집단에게서 면역 체계와 관련 있는 유전자 변이가 나타난다. 각 집단은 자신들이

처한 환경 특유의 병원균에 적응해야 했다. 네안데르탈인에게서 물려
받아 우리가 간직한 희귀 유전자 중 여럿도 면역 체계와 관련 있다.

유럽에 도착한 호모사피엔스

— 기원전 40000년

유럽에서 발견된 현생인류 화석 중 가장 오래된 것은 기원전 40000년의 것이다. 이탈리아에서 발견된 치아는 처음엔 네안데르탈인의 것이라고 여겨졌지만, 나중에 호모사피엔스의 것으로 밝혀졌다. 이 치아들은 카발로네 동굴에서 발굴됐다. 루마니아 페스테라쿠오아세('뼈 동굴') 유적에서는 기원전 40000~기원전 35000년의 것으로 추정되는 뼈들이 발견됐다. 프랑스 도르도뉴주 크로마뇽 유적지의 바위 은신처에서는 가장 오래된 사람의 잔해가 나타났다. 크로cros는 프랑스 방언인 오크어로 '움푹한 곳'이라는 의미다. 이곳 유물은 3만~2만 8천 년 전의 것으로 추정된다.

당시의 다른 지역 사람과 마찬가지로 초기 유럽인은 수렵채집인이었다. 7만 년 전 아프리카에서처럼 초기 유럽인은 상징적 문화를 발전시키고 놀라운 벽화를 제작하고 여러 물건을 공들여 만들었다. 윤곽이 둥글고 풍만한 〈레스퓌그 비너스Lespugue Venus〉는 선사시대 유물 중 가장 아름다운 작품으로 유명하다. 제작 연대가 2만 3천 년 전으로 추정되지만 놀라울 정도로 현대적이다. 까마득한 과거의 사람들이 만든 예술품들이 오늘날까지 감동을 줄 수 있다는 사실은 언제나 놀랍다. 우리는 시간을 관통해 미적 취향을 공유하는 것 같다.

작은 집단을 이룬 사람들

당시 유럽인은 누구와 닮았을까? 몇 명이나 됐을까? 최근 몇 년 사이 고대 DNA에 관한 많은 연구가 선사시대 유적에 관한 고증을 뒷받침하고 있다. 온화한 기후의 혜택을 받은 유럽은 고대 DNA를 연구하는 고생물유전학자에게 최고의 놀이터다. 이들의 연구 결과는 선사학자들이 밝혀낸 유럽 식민지화 역사와 다르지 않다. 하지만 초기 유럽인이 대초원에서 소규모 집단을 이루고 살았다는 중요한 정보를 알아냈다.

지금은 집단들의 유전자가 어느 정도 다른지 평가할 수 있을 만큼 DNA 자료가 충분하다. 흥미로운 결과는 서유럽인과 동유럽인은 DNA가 뚜렷이 구분된다는 것이다. 유럽 대륙 정도의 규모에서는 어느 정도 문화적 동질성이 유지되기 때문에 이 결과는 약간 예상 밖이다. 예를 들어 3만 년 전부터 인간의 형체를 본뜬 작은 상들이 유럽 전역에 퍼졌다. 이처럼 문화적으로 비슷하지만 유전자는 다른 모순에서 무엇이 연상되는가? 사냥 습관이 동일하지만 2가지 하위군으로 나뉜 피그미족이다.

유사성을 숫자로 나타낼 수도 있다. 초기 유럽인 집단 간의 유전자 차이를 비교하면 대부분의 현대 유럽인 집단 간의 유전자 차이와 비교할 때보다 차이가 크다. 하지만 수렵채집인 집단 간의 차이와 비교하면 비슷하다. 무슨 의미일까? 초기 유럽인은 현재의 수렵채집인보다 발달한 사회구조 속에서 살았다. 10여 명의 구성원이 소집단을 이루고 살았고, 약 수백 명의 남성과 여성으로 이루어진 다른 집단과 혼인했다. 그렇다고 해서 사냥 같은 활동을 할 때 이동이 제한받지는 않았다.

초기 유럽인의 외모

초기 유럽인의 뼈대를 기반으로 크기와 형태를 묘사할 수 있지만, 해골은 자신의 외모에 관해 말하지 못한다. 그들의 피부색은 어땠을까? 눈과 머리색은? 〈불을 찾아서〉 같은 영화나 자료를 보면 유럽의 초기 사피엔스를 언제나 백인으로 묘사한다. 런던 자연사박물관 연구자들은 유럽 사피엔스들이 꽤 오래도록 피부색이 짙고 눈이 파란색이었다는 사실을 알아냈다. 시나리오 작가들은 작품을 수정해야 할 것이다!

2018년 이 소식은 각종 언론의 1면을 장식했다. 과학자들은 영국에서 가장 오래되고 골격이 완벽하며 박물관 관람객에게 개방된 체더인Cheddar man*의 DNA를 연구하고 이러한 결론에 도달했다. 그렇다면 DNA에서 어떻게 이런 결과를 도출했을까? 피부색은 피부 세포에 있는 색소인 멜라닌의 양과 밀접하다. 멜라닌이 풍부하여 색깔이 짙은 피부는 햇볕이 잘 드는 환경에 적응한 결과고, 밝은색 피부는 햇볕이 약

---

*   1903년 영국 서머싯 체더 협곡 고프 동굴에서 발견된 중석기시대 남성 화석.

하고 위도가 높은 지역에 적응한 결과다. 왜냐하면 세포분열에 반드시 필요한 영양소이자 배아 발생embryogenesis(신경계 형성)과 정자 형성에 중요한 엽산folate이 자외선에 파괴되지 않도록 멜라닌이 보호해주기 때문이다. 멜라닌은 자외선 유형 중 대부분을 차지하는 UVA를 잘 막아주므로 태양이 강하게 내리쬘 때는 짙은 피부가 훨씬 유리하다!

반면 고위도에 사는 사람의 밝은색 피부의 장점은 또 다른 문제다. UVB는 피부에 더 깊숙이 침투해서 비타민 D* 생성을 유발한다. 신진대사에 필요한 비타민 D의 하루 필요량이 부족하면 구루병이 발병할 위험이 있다. UVA로부터 몸을 보호하고 비타민 D를 생성하는 2가지 기능은 일조 시간에 따라 피부색이 변화한 원인이다.

일조량에 적응하기

아프리카에서 기원한 우리 종의 진화사는 대부분 일조량이 많은 열대나 아열대기후의 다양한 환경에서 진행됐다. 아프리카에서 출현한 초기 사피엔스는 피부색이 짙었다. 아프리카인의 게놈을 연구하면 일조량에 적응한 과정을 추적할 수 있다. 적응 시기는 약 120만 년 전으로 거슬러 올라가는데, 이때부터 태양으로부터 보호해준 털이 사라진 듯하다.

초기 사피엔스가 유럽을 점령할 때의 환경은 햇볕이 적었다. 따라서 피부색이 더 옅어지는 변이가 일어났다. 멜라닌 생성에 관여하는 유전

---

*   인간은 비타민 D 대부분을 햇빛을 통해 얻는다. 자외선이 피부를 자극하면 비타민 D가 합성된다.

자는 150개다. 이제는 피부색이 달라지는(선탠 제외) 부분적 원인인 여러 유전자가 밝혀졌다. 현 유럽인들에 관한 지식에 기반하면 초기 유럽인의 피부색을 예측할 수 있다. 하지만 한계도 있다. 현재의 개체에 존재하지 않는 피부색에 관여하는 유전자 변이들을 가지고 있을 개연성을 배제할 수 없기 때문이다. 그럼에도 불구하고 유럽인들의 피부색을 더 밝게 만드는 2개의 유전자가 밝혀졌다. *SLC24A5*와 *SLC45A2*다.

연구자들은 10여 개에 못 미치는 유골에서 유전자 변이를 연구하기에 충분한 양질의 DNA를 추출했다. 이탈리아 빌라브루나와 체코공화국 돌니베스토니체 정착지의 유골 등이었다. 연구 덕분에 초기 서구인들의 피부색이 짙었다는 사실이 분명히 밝혀졌다. 이들이 아프리카에서 왔다는 사실을 생각하면 전혀 놀랍지 않은 결과다. 이후의 일은 어떻게 됐을까?

고대 DNA를 연구하기 이전의 학자들은 사람들이 유럽에 도착하자마자 밝은 피부색 선택이 시작됐다고 생각했다. 하지만 런던 자연사박물관 연구진이 선사시대 후기까지 사람들의 피부색이 짙었다는 것을 밝혀냈다. 실제로 체더인은 9천1백 년 전에 살았다. 사람들이 영국으로 이주한 시기는 유럽 대륙에 비해 매우 늦었다. 따라서 당시에는 피부색이 구릿빛인 유럽인이 많았다. 또한 연구자들은 덴마크 여성의 DNA를 함유한 자작나무 수지 껌을 분석한 후 짙은 피부색이 5천7백 년 전에도 존재했다는 것을 증명했다.

눈동자 색깔의 신비

고생물유전학자의 연구는 피부색에서 그치지 않았다. *HERC2*라는 유전자의 변이를 통해 일부 눈동자 색도 규명했다. 이 유전자 변이는 파란 눈동자를 만든다. 따라서 명확한 결론은 파란 눈동자가 초기 유럽인의 전형이었다는 것이다. 이 변이는 기원전 약 40000년에 발생했을 것이다. 요컨대 초기 유럽인의 대표적인 모습은 짙은 피부색과 파란 눈이다. 오늘날 우리가 보기에는 비정형적인 용모다. 이렇게 생기면 잡지 표지 모델이 된다!

그럼에도 불구하고 모든 유럽 거주자의 외모가 똑같았다는 말은 거짓일 것이다. 피부색이 밝게 변화하는 과정은 대륙 전체에서 시기를 달리하여 나타났다. 밝은 피부색을 만드는 2개의 변이 중 하나는 약 2만 9천 년 전에 동유럽이나 중동에서 나타난 듯하다. 체더인 이전에 생활한 사람들은 오랫동안 피부색이 짙었지만, 지리적 위치를 분명히 알려면 새로운 연구가 필요하다.

중석기시대라고 불리는 기원전 9000~기원전 6000년의 구석기시대 말에는 피부색이 짙고 눈이 파란 서유럽인과 동유럽인의 외모가 조금 달라져 있었다. 예를 들어 핀란드 남쪽에 위치한 러시아 카렐리야공화국에서 발견된 유골은 밝은색 유전자와 짙은 색 유전자 2개를 하나의 형태로 지니고 있다. 이 개체는 피부색이 중간이고 눈동자가 갈색이었을 것이다. 한편 우랄 대초원의 사마라인Samara은 눈동자가 파랗고 피부색이 밝았다. 아마도 금발이었을 것이다. 동유럽 수렵채집인은 서유럽 수렵채집인보다 피부색이 더 밝았던 듯하다.

무엇을 먹을까

공간에 따라 달라지는 이러한 차이를 어떻게 설명할 수 있을까? 사실 태양빛뿐만 아니라 음식도 피부색을 결정한다. 북극권에 사는 현대 이누이트도 피부색이 밝을 듯하지만 실제로는 상대적으로 색이 짙다. 비타민 D가 풍부한 해산물을 섭취하여 표피에 작용하는 선택압이 감소했기 때문이라고 할 수 있다. 이들은 특히 바다 포유류를 많이 먹는다.

마찬가지로 초기 유럽인의 음식은 생선 기름, 바다 포유류 고기와 순록 고기 덕분에 비타민 D가 풍부했을 것이다. 이후 비타민 D가 적은 음식을 먹으면서 피부색이 점점 밝아졌을 것이다. 혹자는 이 시기를 기원전 15000년에서 기원전 10000년 사이로 추정한다. 선택압이 시작되는 시기와 이에 따라 유전적 특징이 발현하는 빈도가 증가하는 시기 사이에는 차이가 있다. 따라서 피부색이 밝아지는 과정은 더 일찍 시작됐을 것이다.

1만 년 전에 유럽을 여행했다면 머리 색깔이 빨간 사람을 포함해서 외모가 무척 다양한 개체들을 만났을 것이다. 지금은 보기 드문 이 매력적인 머리 색의 역사는 이제 겨우 알려지기 시작했다. 빨간 머리 색도 앞에서 언급한 멜라닌과 관련 있다. 멜라닌은 피부색뿐만 아니라 머리카락, 체모, 눈동자 색에도 작용한다. 멜라닌은 피부색을 짙게 만드는 데 작용하는 유멜라닌eumelanin과 노란색에서 붉은색까지 띠게 하는 페오멜라닌pheomelanin 2가지가 있다.

머리카락이 검은 사람은 유멜라닌이 많은 반면, 금발이나 빨간 사람은 주로 페오멜라닌이 많다. 피부에 작은 입자로 존재하는 페오멜라닌은 주근깨를 만든다. 주근깨는 유전자에 코드화되어 있다. 이것이 *MC1R* 유전자다. 현생인류의 빨간 머리카락을 만드는 변이는 10만~5만 년 전에 나타났을 것이다.

빨간 머리였다고 추측되는 네안데르탈인 2명의 DNA에서 *MC1R* 유전자가 발견됐기 때문에, 네안데르탈인과 혼혈한 인류가 이 유전자를 물려받았을 것이라는 주장도 많다. 그렇지만 현재 머리카락이 빨간 사람들과 변이가 같지 않고 *MC1R* 유전자의 형태가 다르다. 뿐만 아니라 이 변이는 DNA를 분석한 모든 네안데르탈인 중 단 한 개체에게서만 확인됐다. 그러니 신중하게 판단할 필요가 있다!

네안데르탈인의 피부색을 추측할 수 있을까? 이 실험은 매우 복잡하다. 현대인의 피부색을 다르게 만드는 유전자 변이체만 알려져 있기 때문이다. 이 변이체 중 다양한 변이가 동일한 표현형과 관련 있다는 것은 이미 확인됐다. 예컨대 현재 유럽인과 아시아인의 피부색을 더 밝게 만드는 다른 변이가 밝혀졌다.

따라서 다른 변이가 과거에 있었고 실제로 표현형에 영향을 미쳤을 가능성도 배제할 수 없다. 현재 알려진 현생인류 피부색과 관련된 것 중 유럽인과 아시아인의 밝은 피부색과 밀접한 변이 대부분은 네안데르탈인이 가졌다고 보기에는 최근에 나타났다. 이 변이들은 사피엔스의 특성이다. 아프리카에서 발견된 더 오래된 변이는 일부의 밝은 피부색, 다른 일부의 어두운 피부색과 연관 있다. 이 변이는 네안데르탈인도 있었다. 따라서 이들의 피부색은 밝은색과 짙은 색의 중간이었다고 추측할 수 있다. 주의할 것은 네안데르탈인에게 우리가 모르는 영향을 미친 변이가 있었을 가능성이 매우 높다는 것이다!

아름다움의 유혹?

선사시대 유럽에 머리카락이 붉은 사람들이 있었던 이유는 뭘까? *MC1R* 유전자 변이가 비타민 D를 흡수하는 데 유리하게 작용하여 피부색을 더 밝게 해준다는 사실을 제외하면, 이 색깔이 자연스럽게 출현한 이유를 상상하기가 쉽지 않다. 파란 눈동자도 마찬가지다. 유혹의 수단이라면 모를까. 1881년 《인간의 유래와 성선택The Descent of Man, and Selection in Relation to Sex》에서 찰스 다윈은 몇몇 조류의 화려한 깃털을 설명하며 자연선택에 의한 양자택일 이론을 제안했다. 실제로 수컷 공작은 눈에 띄는 깃털을 자랑한다. 포식자에게 자신의 존재를 알리는 데 이보다 나은 방법은 없다! 화려한 깃털에 장점이 있더라도, 도망갈 때는 어떻게 할까. 이 진화의 역설을 어떻게 설명할 수 있을까?

다윈과 현대 생물학자들은 짝짓기 상대의 선택에 답이 있다고 설명한다. 공작의 암컷은 깃털이 가장 아름다운 수컷을 선호한다. 생존에는 단점인 이 특징이 암컷에게 성적 장점으로 작용한다. 얼핏 보기에 그럴듯한 이론이지만 또 다른 의문이 든다. 물론 더 아름답지만 스스로를 보호하는 데 적합하지 않은 공작을 암컷이 선택하는 이유는 무엇일까?

양립할 수 없는 2가지 이유를 생각할 수 있다. 첫 번째는 단순하다. 가장 아름다운 공작을 중시하는 암컷이 가장 아름다운 깃털을 지닌 수컷의 후손을 낳을 것이고, 그들은 다음 세대에 암컷의 선택을 받아 더 잘 번식할 수 있을 것이다. 이른바 핸디캡이라고 할 수 있는 두 번째 가설은 다음과 같다. 아름답고 커다란 깃털을 지니고 성체가 될 때까지 생존한 공작은 긴 깃털이라는 핸디캡을 상쇄할 만큼 충분히 좋은 유전자를 가지고 있을 것이다. 이 수컷을 선택함으로써 암컷은 새끼에게 장래가 유망한 유전형질을 보장해준다.

사람의 경우에는 어떨까. 외모에 영향을 미치는 몇몇 특징에 대한 진화적 선호의 중요성은 어쨌거나 합리적 가설이다. 이 가정을 통해 빨간 머리나 파란 눈동자를 설명할 수도 있을 것이다. 단순히 성적 상대를 선택할 때 인기를 얻을 수 있는 특징이다. 이 특징들은 세대가 거듭되며 진정한 이점으로 받아들여지지 않더라도 발현 빈도가 높아질 수 있다.

일반적 장점으로 받아들여지기 힘든 몇몇 특징도 성적 선호로 설명할 수 있을 것이다. 많은 유럽인의 턱수염, 아시아에서 흔히 나타나는 가는 눈 등이다. 사피엔스와 네안데르탈인의 혼혈도 이러한 본능의 결과라고 생각하지 않을 수 없다. 사피엔스 여성이 네안데르탈 남성의 외모에 더 매력을 느꼈을 수도 있다!

아시아의 인류
— 기원전 40000년

사피엔스가 유럽에 진입하는 동안 다른 현생인류는 아시아 대륙으로 전진했다. 새로운 모험을 자세히 설명하기 전에 잠시 그 이전을 살펴보자. 왜냐하면 고고학자가 기원전 40000년보다 오래된 사피엔스의 존재를 증명하는 유골을 발견했기 때문이다. 중국 푸옌 동굴에서 발견된 현생인류 유골은 기원전 12만~기원전 80000년의 것으로 추정된다. 라오스에서 발굴된 몇몇 해골은 기원전 60000년으로, 수마트라섬의 해골들은 기원전 73000/63000년으로 거슬러 올라간다. 이것이 화석으로 얻은 정보다. 유전학자는 어떻게 분석할까? 유전학은 완전히 다른 이야기를 하기 때문에 우리는 고민할 수밖에 없다.

고고학 시나리오를 다시 써야 하는 첫 번째 요인은 오늘날 아시아 대륙 주민들이, 아프리카를 떠난 후 처음으로 오스트레일리아를 식민지화한 오스트레일리아인보다 유럽인과 유전적으로 더 가깝다는 것이다. DNA 정보에 따르면 오스트레일리아인과 유라시아인은 기원전 약

60000년에 분기한 반면 아시아인과 유럽인은 이보다 2만 년 늦게 분기했다.

이것이 다가 아니다. 고생물유전학에 따르면 아시아 대륙 사람들은 네안데르탈인과 유사한 사람종인 데니소바인의 유전자가 거의 없는 반면, 오스트레일리아인은 많게는 6퍼센트까지 가지고 있다. 이 점을 생각하면 추정 연대와 데니소바인의 영향 간의 모순이 일치한다. 사피엔스가 동쪽으로 가는 첫 번째 이주 물결이 나타났을 것이고, 이들은 기원전 50000년경 오스트레일리아에서 만났을 것이다. 그리고 이동 중에 이들은 데니소바인과 만났을 것이다. 기원전 40000년경 두 번째 이주가 뒤를 이었고, 이번에는 이들이 아시아 대륙으로 향했을 것이다.

사라진 계보

수십만 년 된 고인류학 유골에 비하면 기원전 40000년이라는 시기는 최근이라고 할 수 있지만, 오늘날에는 고인류의 후손이 전혀 남아 있지 않을 가능성이 높다. 유럽인을 예로 들면 루마니아의 '뼈 동굴'에서 발견된 개체들은 현재 후손이 없다. 아시아의 유골들도 같은 운명이었을 것이다. 그 운명을 언제쯤 알 수 있을까? 유전자 정보가 너무나 손상되었기 때문에 이들에게서 DNA를 추출하려는 시도는 모두 실패했다. 어쩌면 영원히 헛수고일 수도 있다.

요약해보자. 호모사피엔스는 최소한 2회 중동에서부터 세계를 식민지화하려 했다. 간단히 말하면 오스트레일리아로 출발한 첫 번째 이주 이후 수만 년이 지나자 다른 곳으로 떠나려는 또 다른 충동이 일었고, 어떤 사람은 유럽을 향해 북쪽으로, 어떤 사람은 아시아를 향해 동쪽으로 떠났다. 이 시나리오를 증명하는 해골은 2점 발견됐다. 3만 9천~4만 2천 년 정도 된 중국 톈위안의 유골은 유전적으로 분명 '아시아' 계인 반면, 거의 동시대 사람인 러시아 코스텐키의 해골은 유럽계다. 코스텐키 해골은 3만 5천~3만 9천 년 정도 되었다. 물론 당시 서양과 동양의 경계가 명확히 정해진 적이 없었다는 사실에 주목해야 한다. 한쪽은 아시아로 다른 한쪽은 유럽으로 분기했다는 주장은 유럽과 아시아 사이의 분명한 이주를 고려하지 않은 단순한 생각이다.

사피엔스는 아시아를 식민지로 만들기 위해 어떤 경로로 갔을까? 이주의 역사를 이해하는 데는 중앙아시아가 매우 중요하다. 2001년 게놈의 일부인 Y 염색체를 근거로 이 지역을 연구한 학자는 중앙아시아가 사피엔스들이 서유럽과 동아시아를 식민지화하기 위해 출발한 전초기지였을 것이라는 가설을 발표했다. 아프리카를 떠난 인구의 한 분파가 중동에서 중앙아시아로 간 후 두 대륙으로 뻗어 나갔다는 것이다. 그러나 미토콘드리아 DNA에 근거한 다른 연구는 반대로 중앙아시아가 서유럽과 동쪽의 다른 지역에서 오는 인구가 모이는 우물이었을 것이라는 가설을 제시했다. 어느 쪽이 옳을까?

카라칼파크스탄* 연구

이 문제에 대한 답을 얻기 위해 나는 여러 연구를 기획하고 오래 이

---

*   우즈베키스탄의 자치공화국으로 공식 명칭은 카라칼파크자치공화국이다. 수도는 누쿠스다.

어질 파견 업무를 준비했다. 인류사에 관심이 많은 대부분의 사람들처럼 나도 중앙아시아에 지대한 관심이 있었다. 그곳은 과거와 현재의 영향이 크게 미치는 교차로다. 고인류학 측면에서 보면 테시크타시 유적에서 발견된 네안데르탈인과 오비라흐마트 동굴에서 발견된 구석기시대 사피엔스가 그곳에서 가깝게 지냈다. 오늘날 튀르크어족에 속하는 언어를 구사하는 유목민들은 그곳에서 인도이란어파 언어를 구사하는 농경인들과 합류했다.

시장에만 가도 놀라울 정도로 외모가 다양한 남성과 여성을 관찰할 수 있다! 아시아인처럼 생긴 사람들, 몽골인과 유사한 사람들, 이란인과 닮은 사람들을 만날 수 있다. 1991년 이후 소련에서 독립한 신생 5개 공화국(투르크메니스탄, 키르기스스탄, 타지키스탄, 카자흐스탄, 우즈베키스탄)에 사는 우즈베크인Uzbek, 카라칼파크인Karakalpak, 키르기스인Kyrgyz, 투르크메니스탄Turkmen, 카자흐인Kazakh, 위구르인Uighur이 이 지역에 모여든다.

내가 기획한 모든 일은 우즈베키스탄 과학 아카데미의 협조하에 진행됐다. 아카데미 회장과 처음 만났을 때 그는 이 지방 역사를 과학적으로 확고히 밝힐 기획을 지원하게 되어 기쁘다고 했다. 소련 체제의 특징은 끊임없이 역사를 다시 쓰는 것이라고 언급하기 전에 말이다. 조지 오웰George Orwell의 유명한 문장을 인용한 그의 연설이 잊히지 않는다. "과거를 지배하는 자는 미래를 지배한다. 현재를 지배하는 자는 과거를 지배한다."

과학 아카데미를 방문했을 때 앞으로 무척 중요해질 사람을 만났다. 2000년 크리스마스였다. 나는 유전학자 루슬란 루지바키에프Ruslan

Ruzibakiev의 이름과 주소를 온라인 출판물 광고에서 알아내고는 그를 만나기 위해 휴가 기간에 우즈베키스탄의 수도 타슈켄트까지 비행기를 타고 가는 도박을 했다. 운이 괜찮았다. 비서는 그가 사무실에 있다고 말하고는, 우리의 갑작스런 방문을 그에게 알렸다. 루슬란은 우리를 맞이하며 영어로 말했다. 소련에서 독립한 지 얼마 되지 않은 이 나라에서 영어를 할 줄 아는 사람은 극소수였기 때문에 이 또한 행운이었다. 나는 중앙아시아 문화적 다양성의 척도인 유전자 다양성을 조사하려는 계획을 설명했다.

내가 루슬란의 이름을 알게 된 이유는 그가 미국 연구자와 함께 이 분야를 연구했기 때문이었다. 그는 주민들의 역사를 재구성하기 위해 현재의 유전자 정보를 사용하는 법을 알고 있었다. 파리에서 찾아와 자기 사무실 문을 두드린 나의 대담함에 놀란 듯했다. 그는 젊은 연구자들을 돕고 용기를 주는 교수였다. 그는 박사 논문을 마친 출중한 제자들 중 1명을 곧바로 불렀다. 눈이 반짝반짝 빛나는 젊은 한국계 여인이 들어왔다. 바로 앞으로의 모험에서 중요한 역할을 맡을 타티아나 헤게 Tatyana Hegay였다. 그녀는 중앙아시아로 들어가는 관문이 되어주었다. 유능함, 지역 주민과의 친밀함, 기획에 기여한 어마어마한 노력 덕분에 그녀는 내 모든 임무에 없어서는 안 될 중요한 인물이자 친구가 됐다.

지역 주민의 역사를 유전자로 재구성하려면 현재 민족 집단의 다양성을 고려해야 한다. 나와 동료들은 표본을 추출하기 위해 여러 차례의 답사를 계획했다. 먼저 가장 서쪽, 아랄해에 인접한 카라칼파크스탄부터 시작하기로 했다. 거대한 염호가 말라서 건조하고 황량해진 이 지역이 관심을 끈 이유는 상대적으로 좁은 땅에서 전통 방식으로 유목하며 갈대로 가축 울타리와 유르트를 만드는 카라칼파크족, 카자흐족, 우즈베크족, 그리고 남쪽의 투르크멘족 등 다양한 민족이 공존하기 때문이다. 이들 모두 양과 낙타를 기른다.

에덴동산

우리는 두 번째 장소로 중앙아시아 동쪽 톈산 키르기스스탄으로 갔다. 카라칼파크스탄과는 정반대로 푸르른 산악 국가다. 여름이면 목축인이 유르트를 가지고 고지의 하계 목장으로 간다. 그들은 이동 수단으로 사용하고 고기와 발효유를 얻기 위해 주로 말을 기른다. 우리는 우즈베키스탄 중앙, 사마르칸트와 부하라의 오아시스에서도 연구했다. 그리고 축소판 천국의 정원 같고 과일이 풍부한 동쪽의 페르가나 분지로 가서, 내전을 막 끝내고 회복하고 있던 타지키스탄 타지크족Tajik의 표본도 추출했다. 임무를 수행할 때마다 운 좋게도 학생들의 도움을 받았다. 몇몇은 현장에서 엄격하게 단련된 후 연구원이 되어 자신이 기획한 유전자인류학 연구를 훌륭하게 진행하고 있다.

여러 지역에서 우리는 민족학자들의 도움을 받아 동일한 민족 집단이 있는 장소들을 조사했다. 초기에는 1950년대 영화처럼 비밀스럽게 정보기관의 추적을 받기도 했다.

초기 성과물을 얻은 우리는 곧바로 유라시아를 둘러싼 모험에서 중앙아시아가 차지한 위치를 살펴봤다. 중앙아시아가 샘이나 우물 역할을 했을까? 놀랍게도 자료는 2가지 가설을 뒷받침하지 않았다. 오히려 동쪽에서 서쪽으로 이주했다는 다른 가설을 제시했다. 불행히도 변이율이 불확실해서 정확한 이주 연대를 추정할 수 없었다. 단지 이주가 기원전 45000~기원전 25000년에 나타났다고 볼 수 있었다.

그러니까 중앙아시아에서는 조상 대대로 사람이 살고 있었다는 뜻이었다. 그렇다면 유라시아의 식민지화가 시작된 시기는 기원전 40000년이었을까, 훨씬 늦은 기원전 25000년이었을까? 최근 진행된 고대 DNA에 관한 몇몇 연구는 기원전 40000년이라는 견해에 힘을 실어준다. 이 연구들을 통해, 벨기에 고예 유적에서 발견된 기원전 35000년경의 유럽 유골 DNA와 중국 톈위안 유적에서 발견된 아시아 동부 유일의 구석기시대 화석이 유전적으로 유사하다고 밝혀졌다. 따라서 유럽 사피엔스들이 아시아인들의 조상일 가능성이 있다. 확신하건대 머지않아 새로운 고대 DNA 자료가 이 질문을 해결해줄 것이다.

우리의 연구에 따르면 시기가 언제였든 간에 아시아에서 유라시아 서쪽으로 많은 사람이 대이동했다. 그들은 이동 도중 히말라야산맥을 만나 시계 반대 방향으로 우회했을 것이다.

연구의 부차적 성과는 이 지역 유목민인 튀르크어족 사용자들이 인도이란어파 농부들과 유전적으로 구별된다는 사실을 밝힌 것이다. 최근 1만 년 동안 이들이 이동한 경로를 보면 이 차이를 대부분 이해할 수 있다. 중앙아시아의 역사는 수많은 이주의 역사다. 가장 오래전에 나타난 동쪽에서 서쪽으로의 이동 이후 서쪽에서 동쪽으로, 그리고 다시 동쪽에서 서쪽으로 수많은 이동이 이어졌다. 지구 상에서 이처럼 다양한 민족이 교류한 곳을 찾기란 쉽지 않다.

진정한 아메리카 발견
― 기원전 15000년

　　오랫동안 역사책은 크리스토퍼 콜럼버스가 1492년 아메리카 대륙을 발견했다고 설명했다. 다행히도 이러한 유럽 중심적 사고는 유행이 지났다. 콜럼버스가 지금의 쿠바에 도착했을 때 이 섬에는 아메리카 원주민이 살고 있었다. 아메리카 대륙의 식민지화를 설명하는 가설은 3가지다. 북아메리카와 유럽에서 발견된 선사시대 유물들의 유사성에 근거하여 유럽 대륙에서 배를 타고 출발한 사람들이 식민지화했다는 것이 첫 번째 가설이다. 두 번째 가설은 시베리아에서 베링해협을 건너온 사람들이 식민지화했으리라는 것이다. 세 번째 가설은 사람들이 야심차게 오세아니아로부터 이주했다는 주장이다.

　　유전자 정보는 이 가설들에 관해 명확한 결론을 내렸다. 초기 아메리카인은 시베리아에서 왔다. 최근 연구에 따르면 기원전 20000년 혹은 기원전 15000년경 도착한 듯하다. 이주는 2차례 이루어졌다. 초기 이주자들은 현재의 베링해협 지역에 정착했다. 약 2만 년 전 마지막 최대 빙하기에는 베링해협 가장자리가 따뜻한 해류 덕분에 살 만했다. 이들은 나중에 알래스카를 통해 아메리카 대륙으로 갔다.

북아메리카로 갈 수 있는 길은 2가지다. 하나는 해안을 따라 이어진 길이고, 다른 하나는 내륙으로 콜로라도 계곡을 거치는 길이다. 5천 년 후 남아메리카를 점거한 흔적이 발견될 정도로 대륙 북쪽에서 시작된 식민지화는 매우 빨리 진행됐다. 이보다 늦게 시베리아에서 시작된 또 다른 식민지화 물결은 북극의 이누이트를 낳았다. 이들의 영역은 그린란드까지 넓어졌다.

시베리아에서 아메리카에 발을 들여놓은 사람들이 정말 이 대륙에 처음 온 사피엔스였을까? 유골은 없지만 보다 앞선 인간의 흔적이 유적지에서 발견됐기 때문에 더 오래전에 이주했을 것이라는 가설이 주목을 끌고 있다. 브라질 동부 세라다카피바라에서 기원전 22000년의 것으로 추정되는 도구와 기원전 46000년의 것으로 추정되는 숯이 발견됐다. 유전학의 가르침과 모순되는 연대다.

따라서 유전자 계보를 남기지 않았지만 더 오래된 이주자가 있었을 것이라는 가능성 높은 가설을 배제할 수 없다. 그들은 어떻게 왔을까? 몇몇 연구자의 주장처럼 바다를 통해 왔을까? 서아프리카 해안을 따라 브라질로 떠내려 왔을 가능성도 있다. 때때로 아프리카 어부들이 아메리카 해안으로 밀려오기도 한다. 기원전 20000년 혹은 기원전 15000년 이전 인간의 흔적을 발견하면 이 논쟁을 결론지을 수 있을 것이다.

티에라델푸에고의 수수께끼

남아메리카 남단 '불의 대지' 티에라델푸에고*는 신비로움이 감돈다. 1520년 춥고 바람 거센 이 군도를 발견한 페르디난드 마젤란은 사람들을 발견하고 놀랐다. 그들은 척박한 환경을 어떻게 견딜 수 있었을까? 셀크남족Selk'nam, 야간족Yaghan, 알라칼루프족Alacaluf 등의 주민들은 평균 섭씨 5도의 기온을 견디며 산다. 연안을 떠돌며 사는 사람도 있고, 일부는 조개를 채집하기 위해 차가운 물속으로 잠수하기도 한다! 드물게 남아 있는 시각 자료인 인류박물관 수집품 중 초기 유리 원판 사진에는 혹독한 기후에 적응한 듯 옷을 거의 입지 않은 사람들이 등장한다.

마젤란이 방문한 이후 토착민들은 20세기 민족학의 가장 큰 수수께끼 중 하나가 될 정도로 계속 궁금증을 자아냈다. 이들은 같은 대륙 다른 지역에 사는 사람들과 연관 지을 수 없을 정도로 특이했다. 그럼 이들은 어디서 왔을까? 불행히도 유럽인과 접촉한 이들은 홍역, 결핵 등의 치명적인 전염병에 면역력이 없었기 때문에 대부분 사망했다. 겨우 살아남은 몇몇은 다음 세기에 땅을 탐낸 유럽 식민지 개척자들에게 살해되었다.

우리가 고생물유전학자와 협업한 프로젝트는 19세기 말 혼곳에서 가져온 머리카락과 유골 덕분에 진실을 밝힐 수 있었다. 토착민이 죽은 후 채취한 DNA를 분석하는 데 성공한 덕분이었다. 결론은 어땠을까? 실망스러운 동시에 놀라웠다. 이들 이주민 집단은 아메리카 대륙의 다

---

* 1520년 이 섬을 발견한 마젤란이 원주민의 불빛을 보고 '불의 대지'라는 뜻의 티에라델푸에고라고 이름 붙였다.

른 아메리카 원주민과 혈통이 같았다. 이들의 외모는 혹독한 기후 조건에 적응한 결과였다. 사피엔스의 놀라운 적응력을 보여주는 사례다.

보토쿠도족의 비밀

남아메리카에는 혈통이 불가사의한 집단이 또 있다. 브라질 동쪽 아마존 숲 한가운데에 사는 보토쿠도족Botocudo이다. 이들은 아랫입술이나 귓불에 커다란 원반을 삽입하는 풍습이 있다. 유전자 분석 결과에 따르면 이들의 DNA에 신기하게도 폴리네시아인의 게놈이 약간 들어 있었다. 그럼 보토쿠도족은 아메리카 대륙이 폴리네시아를 거쳐 식민지화됐다는 살아 있는 증거라고 할 수 있을까?

예상치 못하게도 이 가설은 고구마 때문에 최근 다시 주목받고 있다. 고구마는 이 지역에 자생하는 채소가 아닌데도 폴리네시아의 여러 섬에서 주식으로 쓰인다. 파리 자연사박물관 소장품 중 하나인 18세기 식물 표본에 기초한 연구 결과가 발표되기 전까지는 많은 학자가 포르투갈인이 가져왔을 것이라고 추측했다. 연구에 따르면 폴리네시아에서 발견된 여러 고구마 품종 중 하나가 중앙아메리카에서 유래했고, 포르투갈인이 가져온 품종과 일치하지 않았다.

역사를 자세히 살펴보면 유럽인이 두 지역을 '발견하기' 전에 폴리네시아와 아메리카가 교역을 했다고 짐작할 수 있다. 교역이 사실인지를 증명하려면 보토쿠도족의 혈액에 있는 약간의 폴리네시아인 DNA가 포르투갈인이 아메리카 대륙에 도착하기 이전의 것임을 밝혀야 한다. 그래야 포르투갈 선원이 폴리네시아 사람을 보토쿠도족의 영토까지 데려왔다는 가설을 배제할 수 있다.

이 문제를 해결하려면 어떻게 해야 할까? 기발한 방법이 있다. DNA를 활용하여 이 부족들의 혼혈 시기를 추정하면 된다. 인간이 후손에게 전달하는 DNA는 세대를 거듭할수록 길이가 짧아지고 재결합한다. 생식세포가 만들어질 때 염색체들이 섞이기 때문에 유전자 정보를 이용하여 공통 조상의 연대를 추정할 수 있다. 따라서 보토쿠도족이 폴리네시아인에게서 받은 DNA의 길이를 측정하면, 이 부족을 낳은 아메리카 원주민과 폴리네시아인의 혼혈 연대를 추정할 수 있다.

보토쿠도족에 관한 유일한 연구에 따르면 추정 연대와 포르투갈인이 식민지화한 연대가 겹친다. 이 연구는 추출한 DNA의 질이 좋지 않고 표본이 적다는 결함이 있다. 현재 진행되고 있는 새로운 연구들이 수수께끼를 풀 수 있을 것이다. 어쨌든 브라질 동부는 폴리네시아와 놀라울 정도로 거리가 멀다. 거기까지 가려면 남아메리카 대륙을 돌아 쉽지 않은 길을 가야 한다!

전 세계 사람들처럼 남아메리카인들도 매우 다른 환경에 적응했다. 세세한 부분은 다르지만 안데스산맥의 어느 부족은 티베트인처럼 고지대의 삶에 생물학적으로 적응했다. 놀라운 점은 독극물로 여겨지는 비소에도 적응한 것이다. 안데스산맥에서는 화산 암반 지하수로 흐르는 비소를 쉽게 발견할 수 있다. 안데스산맥에 사는 이 부족의 10번 염색체에는 비소를 변형하여 제거하는 변이 유전자 *AS3MT*가 있다. 수천년을 거스르는 놀라운 적응이다.

유전자 정보로 공통 조상 추정하기

두 개체의 공통 조상이 활동한 시대를 가늠하려면 게놈 안의 같은 위치에 있는 DNA 부분을 비교해야 한다. 이 영역을 구분하는 차이의 수는 이들이 하나가 된 후 경과한 시간과 관련 있다. 차이는 어떻게 발생할까? 무작위로 발생하는 변이뿐 아니라 각 세대를 나타내는 이른바 '유전자 재조합genetic recombination' 효과 때문이기도 하다.

유전자 재조합의 근원을 이해하기 위해 유전형질이 도서관이고, 도서관 안의 책은 염색체라고 상상해보자. 한 개체는 자기 게놈의 조각을 이중으로 가지고 있다. 하나는 어머니에게서 다른 하나는 아버지에게서 받은 것이다. 생식하기 위해 성세포를 만들면 어떤 일이 일어날까? 어머니와 아버지의 책들이 섞인다. 어머니의 책에서 페이지들이 뜯어지고 아버지의 책에 삽입되며, 아버지의 책에서도 페이지들이 뜯어지고 어머니의 책에 삽입된다. 재조합으로 유전자들이 섞이고 '오래된 것'에서 '새 것'을 만드는 유성생식이 이루어진다.

각 세대에서 발생하는 재조합의 수는 종에 따라 다르다. 인간의 경우 수십 개가 재조합한다. 인구유전학자는 그 역사를 추적하기 위해 여러 민족 DNA의 재조합을 밝히려 했다. 단순한 통계적 효과를 보면 한 개체의 책에서 2페이지 이상 멀어질수록 페이지들 사이에서 재조합이 발생할 기회, 즉 아버지의 페이지와 어머니의 페이지가 전달될 가능성이 많아진다. 반대로 인접한 2페이지는 재조합하지 못하고 함께 전달될 가능성이 높다. 여러 세대가 지날수록 재조합이 일어날 가능성이 높아진다. 결국 각각의 DNA 조각, 즉 1권의 책을 이루는 전체 페이지마다 이야기가 다르고 조상이 다르다. DNA는 과거 조상들의 모자이크다.

연구자는 그 사실을 어떻게 알아냈을까? 한 개체의 DNA 조각과 다른 개체의 같은 DNA 조각을 비교하여 재조합하지 않은 DNA 세그먼트를 연구한다. 어느 세그먼트 길이가 길다면 거의 재조합하지 않았다는 의미다. 달리 말하면 공통 조상에서 멀지 않은 세대다. 두 개체는 비교적 근접한 세대의 공통 조상을 가지고 있다. 반대로 재조합하지 않은 공통 DNA 조각의 길이가 짧다면 공통 조상이 오래전에 살았다는 의미다.

공통 DNA 조각의 길이로 얻을 수 있는 또 다른 정보는 변이다. DNA 조각으로 알아낸 공통 조상이 오래전 인물이라면 그 조상 이후 같은 DNA 조각에 변이들이 축적됐을 것이다. 따라서 두 DNA 조각을 비교한 결과 재조합하지 않은 긴 조각들이 발견되고 변이가 거의 발생하지 않았다면 공통 조상이 최근 인물이라는 의미다. 재조합하지 않은 DNA 조각의 길이가 짧지만 변이가 많다면 공통 조상은 오래전 인물이다.

이처럼 두 개체 혹은 같은 개체의 아버지에서 받은 DNA와 어머니에게서 받은 DNA를 비교한다. 비교하는 두 개체는 그의 부모다. 한 개체의 완전한 게놈으로부터 각 게놈 조각의 조상의 연대를 추정한다. 각각의 게놈 조각에는 최근의 공통 조상most recent common ancestor, MRCA이라고 불리는 조상의 흔적이 있다.

과거 역사를 재구성하는 데 중요한 정보는 또 있다. 많은 게놈 조각이 같은 시기의 공통 조상을 가지고 있다면 그때 인구수가 감소했다는 의미다. 한 마을을 상상해보자. 이주가 자유로운 대도시에서 우연히 두 개체를 선택하는 것보다, 마을에서 우연히 두 개체를 선택하면 이들이 최근의 공통 조상을 지닌 친척일 가능성이 높을 것이다. 인구가 적으면 공통 조상을 지닐 가능성이 더 높다.

제 3 장

자연을 정복하는 인간

핀란드
리투아니아
노르웨이
스웨덴
쿠이아비아
(폴란드)
런던(영국)
티롤
헝가리
바스크 지방
사르데냐
시칠리아
텔카라(시리아)
예리코
(요르단강 서안 지구)
하이파(이스라엘)
적도
아마존 열대우림
파라과이
이스터섬
미국
흑해
괴비
테페
(튀르
아나톨리아
레바논
크레타
지중해
카
자그로스
(이란)
카메룬
가봉
모잠비크
짐바브웨
칼라하리사막

메즈두레첸스크

바르나울 ■

알타이공화국

텔레츠코예 호수

카자흐스탄   베렐   러시아

몽골

중국

알마티

키르기스스탄   텐산산맥

우즈베키스탄   송쿨 호수

안디잔   앗바시

페르가나

우랄   러시아

투바공화국
(러시아)   후브스굴주

몽골

중국

파키스탄

인도   타이완

아프가니스탄

파푸아뉴기니

사모아제도

테우마(바누아투)

뉴질랜드

농경과 목축 발명
― 기원전 10000년

  학자들은 인류의 대이주와 신기술을 연결해서 살펴볼 때가 많다. 왜 그럴까? 농경과 목축 발명이 단순한 사건의 연대기가 아니라 1만 년 전의 지도를 바꾼 중요한 일이기 때문이다. 수십만 년 전부터 당시까지 사람들은 수렵채집을 했다. 사냥, 고기잡이 혹은 과일이나 야채를 채집할 새 땅을 찾기 위해 이동했지만 분명 호기심에 이끌리기도 했을 것이다.

  모든 것이 급변했다. 약 1만 년 전 세계 여러 곳에서 독립적으로 인간이 자연을 이용하기 시작했다. 식물을 재배하고 동물을 사육하기 시작했다. 순식간이 아니라 수천 년에 걸친 변화였다. 변화는 지역에 따라 매우 다양했다. 그래서 우리의 크로노미터도 어느 정도 왔다 갔다 할 것이다.

  이 새로운 시기를 (유적지에서 발견된 간석기를 참조하여) 신석기시대라고 한다. 현 인류의 게놈에 눈에 띄는 흔적을 남긴 새로운 생활 방식이 출현했고 종종 사람들이 이주했다. 농경과 목축 발명은 만남, 다시 말해서 유전자 교환을 촉발했다. 오늘날에도 유전자와 사회에 미치는 영향이 크기 때문에, 흔히 사용하는 신석기혁명이란 표현이 과하다고 볼 순 없다.

앗바시의 장날

오늘날 신석기시대가 의미하는 문화적 충격을 이해하는 좋은 방법은 히말라야산맥 북쪽 2천 미터 고도에 있는 키르기스스탄의 작은 마을 앗바시에 가는 것이다. 나는 앞으로 언급할 일을 위해 우리 팀과 함께 그곳으로 갔다. 도착한 날은 장날이었다. 우리를 굽어보는 남쪽 정상의 고도는 7천 미터가 넘었고, 건너편은 중국이었다. 빽빽이 들어찬 노점에 사람들이 밀집해 있었다. 제빵사는 돌 화덕으로 둥글납작한 빵을 만들었다. 빵이 익자마자 전화번호가 적힌 도장을 찍었다. 곧 팔릴 양과 염소들의 울음소리가 사방에서 들렸다. 정육점과 유제품 진열대가 많은 만큼, 신선한 과일과 채소는 드물었다. 나는 이 신기한 광경을 세세히 기억에 담았다.

시장을 위해 멀리서 사람들이 왔고 주차장도 가득 찼다. 주차장을 메운 것은 자동차가 아니라 말들이었다! 말은 지역 주민들이 가장 좋아하는 이동 수단이다. 말들의 장비는 훌륭했다. 젊은 사내들은 이방인인 우리를 재빨리 살피고 쇼를 보여주기 시작했다. 올가미로 야크를 잡는 미니 로데오 쇼였다. 잠시 후 우리는 끝이 보이지 않는 들판으로 둘러싸인 송쿨 호수 근처의 하계 목장으로 올라갔다. 마을 사람들은 여름에 그곳으로 말떼를 데려와 방목한다. 이들은 겨울이 와서 마을로 다시 내려가기 전까지 유르트를 세우고 생활한다.

6월이면 암말들이 새끼를 낳아 망아지들이 넘쳐난다. 우리가 말을 타고 유르트를 방문할 때마다 사람들이 말 젖을 발효시킨 쿠미스를 대접했다. 이 나라에서 동물은 이동 수단이기도 하고 고기를 얻는 수단이기도 하다. 이들이 가장 좋아하는 음식 중 하나는 전통음식인 베슈바르마크*에 들어가는 말고기 소시지다. 우리가 한 유르트에서 말을 몇 마리나 가지고 있냐고 주인에게 묻자 그는 4마리라고 했다. 뒤에 1백여 마리가 있었는데 말이다. 이 지역에서는 탈 수 있는 말만 진정한 말로 여겼다!

일주일 후 우리는 그곳에서 수백 킬로미터 떨어진 우즈베키스탄 페르가나 분지, 정확히는 안디잔까지 갔다. 이곳 환경은 전혀 달랐다. 신석기시대에 이 지역이 변화한 결과였다. 시장 진열대 사이를 지나던 나는 1만 년 전 지구 표면을 개조했던 지각변동을 빠르게 체험하는 것 같았다.

이곳은 시선을 끄는 과일 진열대가 엄청나게 많았다. 특히 살구가 어느 곳에서보다 붉게 반짝였다. 실제로 살구나무는 원산지인 이곳에서 전 세계로 퍼졌다. 흰 살구, 복숭아처럼 즙이 많은 살구, 오렌지색이 도는 살구, 내가 아는 보통 살구 등, 중앙아시아에는 살구 종류가 믿을 수 없을 정도로 다양하다.

체리보다 크지 않고 붉은빛이 돌며 비타민이 풍부해 임신한 여성이

---

*   중앙아시아의 양·말고기 요리로 특히 키르기스스탄인들이 많이 먹는다.

섭취하도록 권장되는 작은 사과, 색이 다양하고 큰 사과 등 여러 사과도 시선을 사로잡았다. 이 지방에 있는 카자흐스탄의 옛 수도 알마티는 '사과의 할아버지'라는 의미를 담고 있다. 이 과일들뿐 아니라 장미, 튤립, 호두도 중앙아시아에서 처음 재배됐다. 봄이면 (4천 미터 이하로) 비교적 낮은 이 지방 산들에 야생 튤립이 만개하여 붉게 뒤덮이는 장관을 볼 수 있다.

빙하에서 비옥한 땅으로

앗바시 말 시장과는 다른 풍광을 보며 나는 막연한 감정에 사로잡혔다. 이웃 지역 사람들의 생활 방식이 이처럼 다른 원인을 어떻게 설명할 수 있을까? 특히 유전학자인 나로서는 다음 질문을 던질 수밖에 없었다. 이 문화적 차이가 사람들의 DNA와 관계 있을까? 신석기시대의 출현을 이해하려면 2만~1만 8천 년 전 유럽과 아시아의 상황이 어땠을지 생각해야 한다. 당시는 빙하기의 절정이었다. 유라시아 전역이 런던까지 내려온 얼음층에 덮여 있었다. 하지만 프랑스 남서 지역과 이탈리아 북쪽 지역 같은 '피난처'도 존재했다.

시간이 지나자 기후가 급격히 따뜻해졌다. 이 환경은 동물상이 변히는 생태계에 중대한 결과를 가져왔다. 거대한 포유류의 수가 감소했고, 매머드가 멸종했으며, 가장 중요한 식량 공급원은 순록에서(북극은 예외) 다른 사슴과 동물, 들소로 대체됐다. 중동에서는 인간이 식물을 재배하고 동물을 사육하기 시작했고, 도기류 용기를 제작했다. 다시 말해 수렵채집인에서 경작인이자 사육인으로서 새로운 생활 방식을 찾아냈다.

사람들은 어떻게 이런 변화를 이루었을까? 농학과 식물학은 인간이 자연을 활용하는 방법을 어떻게 터득했는지를 이해할 수 있도록 도와준다. 가장 타당한 의견은, 천성적으로 호기심 많은 '사피엔스'가 식물의 아랫부분에서 매년 같은 식물이 자라는 현상을 관찰했으리라는 것이다. 우리와 근연 관계인 침팬지도 이 현상을 의식하고 매년 같은 장소로 먹이를 찾으러 간다. 우리의 조상 수렵채집인도 들판 여기저기서 자라는 풀들이 스스로 번식하고 씨앗으로 삶의 주기를 시작한다는 점을 알았을 것이다.

인간이 재배하는 식물은 여러 특성이 축적되어 야생식물과 달라진다. 가장 중요한 점은 재배하는 곡물의 씨앗이 줄기에 달려 있다는 것이다. 야생 형태와 달리 이 씨앗은 바람이 불어도 날아가지 않는다. 그래서 조상들이 재배 방법을 터득하기 쉬웠을 것이다.

밀밭에서 야생 이삭을 주워 씨앗을 채집하고, 본래 그렇듯이 줄기에 잘 붙어 있는 씨앗들을 수확했을 것이다. 매번 씨앗을 심으며 그 일을 매년 반복하다가, 마침내 바람에 의존하지 않아도 번식할 수 있는 품종을 선별했을 것이다. 뿐만 아니라 자신도 모르는 사이에 모든 씨앗이 같은 시기에 익는 식물을 추려냈을 것이다. 요컨대 수확 시기에 최대 수확량을 얻기 위해 매년 가장 많은 씨앗을 맺는 식물을 선택하기만 하면 됐을 것이다. 결국 세대가 거듭될수록, 수확한 씨앗 중 몇몇을 다시 재배하는 것만으로도 길들이는 데 충분했을 것이다. 이것이 식물을 길들이는 방식이다!

농업과 인구 증가의 연쇄 작용

그렇다면 가장 먼저 재배한 식물들이 초기 농경인의 의도와는 상관 없었을 수도 있다. 자연에 대한 초기 농경인들의 이해나 생각이 '혁신 적'일 필요는 없었다. 게다가 현대 수렵채집인도 덩이줄기 식물 등을 재배하고 나무도 심는다. 특히 아마존 원시림 중 일부는 여러 공동체가 심고 재배한 것이다.

이런 의미에서 1만 년 전의 농업은 인위적 활동이 아니라 곡물 같은 몇몇 식물 이용을 강화한 행위로 볼 수 있다. 인간이 곡식들을 길들일 수록 수확량이 증가하고 더욱 중요한 식량원이 되었고, 따라서 더욱 많 은 곡식을 활용하고 수확하고 길들였을 것이다. 이 연쇄적 상황이 정착 하고 재배한 식물에 의존할수록 곡식을 더 많이 재배했고, 음식에 없어 서는 안 되는 중요한 재료가 됐을 것이다. 그럼으로써 농경은 전대미문 의 돌이킬 수 없는 생활 방식이 됐다.

혁신적인 신석기시대의 중요하고 놀라운 변화는 바로 인구 변화다. 모든 고고학 자료에 따르면 인구밀도가 증가했다. 당시 상황을 알려 주는 유적지는 많다. 이곳에서 큰 공동체가 모여 살았을 것이다. 몇몇 은 구성원이 수천 명에 이를 정도로 규모가 컸다. 요르단강 서안 지구 의 예리코, 시리아의 텔카라멜 같은 큰 마을과 작은 도심이 출현했다. 도시는 나중에 언급할 것이다. 농경의 결과로, 농사짓지 않은 사람들의 인구도 많아진 듯하다.

암탉과 달걀

우리는 이해할 수 없을 정도로 급격히 인구가 증가한 이유를 밝히려다 딜레마에 부딪혔다. 인구가 증가했기 때문에 공동체들이 새로운 식량원을 찾았을까, 아니면 반대로 농경으로 많은 식량을 획득해서 인구가 증가했을까? 10년 전까지만 해도 이 질문에 아무도 답하지 못했다. 답을 얻기 위해 나와 동료들은 수렵채집인, 농경인과 목축인 등 다양한 방식으로 생활하는 사람들의 표본을 연구하기 시작했다. 현재의 유전자 정보를 기반으로 그들의 과거 인구 증가 표를 그려보기로 했다.

이제는 현대인의 DNA로부터 그들의 조상이 크게 증가한 시기뿐 아니라 연대도 계산할 수 있다. 우리는 유전적 조상의 연대를 추정하기 위해 세세한 원칙을 세웠다. DNA를 잘라 조각내고, 아버지에게서 받은 DNA와 어머니에게서 받은 DNA를 그 조각으로 비교하여 공통 조상의 연대를 추정한다. 조각들이 매우 다르다면 그들의 공통 조상은 매우 오래전 인물일 것이고, 유사하다면 최근 인물일 것이다. 각각의 DNA 조각은 조상의 연대에 대한 정보를 제공한다. 대부분의 DNA 조각이 거슬러 올라가는 연대가 같다면 대부분의 유전적 공통 조상이 같은 시기에 유래했다는 의미다. 그래서 작은 개체군에서 공통 조상을 발견할 확률이 높다. 대부분의 조상이 같은 시기에 태어났다면 당시 인구가 적었고 이후 늘었다는 의미다. 즉, 그 시기에 인구가 증가했다.

우리의 연구 결과는 무척 흥미로웠다. 수렵채집인 인구는 과거에 증가하지 않은 반면, 오늘날의 농경인이나 목축인 인구는 매우 증가했다는 징후가 나타났다. 우리는 이러한 결과를 예상했지만, 인구 증가 초기의 연대도 밝혀지기를 기대하지는 않았다. 이 연대는 신석기시대로 넘어가는 고고학적 연대보다 수천 년 이전이다. 당시 사람들이 자연을 활용한 이유는 인구 증가 때문이었고, 그 반대가 아니었다.

유전자를 연구하는 과정에서 우리는 신석기시대에 인구 증가가 빨라졌다는 사실에 주목했다. 농경이 나타난 지역의 인구는 기후가 따뜻하고 유리한 조건에 살았다는 시나리오를 상상할 수 있다. 따라서 인구가 증가하기 시작했고, 이들 중 몇몇은 정착해서 농경이 더 중요해진 새로운 생계 수단을 택했을 것이다. 이후에도 인구 증가가 빨라졌다. 현재까지 알려진 가장 오래된 고고학 유적지인 튀르키예 괴베클리 테페는 이 현상의 좋은 일례다. 이곳의 거대한 구조물들은 당시 문화가 발달했고 인구수가 증가했다는 증거다. 이 유적지의 추정 연대는 곡물을 재배하기 시작한 시대보다 1천5백 년 앞선다.

전 세계인의 독자적 발명

농경은 수천 년의 시간대에 걸쳐 전 세계 여러 지역에서 독립적으로 발생했다. 조, 수수 등은 중국 황허강을 따라 재배됐고, 쌀은 양쯔강 유역, 옥수수는 중앙아메리카, 감자는 남아메리카, 토마토는 안데스산맥, 가지와 오이는 에콰도르, 바나나와 타로감자는 뉴기니, 수수는 아프리카 혹은 인도, 사과와 호두, 살구는 앞에서 언급한 것처럼 중앙아시아에서 재배됐다. 중동의 농경인은 곡물과 함께 완두콩과 렌즈콩을 재배했고 염소와 양, 돼지, 그리고 소를 사육했다.

이것만으로 자연 활용을 촉진한 초기의 인구 증가를 설명할 수는 없다. 비슷한 환경에서 어떤 사람들은 자연을 활용했지만 어떤 사람들은 그렇지 않은 이유는 무엇일까? 흥미로운 점은 이 모든 것이 장거리 이동성과 관련 있다는 것이다. 어떤 집단은 계절에 따라 이동해야 했지만 매년 같은 장소로 돌아왔다. 다른 집단은 한 해 내내 같은 장소에 머물렀다. 또 다른 집단은 먼 거리를 이동했기에, 출발한 곳으로 돌아오는 데 몇 해가 걸렸다.

여기서 한 가지 의문이 떠오른다. 농경인-목축인이 이러한 생활 방식으로 전향한 후 인구 증가가 빨라진 이유는 무엇일까? 이들의 인구 증가에 유리한 점을 설명할 수 있는 가설 중 하나는 출생 간격 감소다. 실제로 파라과이의 아체족Aché과 쿵족Kung(칼라하리사막의 코이산족) 같은 현대 수렵채집인 인구에 관한 연구에 따르면 출산 간격은 어머니가 어린아이를 돌보는 데 필요한 햇수와 동일한 4년이었다. 이러한 간격은 수유 기간이 길어지며 수유하는 여성의 출산율이 감소하여 조절됐을 것이다. 농경과 목축 사회에서 규칙적으로 제공되는 음식은 여성들이 더 빈번히 출산할 수 있게 해줬을 것이다.

하지만 이러한 가설은 몇 가지 사실과 부합하지 않는다. 피그미족 같은 수렵채집인 사회의 출산 간격은 이웃 농경인 사회보다 길지 않다. 현대에 관찰한 피그미족의 생활은 과거의 표준과 같지 않을 것이다. 출산 간격이 최근에 감소했을 수도 있다.

또 다른 문제는 수렵채집인이 식량 부족으로 힘들어했다는 증거가 전혀 없다는 것이다. 계절에 상관없이 식량을 구할 수 있는 듯한 현대 피그미족이나, 유골을 통해 분석한 신석기시대 직전의 수렵채집인 모두 영양 결핍에 시달린 흔적이 없었다. 게다가 농경인은 자신의 '식량'

을 따라 이동할 수 있었던 수렵채집인들보다 기후변화에 훨씬 큰 영향을 받았을 것이다. 농경인은 가뭄, 서리, 병충해 등으로 수확을 망치는 경우가 많다. 따라서 신석기시대로 전환하는 시기에 인구가 크게 증가한 것은 사실이지만 현재의 지식으로 그 원인을 충분히 설명할 수는 없다.

유럽에 전해진 농경
— 기원전 6000년

　새로워진 생활 방식에 관한 자료가 많은 유라시아로 눈을 돌려보자. 도기와 관련 있는 농경과 목축은 적어도 1만 년 전 중동의 비옥한 초승달 지대에서 발생했다. 기원전 6000년에서 기원전 3000년 사이 아나톨리아에서 유럽 전역으로 농경과 목축이 확산됐다. 경로는 2가지였다. 하나는 발칸반도를 통해 북쪽으로 가는 길이었고, 다른 하나는 지중해를 따라 남쪽으로 가는 길이었다. 남쪽 경로는 스페인까지 갔다가 영국을 향해 북쪽으로 올라간 반면, 북쪽 경로는 다뉴브강을 따라 벨기에와 독일까지 갔고, 프랑스 파리 분지에서 두 경로가 합쳐졌다. 프랑스는 기원전 5000년경, 영국은 기원전 4000년경, 북유럽(핀란드와 발트 3국)은 기원전 3000년경 신석기시대에 돌입했다.

　새로운 생활 방식은 어떻게 전파됐을까? 문화 전파와 이른바 '인구' 전파라는 2가지 가설이 제기되었다. 문화 전파에서는 새로운 기술들만 전파된다. 현지 수렵채집인이 농경을 시작하고 새로운 기술을 받아들인다. 다시 말해 사람들은 이동하지 않고 도기만 이동한다. 인구 전파의 경우 사람들이 이동한다. 농경인이 유럽에 와서 정착하고 현지 수렵채집인을 대체한다. 이때 농경, 도기 그리고 사람들이 함께 움직인다.

고고학 자료만으로는 두 가설 중 어느 것이 옳다고 단언할 수 없다. 그렇더라도 궤적을 그려볼 수는 있다. 어떤 지역, 예컨대 다뉴브강 유역에서 출현한 신석기 문화는 새로운 주거, 식물, 동물, 도구 등과 함께 문화적으로 결합했다. 이 변화는 수렵채집인의 문화 동화에 따른 결과이기에 무척 서서히 진행되었다. 수렵채집인은 신석기 문화 요소를 한꺼번에 받아들인 것이 아니라 조금씩 동화되었다. 따라서 고고학자는 현지 주민들이 새로운 기술을 급속히 받아들였다기보다는 문화권이 다른 사람이 다뉴브강 유역에 와서 정착했다고 짐작한다.

DNA가 말하다

유전학은 어떤 가설을 지지할까? 유전학자는 신석기시대 도래 이전과 이후 사람들의 유전적 연속성을 측정했다. 유전적 연속성이 있다면 의심의 여지없이 새로운 생활 방식을 받아들인 쪽이 수렵채집인이라는 의미다. 반대로 연속성이 없다면 인구가 대체되지 않았다는 의미다.

유전적 연속성 측정은 말이 쉽지 무척 어려운 일이다. 중석기시대(농경 도래 이전 시기)와 신석기시대의 유골에서 DNA를 추출한 후 두 그룹을 비교해야 하기 때문이다. 이 접근 방법은 2가지 문제에 봉착했다. 우선 중석기시대의 유골이 매우 적다. 당시 인구가 원래 많지 않았거나, 이들이 묻혀 있는 곳을 아직 발견하지 못했기 때문일 수도 있다. 당시에는 죽은 사람을 매장하지 않고 다른 장례법을 사용했을 것이다. 한마디로 중석기시대 유적지는 매우 드물다.

두 번째 문제는 DNA를 추출하고 분석할 수 있을 만큼 유골이 양호해야 한다는 것이다. DNA 보존 상태는 더운지 추운지 건조한지 습한지 등의 기후에 많이 좌우된다. DNA는 추운 지역에서 더 안정적이다. 기술이 진화하고 있지만, 중동과 열대 지역보다는 유럽 북쪽 지역의 과거를 잘 알 수 있다.

DNA 연구 결과는 어땠을까? 중석기시대 유럽의 수렵채집인은 초기 유럽 농경인과 유전적으로 다르다. 하지만 초기 유럽 농경인은 튀르키예 아나톨리아 농경인과 유전적으로 유사하다. 다시 말해 아나톨리아에서 신기술과 함께 새로운 사람이 도착했다고 볼 수 있다. 결론적으로 유전학은 고고학이 선호한 '인구' 가설을 뒷받침한다.

수렵채집인과 농경인의 만남

농경이 도래한 후 수렵채집인은 어떻게 됐을까? 사라지지는 않았다! 신석기시대 유럽인의 DNA에서 그 흔적을 찾을 수 있다. 최근 발견된 신석기시대 유골은 중동에서 온 초기 농경인보다 수렵채집인과 유전적으로 가깝다. 시간이 흐르면서 중동에서 온 신석기시대 사람과 유럽 수렵채집인의 피가 섞인 것이다. 수렵채집인들 중에서도 분명 농경인이 된 사람들이 있었을 것이다. 이들이 만나는 과정에 대한 세세한 이야기는 앞으로 연구할 흥미로운 주제다.

수렵채집인이 자신의 생활 방식을 버리고 농경 생활을 시작한 이유는 무엇일까? 수렵채집인의 생활 방식은 많은 장점이 있어 보인다. 구석기시대에 인구에 비해 자원이 많았던 점을 생각하면, 매일 2, 3시간 정도만 채집하면 필요한 영양을 섭취하기에 충분했다. 나머지 시간에는 한가하게 다른 활동을 할 수 있었다. 반면 우리가 떠올리는 농경인의 모습은 매일 밭에서 힘겹게 노동하는 사람이다. 이처럼 신선놀음 같은 삶을 버리고 고되게 일하는 생활 방식을 택한 이유를 설명하기는 쉽지 않다.

이러한 인식은 무척 단순한 시각이다. 초기 농경인들은 힘들여 경작하지 않았을 것이다. 게다가 도구에 관한 자료를 보면 경작 기술은 수천 년 후에나 등장한다. 초기 농경인은 힘들여 경작하지 않았으나 수확을 했다. 따라서 이유는 알 수 없으나 수천 년 전 유럽에서 수렵채집 생활 방식이 사라졌다는 것만 알 수 있다. 장소와 시기에 따라 양상이 달랐다고 생각하는 쪽이 합리적이다.

인류의 만남에 관한 흥미로운 측면은 고대 DNA에서 찾아볼 수 있다. 유럽 서쪽 지방 수렵채집인은 대부분 파란 눈에 검은 피부인 반면, 새로 온 사람들은 피부색이 더 밝았다. 피부색이 밝은 중동 출신 사람과 피부색이 검은 서부 유럽 토착민이 접촉한 이 시대는 어떤 면에서 현재의 거울이다. 이들이 어떻게 혼혈했는지, 피부색이 인구밀도에 어떤 역할을 했는지, 이 시기에 타당한 변수가 있었는지를 세세하게 분석하기에는 유전자 정보가 부족하다. 당시 피부색은 이러저러한 사람들이 발산하는 매력 중 하나였을까?

새로이 농경으로 전향한 사람의 피부색 변화에 간접적인 역할을 한 것은 식단 변화다. 동물과 생선의 간에 있는 비타민 D가 비교적 적은 음식을 섭취하기 시작하자, 피부색을 짙게 만드는 분자의 생산을 촉진하는 비타민 D가 부족해져 피부색이 밝아졌다. 생활 방식이 변하면서, 피부색을 밝게 하는 변이를 지닌 중동 출신 사람이 창백한 피부에 유리한 선택 압력을 가했다.

3천 년 앞선 중동

유럽이 이러했다면 중동 동쪽은 어땠을까? 학자들은 비옥한 초승달 지대 동쪽 이란 중부의 자그로스산맥에서 발굴된 약 1만 년 전 유골 4구를 분석했다. 이들은 아나톨리아 농경인들과 유전적으로 달랐다. 레바논에서 발굴된 신석기시대 사람에 관한 또 다른 연구를 보면 이들도 유전자가 달랐다. 요컨대 비옥한 초승달 지대에 속하는 세 지역 사람들은 유전적으로 매우 달랐다. 그렇다면 신석기 문화가 개별적으로 나타났을까, 아니면 사람들 사이에서 전파됐을까?

지금으로선 답하기 어렵지만, 기원전 10000년에서 기원전 8000년 사이에 곡물을 재배한 흔적이 아나톨리아와 자그로스에서 발견되기 때문에 이 지역이 신석기 문화가 발현한 중심지일 가능성이 높다. 아나톨리아와 레바논 그리고 자그로스 초기 농경인이 유전적으로 다르다는 사실을 유전학자들이 밝혀냈는데, 세 지역 모두에서 일부 수렵채집인이 농경인으로 이행했다. 농경으로 이행한 기원을 한 지방에서만 찾으려는 시도가 잘못됐을 수도 있다. 당시 사람들이 문화를 교류하며 그물처럼 연결됐을 가능성도 생각해야 한다.

농경이 파키스탄, 아프가니스탄, 인도 등의 동쪽으로 전파된 흔적은 자그로스 사람들의 유전자에서 발견할 수 있다. 따라서 서쪽에서 아나톨리아 사람들이 새로운 기술과 함께 유럽으로 간 것처럼 농경은 사람들과 함께 동쪽으로 이동했다.

유전학이 밝힌 또 다른 흥미로운 점은 발굴된 신석기시대 초기 사람들의 유전자가 현재의 수렵채집인보다 현저하게 다양하다는 것이다. 한 집단의 유전적 다양성은 인구수와 비례한다. 달리 말하면 농경과 목축으로 옮겨 간 초기 집단 중 이들은 이미 인구수가 많았다. 현대인의 DNA를 토대로 한 연구는 이 점을 확인해준다. 농경으로 이행하는 사람들의 인구수가 이미 증가하고 있었다는 의미다.

우유를 마시기 시작한 인류
— 기원전 6500~기원전 5000년

신석기시대로 이행하자 사람의 생체도 변화했다. 그중 하나는 우유를 소화하는 능력이다. 기원전 6500년 아나톨리아 목축인이 우유를 처음 활용한 흔적을 남겼다. 마르마라해* 근처에서 발견된 도기 안의 지방 잔류물을 분석한 결과로 알 수 있었다. 유럽 지역의 우유 활용과 관련하여 가장 오래된 유물은 폴란드 중부 쿠이아비아에서 발굴된 기원전 5000년의 것으로 추정되는 소쿠리다. 치즈의 물기를 빼는 데 사용된 소쿠리를 통해 당시 사람들이 우유를 활용했다는 사실이 입증됐다. 신석기시대 사람들에게 우유를 소화하는 능력이 있었다는 점은 놀라운 일이다. 이유는 다음과 같다.

사람은 포유류다. 그리고 모든 포유류의 아기는 젖을 소화한다. 락타아제라는 효소가 젖의 락토스(젖당)를 분해하여 글루코스와 갈락토스

---

* 유럽과 아시아 사이에 있는 튀르키예 북서부의 내해.

등의 당으로 바꾼다. 일반적으로 락타아제는 성인이 되면 활성이 떨어진다. 그럼에도 불구하고 오늘날 몇몇 민족은 성인의 90퍼센트까지 활성 락타아제를 지니고 있다. 이를 락타아제의 지속 혹은 락토스 내성이라고 한다. 이들이 전 세계에 얼마나 분포하는지 연구하면 같은 특징을 공유하는 목축인들인지 확인할 수 있다.

이처럼 생물학적으로 기이한 현상은 어떻게 생겼을까? 학자들은 신석기시대까지 올라가는 락토스 내성이 신선한 우유를 규칙적으로 소비하여 생기는지, 신체 기관이 적응하여 생기는지, 혹은 락토스 내성이 유전자에 코드화되어 있는지 알아보기 위해 수십 년 동안 수많은 토론을 했다. 2000년대가 되어서야 성인이 락타아제 활성을 유지하게 해주는 변이들이 확인됐다. 이 변이들은 락타아제 유전자를 조절하는 부위에 약 1만 4천 개 염기쌍 간격으로 있다. 유럽인과 중동인은 단 1개의 변이로 락토스 내성이 생기고, 아프리카인은 3개로 생긴다. 여러 변이가 생체에 동일한 결과를 미치는 수렴진화의 좋은 예다.

급격한 생물학적 변화

각 변이를 둘러싸고 있는 DNA 조각을 구체적으로 연구하면 변이들이 매우 강한 자연선택을 겪었음을 증명할 수 있다. 생물문화적 진화에 대해 언급하면 문화적 변화, 여기서는 농경이 인간이 사는 환경의 변화를 이끌었다. 그 결과 생물학적으로도 사람들이 변화했다. 즉, 문화는 생물에 영향을 끼친다. 신선한 우유를 소화하게 된 원인을 1970년대부터 연구한 결과는 그 과정을 잘 보여준다.

자연선택을 어떻게 발견할까?

자연선택을 연구하는 원리는 다음과 같다. 변이 유전자 주변의 DNA 길이를 보면 유전자 변이체가 최근 발생했는지 오래전 발생했는지 알 수 있다. 게놈에서 형성된 변이는 DNA의 한쪽 끝에서만 나타난다. 변이는 주변의 DNA 끝부분과 함께 다음 세대에 전달된다. 그런데 전달될 때마다 변이 주변의 DNA 끝부분이 깨지며 재조합된다. 세대가 거듭할수록 전달된 변이 주변의 조상 DNA 끝의 길이가 줄어든다. 따라서 현대인의 변이와 관련된 DNA 끝의 길이를 측정하면 어느 세대부터 변이가 전달되었는지 추산할 수 있다. 이 배열이 많으면 변이가 최근 발생했다는 의미다. 반대로 변이 주변의 DNA 끝의 길이가 짧으면 오래전에 발생한 것이다.

자연선택이 없다면 유전자 변이체가 자주 발생하는 데 오랜 시간이 필요하다. 우유 소화의 경우 락토스에 내성이 생기게 하는 변이가 흔하며, 공유 DNA의 길이를 보면 비교적 최근에 발생했음을 알 수 있다. 다시 말해 이 변이들은 최근에 급속히 증가했다. 매우 강한 선택압이 작용했다는 의미다.

변이를 지닌 사람들의 DNA 조각을 살펴보면 변이가 몇천 년 전부터 확산하기 시작한 듯하다. 유럽인의 경우 기원전 약 5500년이다. 이 연대는 전 세계 여러 지역 사람들이 목축을 시작한 시기와 일치한다.

따라서 다음과 같이 역사를 구성할 수 있다. 몇천 년 전 사람들이 목축을 시작했고, 신선한 우유가 주요 식재료가 됐다. 우유를 소화하도록 해주는 변이를 지닌 성인은 생존과 생식에 유리했다. 세대를 거치며 핀란드와 아일랜드 같은 북유럽, 중부 유럽, 그리고 투치족Tutsi, 투아레그족Tuareg, 베두인족Bedouin처럼 목축을 하는 몇몇 아프리카 부족 인구의 75~80퍼센트가 변이를 지닐 정도로 빈도가 증가했다.

반대로 변이 빈도가 5퍼센트도 되지 않는 중국인이나 아메리카 원주민은 성인이 신선한 우유를 소비하는 데 유리한 생체적 특징이 없다. 현재 전 세계 인구의 약 30퍼센트가 락토스 내성이 있다고 추정된다. 주목할 점은 신선한 우유를 많이 소비한다고 해서 우유 소화를 도와주는 변이가 발생하지는 않는다는 것이다. 이 변이는 드물고 소용도 없지만 존재하며, 생활 방식 변화가 중립적 변이를 유익하게 만든다.

중앙아시아의 비밀

연구와 관련하여 내가 특히 좋아하는 중앙아시아는 질문에 관한 비밀을 간직하고 있다. 전 세계적으로 봐도 이곳은 목축인과 농경인이 드물게 공존하는 지역이다. 목축인은 많은 유제품을 섭취한다. 이들이 락토스에 대한 내성이 더 강할까? 대부분의 중국인이 락토스 내성이 없다는 것을 기억하자. 그렇다면 이들에게 유럽이나 중동 사람과 다른 세포 변이가 있었을까? 변이는 언제 선택되었을까?

이 질문에 답하기 위해 나와 동료들은 카자흐족을 조사했다. 먼저 목축인을 살펴보기 위해 주민 대부분이 카자흐족인 마을을 선택했다. 카자흐족은 가장 오래전 짐승을 가축화했다고 알려진 민족이다. 5천 년 전 이른바 보타이 문화Botai culture에서 말 젖을 소비한 가장 오래된 증거 가 발견된 곳도 카자흐스탄이다. 한편 농경인을 살펴보기 위해 우리는 전통적으로 농사짓는 지역이고 고고학 연구로 가장 오래된 농경지라 고 증명된 부하라를 택했다.

임무의 성격상 방법을 약간 바꿀 필요가 있었다. 일상적인 DNA 채 취 외에도 성인들이 어느 정도 유당을 소화하는지를 검사했다. 마을 보건진료소의 도움을 받아, 아침 식사를 하지 말고 오라고 참여자들 에게 부탁했다. 연구의 신뢰도를 높이려면 마을당 대략 1백 개의 표본 이 필요했다. 하지만 기구가 준비되지 않아 하루에 20명 정도만 조사 할 수 있었다. 매일 아침 우리는 참여자들의 동의를 얻기 전에 계획을 설명했다.

혈당의 정점 측정하기

우리의 첫 임무는 공복 혈당을 측정하는 것이었다. 혈당이 너무 높 으면 당뇨병 가능성이 있다는 징후이므로 의사에게 의뢰하고 배제했 다. 참여자 전원의 호흡 중 수소 농도도 측정했다. 그리고 각각에게 우 유 1리터에 함유된 용량과 같은 50그램의 락토스를 물에 희석하여 마 시게 했다. 사실 락토스 내성은 많은 우유를 소화하게 해주지만, 하루 에 한 잔쯤만 마신다면 내성이 필요하지 않다.

20분 후와 40분 후에 혈당을 측정했다. 조사 참여자들에게 락토스 내성이 있을까? 락토스를 분해하는 효소는 락토스를 글루코스로 변환

할 것이고, 우리는 혈당 최고치를 확인할 수 있을 것이다. 120분 후와 180분 후에는 호흡 중 수소 농도를 기록했다. 참여자가 락토스 내성이 없다면 위장에서 가스가 만들어질 것이고, 우리는 수소 농도 최고치를 측정할 것이다. 2가지 기준, 즉 수소와 혈당이 결합하면 어떤 사람이 락토스 내성이 있는지 확인할 수 있다.

동시에 우리는 조사 참여자들을 대상으로 배가 아프다, 위에 부담이 된다 등등의 느낌에 관한 설문 조사를 했다. 소화에 관한 느낌이 항상 락토스 내성과 일치하는 것은 아니다. 생리적으로는 락토스 내성이 있지만 위에 부담이 느껴진다고 호소하는 사람이 있는가 하면, 락토스 내성이 없는데도 아무 증상이 없는 사람도 있다. 단지 복통과 더부룩함을 호소하지 않는다고 해서 락토스 내성이 있는지 알아낼 수는 없음을 입증하는 것이 설문의 목적이었다.

우리는 DNA를 추출하기 위해 참여자 모두에게서 몇 밀리미터의 혈액을 채취했다. 이 과정은 시간이 필요했다. 다행히 참여자들은 참을성 있었고 규칙을 잘 따랐다. 우리는 그들과 대화하며 프랑스 파리의 사진을 보여주는 등 기다리는 시간이 지루하지 않게 노력했다. 검사 다음 날부터 참여자 모두에게 락토스 내성이 있는지 없는지를 의사를 통해 알려주었다. 표본을 채취하고 몇 주가 지나서 우리는 조사를 진행한 모든 마을에서 모든 참여자를 초대하여 파티를 열었다. 모두 자신의 생각을 말하며 감사를 표하고 건배했다. 그날 내가 들은 말 중 가장 감동 깊었던 것은 머리말에 인용한 "여러분 덕분에 우리 마을이 세계지도에 나오겠네요"였다.

예상과 다른 결과

파리로 복귀하고 DNA를 분석했다. 결과에 따르면 목축인들이 농경인들보다 락토스 내성이 있는 경우가 많았다. 하지만 그 수가 많지는 않아서 성인의 25퍼센트에 불과했다. 특정 북유럽 사람들의 80퍼센트에 비하면 현저히 낮다! 이 현상을 어떻게 설명할 수 있을까? 우선 목축인이 그 지역에 나타난 시기가 최근이었을 것이라고 생각할 수 있다. 하지만 유전자 분석에 따르면 유럽에서 발견된 변이와 같은 변이의 빈도가 수천 년 전부터 그 지역에서도 증가했음을 알 수 있다. 우리의 가설은 수포로 돌아갔다.

사실 해답은 젖의 발효에서 찾을 수 있다! 실제로 이 지역 사람들은 주로 발효한 젖을 소비했다. 예를 들어 말 젖은 쿠미스라 불리는 음료로 가공했다. 젖이 발효되면서 생기는 미생물이 락토스 소화를 책임진다. 예를 들어 요구르트와 케피르 같은 발효 젖에는 미생물이 있다. 그러니까 중앙아시아에서는 분명 신선한 젖을 수천 년 전부터 발효시키고 소비했을 것이다.

단백질을 응고시킬 때 락토스가 제거되는 치즈 형태로 유제품을 소비한 사람들도 있다. 예를 들어 유라시아에서 처음으로 목축을 시작한 중동에서는 유제품이 널리 활용된다. 락토스 내성이 있는 사람은 이들 인구의 40퍼센트 정도로 그리 많지 않다.

젖을 소화하도록 해주는 게놈의 유전자는 새로 선택된 가장 강한 특징 중 하나다. 이러한 이점의 성격을 규명할 필요가 있지만, 어쨌든 이 변이가 있는 사람은 생존이나 생식에 무척 유리했다. 음식과 관련된 다른 유전자들은 이 시기에 나타난 선택적 효과를 보여준다. 한마디로 우리가 구석기시대 식단에 잘 적응할 것이라는 생각은 잘못되었다. 현대인은 현대의 음식을 섭취하면 된다.

새로운 질병의 출현

신석기시대는 인간의 음식에 많은 변화를 가져왔다. 인간은 더 많은 유제품을 소비하기 시작했지만 한편으로는 곡물에 든 녹말 형태로 더 많은 당분을 소비하기 시작했다. 신석기인에게서 처음 나타난 충치의 원인은 죽처럼 걸쭉하게 끓인 곡물일 것이다.

충치만이 아니라 신석기인의 건강 상태는 구석기인보다 나빠졌다. 인구밀도가 증가하자 홍역과 결핵 같은 병원체가 출현했다. 성장을 지연시키는 치아침식증, 뼈가 가는 부분인 눈 주변 뼈에 산재하는 작은 구멍들, 작은 키 등등 영양실조와 질병이 골격에 흔적을 남겼다. 이러한 상흔은 신석기인에게서 자주 나타난다.

새로운 질병은 길들인 동물을 가까이에 둔 생활과 관련 있었을까? 동물의 병원체가 인간에게 전염된 것일까? 많은 연구가 진행된 결핵에 이러한 해석을 적용해보자. 사람의 결핵을 일으키는 원인균은 결핵균 *mycobacterium tuberculosis*인데, 솟과 짐승에게서도 결핵을 일으키는 원인균인 소결핵균*mycobacterium bovis*이 발견된다. 항생제가 개발되기 전 결핵으로 인한 사망자의 약 2~4퍼센트가 감염된 동물의 젖을 통해 전염되었다고 추정된다. 결핵으로 인한 사망은 대부분 사람 결핵균이 원인이었고, 현재 진행 중인 연구는 과거 사람에서 동물에게 전염된 사례에 집중하고 있다. 그러니 솟과 동물의 결핵의 원인은 다른 숙주들을 거친 사람 결핵일 것이다.

동물을 통한 감염은 결핵에 관해 부분적으로만 설명할 수 있다. 오히려 인구밀도 증가가 질병이 확산한 이유라고 할 수 있다. DNA 분석으로 입증된 가장 오래된 결핵의 흔적은 이스라엘 하이파 남쪽 아틀리트 얌의 수심 10미터에서 발견된 9천 년 전 신석기시대의 유골이다. 놀랍도록 잘 보존된 한 여성과 한 아이의 뼈에 결핵의 특징으로 보이는 상처가 있었다.

다른 병원체는 뼈에서 흔적을 발견하기가 훨씬 어렵다. 질병의 흔적이 있는 골격은 그 질병이 사람 사회에 존재했다는 것을 의미하지만, 질병이 뼈에 흔적을 남길 만큼 그 사람이 오래 생존했다는 의미이기도 하다. 실제로 어떤 전염병이 등장해서 사람들을 신속히 죽음에 이르게 한다면 건강 상태가 악화된 흔적은 골격에 남지 않을 것이다.

이처럼 인간의 행동 변화가 환경을 바꾸면 인간은 또다시 생물학적 시련에 맞서야 하고, 부분적으로 적응한다. 우리는 이러한 작용의 측면에서 구석기인과 다르다. 우리 게놈에는 신석기시대의 전환이 야기한 음식과 생활 방식의 주요 변화가 기록되어 있다.

빙하에서 나타난 미라, 외치
— 기원전 3000년

1991년 이탈리아와 오스트리아가 만나는 티롤 지방에서 빙하가 녹으며 외치Ötzi라는 미라가 모습을 드러냈다. 외치의 생존 연대를 신속히 계산한 학자들은 기원전 3300년경(기원전 3300~기원전 2500년), 다시 말해 5천2백 년 전 인물로 추정했다. 대부분의 유럽인이 이미 농경으로 생활 방식을 바꾼 시기인 신석기시대 후반의 인물이다. 외치의 의복과 화살통도 잘 보존되어 있었다. 골격에 남은 흔적을 보면 등에 맞은 화살 때문에 사망에 이른 듯하다.

그는 어디서 온 사람일까? 2008년 미토콘드리아 DNA를 근거로 처음 게놈을 분석한 결과 DNA가 하플로그룹 K에 속한다는 사실이 밝혀졌다. 하나의 하플로그룹에는 유전자 배열표가 유사한 사람들이 모여 있다. 외치가 속한 하플로그룹 K는 현재 유럽 인구의 6퍼센트, 중동 인구의 약 10퍼센트가 속할 정도로 흔하다. 정확히 말해서 외치의 미토콘드리아 DNA는 유럽과 중동 어디에서나 발견할 수 있는 K1이라 명명된 나무의 한 가지에 속한다. 외치의 출신지를 식별할 수 있을 만큼 정보가 충분하지는 않았다.

2012년이 되어서야 핵 DNA 분석을 통해 더 많은 정보를 얻을 수 있었다. 외치의 DNA를 현재 사람들의 DNA와 비교한 결과는 놀라웠다. 그는 유전적으로 이탈리아 사르데냐 사람들과 가장 유사했다! 뿐만 아니라 Y 염색체는 사르데냐와 코르시카 남부에 흔한 하플로그룹 G2에 속했다. 일간지 1면을 장식할 만한 이야기다. "외치, 첫 유럽 관광객, 알프스에 온 사르데냐인."

동쪽에서 온 사람들

이 결과를 어떻게 설명할 수 있을까? 유럽에서 발견된 유골을 분석한 유전자 연구에 따르면 신석기 문화는 중동 사람들이 가져왔고, 이들은 조금씩 현지 수렵채집인들과 섞였다. 신장에 대한 비밀도 고대 DNA 연구로 밝혀졌는데, 현대 유럽인 중 일부는 신석기시대 유럽인들과 유전적으로 유사하지 않았다. 다시 말해 7천 년 전, 즉 기원전 5000년대 농경인들의 직접적인 후손이 아니다. 신석기시대 말기와 현재 사이에 중요한 유전적 유입이 나타났다. 유럽 대륙의 유전 지형을 뒤흔든 새로운 사건이다.

중동에서 온 사람들과 유럽 현지인들의 혼혈에 더해 기원전 3000~기원전 1000년(5천~3천 년 전) 청동기시대에 세 번째 그룹의 유전자가 등장했다. 이들은 누구이며 어디서 왔을까? 이미 정착한 사람들과는 어떻게 만났을까? 현재의 지식으로 살펴보면 이들은 청동기시대 사람으로 동쪽, 즉 카스피해 북쪽에서 왔다. 고고학적으로 이들은 수레를 개발한 얌나야 문화Yamnaya culture*인에 속한다. 고고학 자료에 따르면 이들은 카스피해 연안에 정착한 수렵채집인의 후손인 목축인이었을 것이다.

새로이 이주한 사람들은 유럽인에게 다양한 영향을 미쳤다. 현재 노르웨이와 리투아니아 등의 북유럽처럼 이들과 60퍼센트의 게놈을 공유하는 지역이 있는가 하면, 이탈리아와 스페인처럼 비율이 30퍼센트 정도인 지역도 있다. 예를 들어 영국은 이들이 도착했을 때 유전적으로 크게 변화한 듯하다. 분석 자료가 있는 청동기시대 말기 영국 유전자풀의 80퍼센트 이상이 같은 시기 유럽 대륙 인구의 유전자와 유사하다. 당시 유럽에는 이른바 종 모양 토기 문화가 존재했다. 앞에서 언급한 것처럼 유전자가 같지 않음에도 불구하고 이 문화가 서유럽 전체에 전파됐다는 점이 매우 흥미롭다. 다시 말하면 유전자와 문화라는 2가지 요소는 관계가 없을 수도 있다.

남성 혹은 여성?

유럽에 신석기 문화를 가져온 이주자들과 청동기시대에 온 이주자들의 성별은 어땠을까? 여성이 다수일까 남성이 다수일까? 유전학 덕분에 이주자들의 성별도 알 수 있다. 우리의 성을 결정하는 염색체는 23쌍의 염색체 중 한 쌍인 23번째 염색체다. 남성은 XY 염색체를 가지

---

*   다뉴브강과 우랄산맥 사이에 존재했던 인도유럽인 최초의 청동기 문화.

고 있고, 여성은 XX 염색체를 가지고 있다. 따라서 연구하려는 집단의 모든 남녀의 X 염색체 유전자 전체를 보면 유전자의 3분의 2는 여성의 것이고, 3분의 1은 남성의 것이다. 그 외의 게놈은 남성과 여성에게 일정하게 나뉜다.

여성들이 남성들 없이 이주했다면 이들이 지리적 원거주지에서 보유한 X 염색체는 전체 X 염색체의 3분의 2를 차지했을 것이고, 이들이 보유한 다른 게놈은 전체 게놈의 2분의 1을 차지했을 것이다. 나머지 2분의 1은 원주민 남성의 것이었을 것이다. 이주자들이 남성이었다면 X 염색체의 3분의 1을 가지고 있는 남성들이 떠났기 때문에 전체 X 염색체 중 남아 있는 X 염색체는 현지에 남은 여성들이 가진 3분의 2일 것이다. 그렇기 때문에 X 염색체와 다른 게놈을 비교하면 이주자들이 여성인지 남성인지 혹은 남성과 여성이 함께 왔는지 추적할 수 있다.

고대 DNA 논증법을 적용한 결과 신석기 문화를 가져온 사람들이 부부라는 사실이 증명됐다. 이들의 성비는 비슷했다. 그에 반해 유럽 수렵채집인과의 혼혈을 분석한 결과에 따르면 혼혈 과정이 불안정했다. 북유럽에서 진행한 연구는 수렵채집인 여성과 농경인 남성이 혼혈했다고 하는 반면, 유럽 남동부에서 진행한 다른 연구는 신석기시대 말기에 수렵채집인 남성과 농경인 여성이 혼혈했다는 반대의 결론을 제시했다.

청동기시대 카스피해 연안 스텝 지대 사람들의 두 번째 대이주와 관련된 결론은 양면적이다. 이번에는 유럽에 자신들의 유전자를 퍼뜨린 사람들이 남성들이었다. 아마 여성보다는 남성이 주로 이주했거나, 유럽에 도착한 사람들은 남녀 비율이 비슷했지만 남성들이 현지 여성들과 더 많이 혼혈했을 것이다. 이곳의 동쪽에서는 반대의 결과가 나왔고 상황이 더욱 복잡하다. 여러 유목민 집단의 수렵채집인 남성들과 유목민 여성들이 혼혈했다. 하지만 자료가 분산돼 있기 때문에 향후 여러 해 동안 연구할 필요가 있다.

지리적 정착

청동기시대의 격변 이후 유럽의 유전자 다양성 지도는 현재와 유사해지기 시작했다. 유럽의 유전자 다양성은 지리적 구배勾配와 상응한다. 유전적으로 유사한 사람들은 지리적으로도 가까이 있다. 현대인 1명의 DNA로 약 5백 킬로미터 거리 안의 출신지를 추적할 수 있다. 이러한 지리적 구조화는 한 지역에 정착한 사람들, 다시 말해서 4명의 조부모가 근방 1백 킬로미터 이내의 지역 출신인 사람들에게만 적용된다. 이 뿌리 깊은 사람들은 2세대 이전, 즉 20세기 농촌 사람들이 이동하고 규모가 더 큰 이주자 집단이 나타나기 이전인 20세기 초의 유전적 다양성을 사진처럼 보여준다.

지리와 연관된 유전자 다양성은 청동기시대 말에 커지기 시작했다. 유럽 안에서의 이주였든 외부에서 왔든 우리는 이후에 이주한 사람들이 미친 영향력을 여전히 잘 모른다. 우리가 알고 있는 것은 스텝 유목민들의 이주보다 영향력이 강한 이주는 없었다는 것이다.

바스크 지방의 수수께끼

유럽의 몇몇 민족은 유전자 다양성과 지리적 구배의 관계에서 벗어나 있다. 사르데냐인, 시칠리아인, 바스크인이다. 이들은 지리에 따라 예상할 수 있는 다른 유럽인들과는 많이 다르다. 이 예외들 중 가장 많이 기사화된 민족은 바스크인이다. 이들이 다른 유럽인들과 유전적으로 다른 이유는 구석기시대의 요소들이 있기 때문이라는 것이 통념이었다. 이들은 중동에서 온 사람들로 대체된 다른 유럽인들과 달리 오늘날까지 후손을 남긴 수렵채집인일 것이라고 여겨졌다. 그러니까 바스크인들은 원조 수렵채집인의 잔재일 것이다.

최근 연구들은 이 도식이 잘못됐다는 것을 증명했다. 우선 모든 유럽인은 중동에서 온 신석기인과 구석기인의 혼혈이다. 다른 인종으로 대체된 적이 없었다. 바스크인들도 이 혼혈의 산물이고, 다른 유럽인들에 비해 구석기인과 더 가까운 것도 아니다. 뿐만 아니라 이들도 이후 카스피해 북쪽에서 온 목축인인 청동기시대의 스텝 사람들과 혼혈했다. 심지어 이들의 지분은 영국제도나 동유럽 주민들보다 더 적다.

유전자 관점에서 보면 바스크인들이 다른 스페인인보다 신석기 혹은 청동기시대 사람들의 피가 적게 섞이지는 않았다. 그들의 특이성은 그 후 발생했다. 청동기시대 이후 상대적으로 고립된 결과 바스크인만의 특이성이 우연히 나타났을 것이다.

또 다른 유전적 예외인 사르데냐인은 청동기시대의 유목민에게서 온 요소들이 부재하여 특이성을 띠게 됐다. 그리고 다른 유럽인들의 혼혈에서 예외적인 존재가 됐다. 현재 사르데냐인은 유럽에서 신석기시대 유럽인들과 가장 흡사한 특징을 지니고 있다. 그래서 신석기인 외치가 사르데냐인과 유전적으로 유사한 것이다!

이처럼 현대의 몇몇 유럽 민족은 유전적 관점에서 신석기시대 말기 유럽인들과 매우 유사하다. 그들은 청동기시대 스텝 사람들과의 혼혈을 교묘하게 피했다. 이 특이한 경우를 제외하면 모든 유럽인은 다음의 3가지 기원에서 유래했다. 최초의 구석기 유럽인, 중동에서 온 신석기인, 그리고 스텝에서 온 청동기시대 사람이다. 지금은 사라지고 없는 고대의 두 민족도 사르데냐인처럼 청동기시대 이주자들의 영향을 받지 않았는데, 바로 크레타를 지배했던 미노스인과 이탈리아의 에트루리아인이다.

카자흐스탄에서 말을 길들인 사람들
— 기원전 3000년

    지금까지 유럽을 살펴봤다 그럼 같은 시기 중앙아시아에서는 어떤 일이 벌어졌을까? 유럽과 상응하는 대이주가 나타났을까? 카스피해 북쪽 스텝 지대 사람들인 얌나야인도 동쪽으로 이주했을까? 5천 년 전인 기원전 3000년 카자흐스탄 평원에 살았던 보타이 집단이 말을 길들이고 말 젖을 소비했다는 사실은 분명히 입증됐다. 하지만 얌나야인들이 말을 가축화했는지는 입증되지 않았다. 이 민족이 동쪽으로 떠난 건 분명하지만 중앙아시아에 유전자의 흔적을 남기지 않았다. 다시 말해서 보타이 집단과 연결 지을 법한 사람들과 유전자가 섞이지 않았다. 놀라운 것은 러시아, 중국, 몽골 그리고 카자흐스탄 사이의 알타이 지역에서도 얌나야 유전자의 흔적이 발견된다는 것이다. 이 민족은 중앙아시아를 '넘나들었던' 듯하다.

    그럼에도 불구하고 캅카스인들은 중앙아시아의 스텝에 고립되지 않았다. 청동기시대 말기였던 기원전 2000년경 이 지역에 서양의 새로운

150

스텝 문화인 신타슈타 문화Sintashta culture가 등장했다. 우랄 지역에서 발현한 이 문화는 말을 활용했다. 신타슈타 문화인은 중앙아시아로 건너가 지금도 확인할 수 있는 유전자 흔적을 남겼다. 얌나야인 게놈과 구별되는 이들의 게놈은 좀 더 서쪽에 위치한 유럽인들의 게놈에 약간 포함되어 있다.

결국 중앙아시아는 2회의 대이동, 즉 얌나야 대이동과 1천여 년 후의 신타슈타 대이동의 무대였다. 얌나야인과 신타슈타인은 동쪽과 남동쪽, 그리고 인도로 이동했다. 유럽과 마찬가지로 이들은 예전에 정착한 수렵채집인들의 직접적 후손인 현지 주민들과 만났다. 이들이 현지인들과 대규모로 혼혈한 결과 청동기시대 말기 유라시아 인구의 유전자가 다양해졌다.

이처럼 다양한 기원을 조사하기 위해 나와 동료들은 지리적으로 조사 영역을 넓혀서 알타이 지역 사람들의 유전자 표본을 추출하고 싶었다. 그때까지 우리가 연구한 지역은 중앙아시아의 우즈베키스탄, 키르기스스탄과 타지키스탄이었다. 알타이에서의 동서 교류는 매우 중요했기 때문에 연구 지역을 동쪽으로도 확장해서 유전자 표본에 수렵채집인, 민물 어부, 유목민을 포함한 수많은 민족 집단을 추가하기로 했다.

쇼르인에서 투발라르인까지

5월의 알타이. 우리는 오후에 산 한가운데의 멋지고 드넓은 텔레츠코예호로 야유회를 갔다. 나는 수심이 3백 미터 이상으로 매우 깊은 호수를 보며 제네바를 떠올렸다. 지난 사흘은 무척 힘들었다. 이 지방의 역사와 중앙아시아의 관계를 제대로 조사하기 위해 표본을 추출할 여러 민족 집단을 확인했다. 그중 투발라르인Tubalar은 숲에서 살며 사냥과 어업으로 주요 식량을 마련했던 사람들의 특징을 간직하고 있었다.

이들처럼 숲 사람의 생활 방식을 유지하며 살고 있는 또 다른 민족 집단은 쇼르인Shor이다. 최근에는 소련 시절 박해받았던 쇼르인의 정체성이 재조명되고 있다. 러시아 사람들은 세상과 멀리 떨어진 강제노동수용소가 있던 이들의 지역을 고귀한 소련과 동떨어진 세계라는 좋지 않은 시선으로 바라봤다.

우리는 메즈두레첸스크에서 환대를 받았다. 예술가 부부가 우리를 초대했는데, 그들은 우리가 머문 이틀 동안 집으로 친구들을 불러 한 집단의 표본을 절반이나 얻을 수 있게 해주었다. 나머지 반은 또 다른 광산 마을인 체레츠에서 구했다. 이 지역 대표인 샤먼은 우리와 현지 주민을 이어주었을 뿐만 아니라 우리에게 축복을 빌어줬다. 그의 안내 덕분에 쉽게 임무를 마칠 수 있었다.

우리는 이어서 또 다른 숲 사람들인 투발라르인을 조사해야 했다. 이때는 운이 좋지 않았다. 알타이 지방에 도착하고 며칠이 지났을 때 우주정거장에 보급품을 공급하기 위해 카자흐스탄에서 발사한 소유스호가 이 민족이 사는 지방에서 폭발했다. 정부에 따르면 대기권으로 진입할 때 연소 작용으로 인해 파괴되어 이 '황량한' 지방에 추락한 소유스호 잔해는 공식적으로는 발견되지 않았다. 이 지방은 철저히 봉쇄됐다. 우리는 지방이 다시 개방되기를 희망하며 투발라르인을 마지막에 조사하기로 했다. 우리의 희망은 일주일 후에 이루어졌다. 투발라르인을 조사하러 다시 갔을 때 우리는 소유스호의 파편을 찾아다닌 '긴급상황부'의 자동차 바퀴 자국들을 확인할 수 있었다!

쇼르인들 이후 투발라르인들을 상대하는 일은 무척 어려웠다. 쇼르인들이 오랜 전통을 지키며 산다는 자부심을 지니고 있는 데 반해 투발라르인들은 역시 숲 사람이지만 보드카의 지배를 받고 있었다. 이 외딴 마을은 보드카로 피폐해졌고, 묘지는 젊은 나이에 알코올 때문에 (싸우거나 사고로) 사망한 사람들의 무덤으로 가득했다. 게다가 마을들은 오후에 텅 비었다. 우리는 먼저 보건소에 자리 잡았다. 의사와 간호사의 권유로 몰려온 여성들이 조사에 흔쾌히 참여했다. 반면 우리를 찾아온 남성은 단 1명이었다. 더 많은 남성의 표본을 채취하기 위해 우리는 간호사와 우리를 신뢰하는 투발라르인 남성의 도움을 받으며 일일이 집으로 찾아가 설득해야 했다.

서방 국가의 비밀 정보원

조사를 마친 우리는 다음 날 하루 쉬기로 하고 작고 예쁜 집에 묵었다. 남성들이 절망에 빠져 있는 동안 여성들은 이 작은 마을에 숙박 시설을 열고 심지어 소규모 식당까지 운영하며 관광업을 발전시켰다. 다음 날 아침 남성 2명이 우리 방문을 두드렸다. 한 사람은 정장 차림이었고, 다른 한 사람은 민간인 복장이었다. 자신들이 러시아 연방보안국FSB 요원이라고 소개한 그들은 우리에게 몇 가지 질문을 했다.

취조가 시작됐다. 우리는 문화부가 발급한 노동허가서와 그 지방 보건부에서 발급한 노동허가서를 가지고 있었지만 그들은 규정에 맞지 않는다며 의심했다. 또 다른 우리의 '잘못'은 두 관공서 중 한 곳만 우리에게 비자를 위한 초청장을 발급했다는 것이었다. 러시아의 여러 공화국은 각각 정부가 있고, 이들은 모스크바의 감독을 받는다. 우리는 초청장은 하나의 초대자만 발급할 수 있다는 점을 설명하려 했다. 하지만 대화가 되지 않았고, 장관들과 통화한 다음에야 문제를 해결할 수 있었다. 요원들은 여러 시간 끈질기게 우리를 추궁한 후 사라졌다. 우리는 즉시 체류를 끝내고 그 지방의 주도로 간 후 채취한 표본들을 가지고 비행기를 탈 수 있는 바르나울로 가기로 결정했다.

우리는 파리로 돌아온 후에야 전후 사정을 알 수 있었다. 우리가 급히 떠난 다음 날 러시아연방보안국 요원 2명이 표본들을 압수하기 위해 다시 찾아왔다. 사실 그들은 소유스호가 생체에 미친 영향을 조사하는 외국 스파이로 우리를 의심했다. 공식 발표에 따르면 우주선의 모든 것(특히 독성이 강한 엔진 연료)이 대기권에 진입하자마자 불탔지만 현지 주민들은 이 말을 믿지 않았고, 극심한 오염으로 호수와 강의 물고기가 죽을 거라고 이야기했다. 투발라르 전설이었을까 현실이었을까? 아무 것도 알 수 없었지만 지나고 생각해보니 적기에 떠날 수 있어서 다행이었다!

우리가 채취한 DNA를 분석한 결과 예상대로 투발라르인과 쇼르인은 유목민인 현지 주민들과 유전자가 달랐다. 하지만 그들이 시베리아의 고대 수렵채집인들과 유전자가 가장 가까운 사람들이 아니라는 결과는 놀라운 성과였다! 고대 수렵채집인들과 가장 가까운 사람들은 바로 그들과 이웃한 유목민들이었다. 그곳은 정말로 복잡한 지역이었다.

짐수레와 가뭄

지금으로부터 5천~3천 년 전, 그러니까 기원전 3000~기원전 1000년 청동기시대 중앙아시아는 그야말로 유전자 대혼돈의 시기였다. 캅카스 북쪽 주민들이 대량으로 유입한 유전자가 유럽으로 가는 서쪽으로 확장됐는데 사람들은 동쪽으로 이주했다. 왜 이런 움직임이 나타났을까? 어떻게 설명할 수 있을까?

첫 번째 요인으로 수레 발명이라는 기술적 변화에 주목해야 한다. 얌나야인들은 소가 끄는 수레를 발명했고, 이어서 신타슈타인들은 말이 끄는 수레를 발명했다. 이들은 자신들의 수장을 말과 수레와 함께 매장했다. 또한 지금으로부터 4천2백 년 전(기원전 2200년) 대가뭄이라는 큰 기후변화가 나타났다. 기후온난화는 인더스 계곡의 도시 유적지들처럼 이집트와 아카드 문명의 쇠락을 가져왔다. 이 가뭄 시기는 정주 생활을 불안정하게 만들고 철 따라 이동하는 생활, 적어도 목축에 더 의존하는 생활이 유리하게 만들었다.

또 다른 가설은 페스트의 영향을 들 수 있을 것이다. 실제로 이 시기의 유골에서 페스트균의 유전자 흔적이 발견됐다. 이 질병은 사람들이 이주하면서 동쪽에서 유럽으로 전파됐을 수 있다. 하지만 스웨덴에서도 가장 오래된 페스트균*Yersinia pestis*의 흔적을 찾았다! 페스트가 단순히 이주민들과 함께 온 것은 아니라는 뜻이다. 그 움직임의 이유는 여전히 의문으로 남아 있다.

하지만 대이주가 현지 주민들과 혼혈하는 결과를 낳았다는 점을 주의 깊게 살펴봐야 한다. 갑자기 발생한 현상일까, 점진적으로 발생한 현상일까? 스텝에서 온 유목민들의 대이동을 상상할 필요는 없다. 여러 세대가 거듭되며 점진적으로 이루어지는 혼혈도 유전자에서 같은 결과를 낳는다. 고고학적 시간에 의하면 급속히 발생한 듯한 사건이 수십 년 혹은 수 세기에 걸쳐 이루어졌을 수 있다.

인도유럽인의 침입?

사람들이 이동할 땐 유전자, 생활 방식뿐만 아니라 언어도 가지고 간다. 여러 유전자와 언어가 동시에 도착했다고 가정하면 현재 유럽에서 인도까지 여러 나라가 사용하고 있는 인도유럽어족의 기원을 고대 DNA 연구로 재해석할 수 있다. 바스크어를 제외한 유럽어가 속한 이 어족의 기원에 관해서는 크게 2가지 가설이 있다. 첫 번째 가설은 신석기시대 아나톨리아에서 모어母語가 탄생하여 농경과 함께 전파되었을 것이라는 견해다. 두 번째 가설은 청동기시대의 대이동으로 건너온 인도유럽인의 도래와 관련 있다.

여러 언어를 말하는 사람들의 침입과 여러 언어의 출현이 일치한다는 점을 전제로 엄밀하게 추론하면 아나톨리아에서 온 신석기시대 사람들이 전파했다는 가설은 설득력을 잃는다. 아나톨리아 사람들은 인더스 계곡에 유전자를 가져오지 않았다. 이 지역 초기 농경인들의 유전자를 구성하는 요인은 더 먼 동쪽 지방 이란(자그로스산맥)에서 왔고, 이후 짧은 시간 동안 북쪽 지방에서 온 사람들의 유전자와 섞였다. 반면 인도유럽어족에 속하지 않는 언어를 사용하는 바스크 사람들은 부분적으로 신석기시대 아나톨리아 사람들의 유전자를 가지고 있다.

언어와 유전자가 동시에 전파되었다는 난해한 조건하에서 두 번째 가설을 살펴보자. 청동기시대에 캅카스 동쪽에서 온 민족은 유럽 남쪽과 동쪽에 인도유럽어족에 속하는 여러 언어를 가져왔을 것이다. 이 민족은 현재 사라진 인도유럽어족에 속하는 토하라어를 알타이 지방에 전했을 것이다. 이 가설은 몇 가지 한계가 있다. 몇몇 히타이트 유골을 분석한 결과에 따르면 이들은 인도유럽어족 언어를 사용했지만, 유전학 관점에서 유전자는 캅카스 동쪽 사람들에게서 유래하지 않았을 것이다.

　따라서 사람들과 여러 언어가 동시에 전파됐다는 가설은 몇 가지 예외가 있다. 아나톨리아에서 유래한 인도유럽어, 자그로스산맥으로 전파된 언어와 문화, 인도로 전파된 언어와 사람 등도 생각해볼 수 있다. 반면 서쪽에서는 신석기인들이 아나톨리아로부터 바스크 지방으로 이동했지만, 이들 언어는 현지에 영향을 미치지 않았을 것이다. 전 세계적으로 유전학과 언어학 연구들은 유전자와 언어가 일치한다는 것을 입증했다. 사람들과 언어들이 동시에 같은 방향으로 움직였다는 의미지만 여러 예외가 있다. 예를 들어 튀르키예 사람은 하나의 언어인 튀르키예어를 말하지만 유전자는 튀르키예어를 사용하는 다른 사람들, 즉 튀르키예에서 알타이로 간 사람들과 달리 중동 사람들과 유사하다. 이 경우 유전자가 이동하지 않고 언어만 대체됐다. 뿐만 아니라 인도유럽인의 기원이 단일 민족에게서 출발했다는 생각은 너무 단순하다. 연구자들이여, 더 열심히 연구하자!

피그미족과 반투족의 만남
— 기원전 3000년

유럽, 중동 혹은 중앙아시아에 출현한 농경인은 현지 주민들의 생활 방식을 크게 바꿨다. 그렇다면 이들은 어떻게 만났을까? 폭력적 만남이었을까? 5천 년 전(기원전 3000년) 피그미 영토에 반투족이 출현했던 아프리카의 예를 보면 답을 알 수 있다.

'특수한 성'의 교환

약 5천 년 전 화전농법이라는 새로운 기술을 지닌 새로운 민족이 중앙아프리카에 도래했다. 반투어를 사용했던 이들의 출신지는 카메룬이었을 것이다. 이들은 아프리카 전역으로 흩어졌다. 같은 반투어를 사용하는 가봉 사람과 모잠비크 사람의 유전자는 차이가 없다. 같은 시기 인접 지역을 넓게 차지하고 있던 피그미족은 소그룹으로 나뉘었다. 두 현상이 동시에 나타난 사실을 고려하면 반투족이 중앙아프리카에 정착할 때 피그미족이 분할되는 결과가 발생했다고 생각하는 것이 합리적이다. 유럽과 아시아에서처럼 피그미족은 이웃 농경인들과 유전자를 교환했다.

앞에서 언급한 우리 연구팀은 피그미족과 그들의 이웃이 유전자를 균형 있게 교환하지 않았다는 것을 증명했다. 농경인들의 유전자가 피그미족에게 대량으로 흘러든 현상이 관찰됐지만, 피그미족의 유전자는 농경인들에게 많이 유입되지 않았다. 이들에 대한 민족학자의 지식에 비추어 볼 때 상당히 놀라운 결과다. 사실 남성 피그미족과 여성 농경인의 혼인은 있을 수 없는 일인 반면, 남성 농경인과 여성 피그미족의 결혼은 드물지만 받아들일 수 있는 일이었다. 유혹의 기준은 논외로 치더라도 실용적 면에서 여성 피그미족은 다산으로 명성 있었고, 지불해야 할 지참금도 적었다.

이들 사회에는 여성이 배우자의 집으로 살러 가는 전통이 있다. 마을 남성과 혼인한 여성 피그미족은 농경인 마을로 간다. 따라서 피그미족의 유전자가 다른 부족에 다량 유입되어야 한다. 그런데 유전학은 반대 현상을 보여준다. 역설의 이유는 간단하다. 여성 피그미족이나 그의 아이들은 항상 고향으로 돌아가기 때문이다. 실제로 피그미족은 마을 사람들보다 열성으로 여겨진다. 이처럼 이혼한 여성 피그미족이 아이들과 함께 피그미 야영지로 돌아가거나 혹은 아이들만 피그미 야영지로 가기 때문에, 아이들이 지닌 '농경인들'의 유전자가 결국 피그미족에게서 발견된다.

이 절의 제목을 '특수한 성'의 교환이라고 정한 이유는 두 집단 사이를 왕래하며 아이를 통해 농경인들의 유전자를 피그미족의 유전형질에 유입한 것이 바로 여성이기 때문이다. 이 일례는 설득력이 있다. 새로 온 사람들이 폭력 없이 연이은 혼혈(각 세대마다 혼혈이 드물게 발생하더라도)로 현지 주민들의 Y 염색체 유전자 풀을 단지 몇 세대 만에 완전히 대체할 수 있다.

혼혈의 다른 결과: 키

유전자 혼합은 사람들의 키에 영향을 미쳤다. 피그미족은 다른 부족의 게놈을 많이 보유할수록 키가 크다. 이 결과는 피그미족의 키가 작은 이유를 이해하는 데 매우 중요하다. 유럽인들을 충격에 빠뜨렸던 이들의 특징이 (피그미라는 단어가 '팔꿈치 높이'를 의미하는 고대 그리스어 피그마이오스pygmaios에서 유래했다는 것을 기억하자) 유전자에 코드화돼 있다는 반박할 수 없는 증거다. 실제로 한 개인의 작은 키가 단순히 질 낮은 음식이나 질병에 자주 노출된 결과라면, 피그미족의 신장은 그들의 유전 형질과 관계가 없을 것이다.

이 자료를 토대로 우리가 얻은 두 번째 결론은 많은 유전자가 이들의 작은 키와 관련 있다는 것이다. 반대의 경우, 예를 들어 단 1개나 2개의 유전자가 신장에 영향을 미친다면 신장과 농경인에게서 유래한 게놈의 비율 사이에는 명확한 상관관계가 없겠지만, 우리는 그러한 관계를 관찰했다. 유전자 혼합과 키의 관계는 명확하게 눈에 띄지 않을 것이다. 피그미족이 크든 작든 말이다.

그들의 키는 왜 작을까? 앞에서 살펴봤듯이 확신할 수는 없지만 열대우림 생활에 적응한 결과일 것이다. 작은 키와 숲 생활 적응의 관계를 설명하기 위해 여러 가설이 제기됐지만 몇몇은 합리적이지 않다. 그 중 하나는 키가 작으면 숲에서 빨리 달릴 수 있어 사냥에 유리하다는 가설이다. 문제는 스웨덴인처럼 역시 숲에서 살았던 북유럽 사람들은 키가 컸다는 점이다.

작은 키 덕분에 성적으로 빨리 성숙해서 열대 삼림에서의 생식에 유리하다는 가설은 앞의 가설보다는 진지해 보인다. 하지만 나이에 따른 피그미족의 성장 곡선을 그리고 연구한 결과에 따르면 잘못된 가설이었다. 피그미족은 자신들의 나이를 모르고 사회에 출생 기록이 없기 때문에 이러한 자료는 최근에 만들어졌다. 20여 년 전부터 수녀들이 모든 신생아를 기록하고 있는 카메룬 숲속의 한 마을은 예외다. 하지만 이 경우에도 정보는 실수로 얼룩져 있다. 예를 들어 아이가 이른 나이에 사망하면, 다음에 태어나는 아이를 같은 이름으로 부르고 (어떤 의미에서 부모에게 같은 아이이기 때문에) 신고하지도 않는다.

출생 자료의 결함을 해결할 수 있는 유일한 방법은 적어도 1년에 한 번 현장으로 가서 주민들의 수를 추적하는 것이다. 몇몇 연구자들은 15년 전부터 이 방법을 실천하고 있다. 이러한 작업 덕분에 피그미족이 다른 사람들보다 성적으로 더 일찍 성숙하지는 않는다는 사실이 밝혀졌다. 그들은 유아기와 청년기에 오히려 성장이 더디다.

성선택

성선택이라는 세 번째 가설은 가닥을 잘 잡은 듯 보인다. 지금까지 분석한 모든 사람 중 여성들은 키가 큰 남성들에게 성적 선호도를 보인다. 유럽 사회 역시 키가 가장 큰 남성들은 아이가 없는 경우가 적고, 훨씬 쉽게 생식에 성공한다. 이들은 생식에 유리하고 평균 자녀 수도 상당히 많다. 오랜 기간 이루어진 선택이 사람들의 키가 더 커지는 결과를 낳았다. 가장 큰 사람들이 유전자를 잘 전달한 것이다. 그렇다면 피그미족의 경우는 반대였을까? 피그미 여성들은 작은 남성에 대한 선호도가 높았을까?

이 부분 역시 연구가 필요하기 때문에 부부들의 키를 측정해야 했다. 자료에 따르면 이들도 키가 더 큰 남성들을 선호했다. 이는 질적 조사로 증명됐는데, 피그미 남성들은 자신보다 큰 여성을 상상하기 어렵고, 피그미 여성들은 자신보다 큰 남성을 선호한다. 따라서 성선택이라는 가설은 퇴출이다!

작은 키에 대한 마지막 가설은 체온조절 작용으로 인한 적응이다. 고온다습한 환경에서 체온을 적절히 유지하면 유리할 것이다. 그런데 체온 발산은 몸의 형태와 키에 따라 달라진다. 키가 작으면 열을 덜 생산하는 경향이 있다. 그렇다면 이 가설을 인정할 수 있을까? 그러기 위해서는 어떤 유전자가 체온조절 작용을 하는지를 밝히고, 적응했다는 신호로 피그미족의 자연선택이 나타났음을 관찰해야 한다.

새로운 질병에 적응하기

우리가 이들을 만난 시점으로 돌아가보자. 앞에서 이웃 농경인들과 유전자가 섞인 피그미족에게서 나타나는 키의 효과를 확인했다. 이 효과가 상호작용했을까? 널리 퍼진 반투족의 유전자는 변화했을까?

이것을 아프리카 서부, 카메룬에서 시작된 농경 확장이라고 부른다. 양적인 규모로나 전파 속도로나 역사상 가장 중요한 민족 이동이었을 것이다. 2천 년도 안 되는 기간에 반투족은 동아프리카의 호수가 있는 곳까지 도달했다. 이 대이동으로 건너온 사람들, 그러니까 짐바브웨에서 아프리카 동부의 반투어를 사용하는 사람들은 유전적으로 카메룬 사람들과 매우 유사하다.

반투인들에게서 관찰된 독특한 유전적 차이는 이동 중에 만난 사람들과 관련 있다. 앞에서 피그미족에 관해 언급했다. 반투족의 게놈을 조사하면 그들과 만난 다른 현지인의 고유 유전자의 흔적을 발견할 수 있다. 이렇게 해서 우리는 흥미로운 결과를 얻었다. 즉, 반투족에게 옮겨 간 현지 사람들의 게놈 조각들 중 몇몇은 면역 체계를 촉진하는 데 관여하는 유전자다. 이 유전자들은 새로 온 사람들이 증가하면서 현지인이 겪은 새로운 질병에 적응할 수 있게 해줬다.

이러한 유전자 교류는 유전학자들이 혼혈의 적응이라고 부르는 현상과 일치한다. 사피엔스가 네안데르탈인, 데니소바인과 만났을 때 작용한 것과 같은 메커니즘이다. 유연관계인 사촌들의 게놈 조각 덕분에 사피엔스는 질병이나 추위, 고도에 잘 적응할 수 있었다.

말라리아에 저항하는 유전자

질병과 관련 있는 유전자 교류에서 피그미족이 역사의 패자라는 것을 인정할 수밖에 없다. 그들은 농경인들의 여러 유전병에 감염됐다. 가장 널리 알려진 것은 유전성 빈혈이다. 인간은 헤모글로빈의 유전정보를 지닌 유전자의 복사본 2개를 보유하고 있다. 하나는 아버지에게서 받고 하나는 어머니에게서 받은 것이다. 이 유전자에 변이가 발생하면 유전성 빈혈이 나타날 수 있다. 이 병에 걸린 후 치료하지 않으면 5세가 되기 전에 사망할 수 있다.

진화론에 따르면 생존에 불리한 이 유전자는 세대가 거듭할수록 자연선택을 통해 사라졌어야 한다. 하지만 이 유전자를 하나의 복사본만 가지고 있다면 유리한 유전자가 된다. 이 유전자는 말라리아(학질이라고도 한다)의 원인인 열대열 말라리아 원충 같은 병원체로부터 보호해준다. 말라리아가 성행하는 지역에서는 그 이점이 빈혈이라는 단점보다 중요하기 때문에 변이가 10퍼센트 정도의 높은 비율로 유지되고 있다.

대개 중앙아프리카와 남아시아의 열대 지역, 그리고 이들보다는 비율이 낮지만 지중해 주변(코르시카의 평원은 말라리아 지역이었다)에서도 같은 현상이 나타난다. 현재의 유전학 자료로 말라리아에 저항하는 변이가 발생한 선택의 연대를 추정할 수 있다. 이 변이는 약 7천 년 전인 신석기시대에 발생했다.

피그미족이 살았던 숲 지대에 도착한 농경인들은 화전을 개발했다. 이 농법으로 모기들이 급격히 증가하면서 말라리아가 발생했다. 병에 저항하는 유전자의 복사본이 유전자 혼합으로 피그미족의 게놈에 유입된 후 자연선택에 의해 비율이 높아졌다. 피그미족은 여전히 유전성 빈혈로 고통받는 비싼 대가를 치르고 있지만 이것도 적응에 유리한 혼혈의 일례다.

폴리네시아의 대담한 선원
― 기원전 1000년

　바다는 최후의 경계다. 3천 년 전 반투족이 대이동을 마쳤을 때 인류는 뉴기니와 오스트레일리아처럼 대륙이라고 할 수 있는 섬까지 갔지만, 머나먼 대양주라고 불리는 동쪽으로 더 멀리 가지는 않았다. 그런데 대략 3천 년 전 한 집단이 항해의 위험을 무릅쓰고 폴리네시아 서부 바누아투의 군도에 발을 디뎠다. 이 사건이 우리에게 알려진 것은 도기 제조 양식이 특징인 라피타 문화Lapita culture*가 이 섬들에서 발견됐기 때문이다. 이 문화는 5천 년 전 타이완섬을 통해 이 섬에 전파됐을 것이다.

　이 용감한 뱃사람들은 어디서 유래했을까? 현대 오세아니아 주민의 DNA 유전자 분석에 따르면 이 군도 사람들의 조상은 동남아시아 기원 유전자 풀을 가진 조상들과 파푸아뉴기니 기원 유전자 풀을 가진 조상의 유전자가 혼합된 사람들이다. 이 경우 고고학 자료와 유전자가 일치

---

*　기원전 2000~기원전 1000년경 태평양 지역에 자리 잡은 오세아니아의 고대 문화.

한다. 식민지 개척자들은 타이완섬이나 동남아시아에서 왔을 것이다. 어디로 어떻게 왔는지에 관해서는 많은 연구가 필요하다.

지배적 가설에 따르면, 연구자들이 도기 이름을 차용해 명명한 라피타인은 뉴기니를 통해 도착했을 것이다. 이들이 폴리네시아 동쪽과 여러 섬으로 계속 이동하기 전에 뉴기니에서 현지 주민들과 유전자가 혼합됐을 것이다. 해양을 개척한 최초의 라피타인들이 섬들에 도착하면서 파푸아-타이완의 유전자가 혼합됐을 것이다. 하지만 테오마에 있는 바나투 유적지는 이 가설에 의문이 들게 한다. 바나투 최초 인간의 유골에서는 파푸아인 유전자가 검출되지 않고 동남아인 유전자만 확인됐다. 라피타인이 파푸아인과 유전자를 혼합하지 않고 바나투까지 직접 왔다는 의미다. 유전자는 이후에 혼합되었을 것이다. 이것이 타이완에서 서폴리네시아까지 라피타 문화가 급속도로 전파됐을 것이라는 '특급열차' 가설이다.

어쨌든 오세아니아 동부 끝에 살던 초기 주민들의 조상은 뉴기니 사람들이 아니었다. 초기 오세아니아 동부 끝에 살던 사람들의 DNA와 동남아시아 사람들의 DNA를 비교하면 그들이 통과했을 길을 그려볼 수 있다. 타이완과 필리핀을 지나 파푸아 북쪽 해안을 따라 머나먼 오세아니아에 도달했을 것이다. 엄청나게 야심 찬 항해였다.

이스터섬을 향해

이후 파푸아 주민들과의 혼혈이 발생했을 것이고, 더 무모한 항해자들이 나타났을 것이다. 이들의 후손들이 동폴리네시아를 식민지화했을 것이다. 이곳 섬들 중 이스터섬은 2천 년 후인 1000년경에 정복했을 것이다. 당시 항해 거리는 어마어마했다. 새로운 섬에 도착하기까지 최소 며칠이 소요되었을 것이고, 무엇보다 섬을 찾을 수 있을지도 확실하지 않았다! 별자리를 기반으로 매우 공들여 만든 항해 지도로 무장한 폴리네시아 사람들은 사람이라곤 찾아볼 수 없는 항로로 수천 킬로미터를 돌파했다. 크리스토퍼 콜럼버스가 대서양을 횡단하기 훨씬 전이다! 폴리네시아 사람들이 뉴질랜드에 도달한 것 역시 이주의 결과였고, 여기서 마오리족Maori이 탄생했다.

이 식민지화 시기에 자연선택이 일어났다. 왈리스에푸투나에서 동쪽으로 6백 킬로미터 이상 떨어진 태평양 한가운데에 있는 사모아섬은 현재 인구의 80퍼센트가 과체중이거나 비만이다. 세계에서 이환율이 가장 높은 곳 중 하나다. 사모아인 3천 명의 DNA를 분석한 연구자들은 체중과 공복 혈당 수치와 관련된 유전자의 변이를 확인했다. 이 유전자의 변이는 과거에 매우 훌륭한 자연선택이었다. 이 유전자는 무엇에 소용 있을까? 바로 지방 형태의 비축량을 증가시킨다.

이것은 '절약 유전자' 가설의 좋은 본보기다. 이 가설에 따르면 과거 어느 시기에 음식이 한정됐거나 기근이 있었다면 자연선택은 지방 형태로 영양을 축적하게 해주는 변이들에 유리하게 작용했을 것이다. 식량이 부족한 시기를 견딜 수 있는 일종의 담보였다. 하지만 음식이 풍부한 환경에서는 적응 현상이 과체중, 비만, 제2형 당뇨병을 유발할 수 있기 때문에 불리해졌다.

절약 유전자 가설로 지구 상 몇몇 민족이 다른 민족보다 비만으로 힘들어하는 이유를 설명할 수 있다. 미국에서 아메리카 원주민들이 유럽 출신의 다른 미국인들과 같은 음식을 섭취해도 제2형 당뇨병에 걸 릴 위험이 더 높은 이유도 이 가설로 설명할 수 있다.

과거의 특정 식단에 적응한 현상은 현대인들의 건강 상태에도 흔적 을 남긴다. 나와 동료들은 중앙아시아에서 이 가설을 실험해보기로 했 다. 이 지역은 식단이 매우 대조적인 농경인과 유목민이 공존한다. 농 경인은 곡식을 더 많이 섭취하는 반면 유목민은 고기와 유제품을 먹기 때문에 단백질이 풍부한 음식을 섭취한다. 우리는 그들의 음식을 상세 히 분석하고 각 개인을 생리적으로 검사하여 유목민들이 농경인들보 다 제2형 당뇨병에 걸릴 위험이 2배 높다는 사실을 밝혔다!

스키타이족의 기마 행렬
― 기원전 1000년

고대 민족들 중 우리에게 꾸준히 강한 인상을 주는 집단은 스키타이 족Scythai이다. 그리스인들이 두려워했던 이 '야만인들'은 헤로도토스의 저서에 처음 등장한다. 그는 이들이 이란어를 사용하고 유라시아 중앙에서 활동한 목가적 유목 기병이라고 설명했다.

오늘날 스키타이는 고고학자들이 물질문화와 연관된 무덤, 그리고 몽골, 알타이, 톈산산맥에 있는 여러 쿠르간(봉분을 의미하는 러시아어)에서 발견한 암각화로 잘 알려져 있다. 알려진 바에 의하면 가장 오래된 기마민족이다. 최초의 기마 흔적은 약 3천2백 년 전의 몽골 유적지에서 발견됐다!

스키타이 무덤의 독특한 양식은 중앙 유럽에서 시베리아까지 확장됐다. 우리는 러시아 투바공화국에서 아르잔 1, 아르잔 2 등의 왕자들의 화려한 무덤을 발견했다. 카자흐스탄 베렐 유적지에서는 놀라운 말 장식이 발견되었다. 이 문화는 동물 모양의 조형예술이 지배적이다. 스키타이는 비단길을 따라 값비싼 섬유와 말 등을 교환하는 무역에도 참여했다. 이 길을 통제하고, 여러 도시에 필요한 사치품과 곡물을 공급하는 한편 필요한 식량을 보충했다.

스키타이는 특정 문화를 공유하지만 역사가 다른 다양한 집단을 아우른다. 예를 들어 동부 스키타이는 중국의 제국에 패한 반면 서부 스키타이는 사르마티아족Sarmatia(기원전 500~기원후 400년 동유럽에 살았던 초원의 기마민족)이 된다. 스키타이는 지금도 상상의 세계를 자극한다. 스키타이 남성과 아마존 여성이 결합하여 탄생했다는 전설이 전해지는 사르마티아족은 튀르키예 카파도키아에서 축출되고 북해를 거쳐 북쪽까지 올라갔을 것이다. 스키타이의 등장은 역사학자들에게 오래도록 의문이었다. 여러 집단으로 이루어진 스키타이에 단 하나의 기원만 있을까? 그렇다면 그들은 동쪽(시베리아)에서 왔을까, 서쪽(헝가리)에서 왔을까?

유전학의 해답

여러 유적지에서 가져온 유골의 유전자를 연구한 결과는 해답을 제시한다. 사카라고 불린 헝가리 스키타이는 더 동쪽에서 살았던 다른 스키타이와 다르다. 그럼에도 불구하고 모든 스키타이는 부분적으로 청동기시대 스텝 목축인들의 후손이다. 또한 청동기시대 후기 신타슈타인들의 후손이기도 하다. 하지만 캅카스 초원에서 처음 대이주한 사람들의 후손은 아니다.

헝가리 스키타이인과 유럽인, 동유럽·알타이·몽골 스키타이인과 시베리아 수렵채집인, 중앙아시아 스키타이인과 남부 사람들 등 스키타이 이주민 집단은 여러 지역으로 분산된 후 현지 주민들과 유전자가 혼합됐다. 스키타이의 역사는 문화적 동질성이 유전자 다양성과 일치하지 않는다는 것을 보여주는 좋은 본보기다.

역사는 거기서 멈추지 않았다. 여러 세기가 흐르며 이들은 동쪽에서 온 사람들의 유전자에 동화되었다. 동쪽으로 더 가면 몽골에서는 기원전 1300~기원전 900년에 유전자가 변하지 않고 새로운 생활 방식이 도입되는 매우 흥미로운 일이 생겼다.

후브스굴 지방의 고고학 유적지 22곳에서 발견된 인간 치아의 치석을 분석한 결과에 따르면 이들의 음식은 유제품이 많았다. 몽골에서 젖을 소비하기 위해 사육 동물을 활용한 첫 번째 흔적이다. 그런데 이들은 유라시아 동쪽 사람의 유전자 유형을 지니고 있으며 서쪽에서 온 사람들의 유전자는 거의 없었던 반면, 사육한 동물들은 서쪽에서 데려온 것이었다. 다시 말해 이들은 다른 사람들의 새로운 생활 방식을 차용했지만 그들과 유전자가 혼합되지는 않았다. 농경인이 유럽에 도착했을 때와는 정반대의 경우였다!

제
4
장

정
복
의

시
대

캐나다

퀘벡

샤를부아

퀘벡

시쿠티미
사그네락생장

시카고

멕시코

쿠바

카리브해

벨리즈

온두라스

푸에르토리코
바베이도스
생뱅상

수리남
기아나

아이슬란드

영국

스코틀랜드

데번

콘월

라로셸

발세린

크로아티아

세르비아

모로코

베냉

카메룬

앙골라

나미비아

남아프리카공화국

그루지아

튀르키예

시리아
이스라엘
바그다드
(이라크)

사우디아라비아

모

러시아

투바공화국

키질

호브드

바이칼호

우즈베키스탄

울란바토르

부하라

키르기스스탄

알타이

몽골

페르가나 분지

타지키스탄

히말라야

인도

예멘

뉴질랜드

페르시아 사만 왕조의 중앙아시아 확장

— 9세기 말~10세기

10세기 페르시아인이 중앙아시아를 침략했다. 지금의 이란에 있던 사만 왕조에서 온 이들은 비단길 동쪽에 정착했고, 이곳은 후에 우즈베키스탄이 된다. 사만 왕조는 튀르키예 초원 유목민의 공격으로부터 영토를 방어하여 무역로의 안전을 지켰다. 이들의 화폐가 미친 영향과 군사력은 수도 부하라를 경쟁 상대인 바그다드와 맞먹는 지적 생활의 중심으로 만들겠다는 욕망을 자극했을 것이다. 일례로 부하라에서 동쪽으로 불과 몇 킬로미터 떨어진 곳에서 위대한 수학자 무함마드 이븐 무사 알콰리즈미Muḥammad ibn Mūsā al-Khwārizmī[*]가 탄생했다. 알고리즘은 그의 이름에서 따온 용어다.

---

[*]   아라비아숫자를 이용하여 최초로 사칙연산을 만들고 0과 위치값을 사용한 수학자.

언어와 유전학의 상관관계

사만 왕조는 중앙아시아의 요동치는 지정학적 상황에서 중요한 역할을 했지만 방대한 역사책에서 수많은 이주 중 하나의 일화로 1쪽 정도만 소개된다. 이들에게 관심을 가져야 할 이유는 무엇일까? 현재 부하라 거리에서 들리는 그들의 유산인 언어 때문이다. 유전자 정보 외에도 언어는 이주 움직임을 복원하는 데 도움이 된다. 그럼 유전자와 언어는 항상 함께 움직일까? 앞에서 언급한 것처럼 유전자와 언어가 함께 움직일 것이라는 생각은 순진하고 잘못된 생각이다. 사만 왕조와 다른 중앙아시아 언어의 예에서, 언어 유사성과 유전학의 관계는 보이는 것보다 훨씬 복잡함을 알 수 있다.

1990년대부터 대략적이지만 꽤 다양한 생물학적 표지를 이용한 연구자들은 세계적 규모로 볼 때 '언어적 거리'와 '유전적 거리'가 상당히 일치한다는 점을 증명했다. 두 민족이 유전적으로 가까울수록 언어적으로도 가까웠다. 이를 기반으로 다음 논리를 내세울 수 있다. 이주하는 개인들은 언어와 유전자를 가져가고, 같거나 가까운 언어를 구사하는 사람과 우선적으로 만난다. 이 논리를 지지하는 사람들은 '사랑'이라는 단어를 같은 방식으로 발음하면 더 쉽게 결혼한다고 말하는 것과 같다.

언어와 유전자의 밀접한 관계를 단순히 지리학적으로 설명하는 데 동의하지 않는 사람들은 이러한 결과를 비판했다. 오래전부터 언어학자들은 가까이 사는 두 민족이 같은 언어를 구사하는 경향이 있다는 사실을 확인했다. 사람은 거주지와 가까운 곳에서 결혼하는 경향이 있기 때문에, 언어를 근거로 선택하지는 않더라도 언어가 가까운 사람들이 결혼하는 것은 논리적인 듯하다. 과학자들의 용어로 표현하면 유전학과 언어학의 관계는 유전학과 지리학을 연관시킨 인공물일 뿐이다.

무엇이 문제인지 제대로 설명하기 위해 프랑스의 마을별 사망자 수와 의사 수를 연결한 관계를 예로 들겠다. 한 마을에 의사가 많을수록 사망자가 많아지는 상관관계가 있었다. 의사들이 연쇄 살인을 저질렀을까? 물론 아니다. 여기에는 마을 규모라는 숨은 요인이 있다. 주민이 많을수록 의사가 많고, 사망자도 많았다. 그러니까 언어와 유전자의 관계에서 숨은 요인은 지리일 것이다.

눈이 멀어지면 마음도 멀어진다

무엇이 진실일까? 언어가 배우자 선택에 영향을 미쳤을까, 아니었을까? 중앙아시아는 언어학적으로 다른 어족에 속하는 언어들을 구사하는 사람들이 함께 살기 때문에 이 문제를 연구하는 데 이상적이다. 언어 간의 교환을 측정할 수 있고, 언어가 다르다는 점이 결혼에 장애가 되는지, 같은 언어를 구사하는 사람들 중에서 배우자를 선택하는지 관찰할 수 있다. 2004년 우리 연구팀은 지역 언어들을 사용하는 사람들의 표본을 얻기 위해 사만 왕조의 옛 수도 부하라에 짐을 풀었다.

통상적인 팀원 외에 이번에는 언어학자 한 사람도 함께했다. 유전학과 언어학이 협업하는 연구는 이때가 처음이었다. 우리는 꽃이 만발한 예쁜 마을에 자리 잡았다. 보도는 포도 덩굴이 타고 올라간 퍼걸러 덕분에 그늘이 드리우고, 수백 년 된 뽕나무들 주변으로 머캐덤식 포장도로가 뻗어 있었다. 면장이 친절하게 내준 사무실에서 언어학자가 참여자 한 사람 한 사람에게 어떤 언어를 사용하는지 질문했다. 참여자들은 실제로는 같은 대상을 여러 단어로 지칭했지만 모두 우즈베크어를 사용한다고 대답했다.

전 세계 대부분의 지역처럼 일상에서 나타나는 다언어 구사의 전형이다. 이곳 사람들은 우즈베크어와 타지크어에 유창하고, 대다수는 러시아어도 한다. 그런데 우즈베크어는 튀르크어족에 속하고, 타지크어는 인도유럽어족의 분파인 인도이란어파에 속한다. 두 언어는 2개의 방언처럼 이해하기 힘들지만 이곳에서 만났다.

언제부터 이토록 다른 두 언어가 공존했을까? 어떻게 언어의 다양성을 보존했을까? 일정한 지역의 한 언어가 어떻게 유래했는지 알기는 어렵다. 게다가 앞에서 언급한 바와 같이 인도유럽어족의 기원은 여전히 논란이 되고 있다. 신석기시대에 비옥한 초승달 지대로부터 전파됐다는 주장이 있는가 하면, 청동기시대에 캅카스 초원 지대로부터 전파됐다는 주장도 있다. 부정할 수 없는 몇 가지 지표가 있다. 10세기 중앙아시아를 침략한 페르시아인들은 서부 인도이란어파 언어를 구사한 반면, 그들이 침입한 오아시스의 주민들은 동부 인도이란어파 언어를 사용했다. 동부 인도이란어파 언어 중 가장 유명한 것은 비단길 상인들이 사용했던 소그드어다. 동부 인도이란어파 언어들을 구사하는 야그노비인Yaghnobi은 파미르 고원 타지키스탄에 거주하는데 인구가 얼마 되지 않는다. 다른 타지키스탄인은 서부 인도이란어파인 페르시아어를 구사한다.

인도이란어파의 두 분파가 모인 이 지역은 튀르크어파türk 언어를 구사하는 사람들에게는 언어의 교류지이기도 하다. 내가 k를 포함하여 표기한 türk는 튀르크어를 가리킨다. 튀르키예인들이 사용하는 c가 들어간 turc나 turque(튀르키예어)와 혼동되지 않기 위해서다. 다시 말해 튀르크어파 언어 사용자가 모두 튀르키예인인 것은 아니다. 유라시아 전체에 해당하는 엄청나게 넓은 지역에서 통용되는 튀르크어파는 바이칼호수에서 튀르키예까지 영향력을 미친다. 이 언어를 구사하는 사람은 약 1억 7천만 명이다. 튀르크어파는 알타이 지역에서 유래하여 4세기에서 13세기 사이 중앙아시아로 전파됐을 것이다. 몇몇 언어학자는 몽골어를 추가해 튀르크-몽골어파를 분류한다.

극도의 편집광

언어와 유전자를 연결하는 요인에 관한 질문에 답하기 위해 우리는 검사 장치를 고안했는데, 이때 지리적 근접성이라는 해석은 배제했다. 실제로 가까운 거리에 있으면서 언어가 다른 사람들을 선택하고, 유전학의 도움으로 이들 간의 배우자 교환을 측정하기로 했다. 이 장치는 서류상으로는 정밀하면서 간단했지만 현장에서 소소한 문제에 봉착했다. 우리는 언어 조사를 위해 작은 마을들을 찾아가야 했는데, 지역 관청에서 우리를 불신하며 난처해했다.

일례로 시르다리야강이 관통하는 인상 깊은 페르가나 분지에서는 1970년대 첩보 소설처럼 매일 밤 전조등을 끈 정체불명의 자동차가 우리를 미행했다. 이곳에서 두 번째 체류할 때는 지역 '민족학자'가 우리 팀에 합류했는데, 그는 우리에게 타지키스탄이 우즈베키스탄 일부를 병합하고 중앙아시아에서 인도이란어파를 사용하는 모든 민족을 모아 탄생할 거대 국가에 대한 정치적 비전을 물었다. 그는 이 지역 러시아 연방보안국과 매우 긴밀해 보였다! 함정이라는 것을 직감한 우리는 질문을 교묘히 피했다.

우리가 아시아에서 현장 조사하는 동안 타지키스탄 계곡의 한 마을만 유일하게 연구에 참여하기를 거부했다. 이웃 마을에 가서야 이유를 알 수 있었다. 계곡 주민들은 1991년 국가가 독립하기까지 오랜 기간 혹독한 내전을 치러야 했고, 현재 정권을 쥐고 있는 집단과의 전투에서 모든 가구가 적어도 1명 이상의 가족을 잃었다. 그들은 공권력과 관련된 듯한 것을 전혀 신뢰하지 않았다.

언어의 음악

표본을 채취하는 답사에는 여러 해가 걸렸다. 그사이에 이 지역의 언어 다양성에 관한 놀라운 자료 은행을 만들었다. 언어학자들이 정한 기준에 따라 2백 개의 단어 목록을 정리하고 신체 용어, 숫자, 대명사 등으로 다시 나누어 어휘의 다양성을 측정했다. 이 단어들은 한 언어의 기본 어휘에 속하며 모방하기가 쉽지 않다. 우리 팀의 언어학자는 각각의 마을에서 2~4명에게 질문했다. 목록에 있는 단어 2백 개를 러시아어에서 지역어로 번역하고 결과를 음성기호로 기록하게 했다. 잘 발달한 청각이 필요한 작업이었다. 우리 동료 언어학자는 절대음감이 있는 훌륭한 음악인이었다.

이 지역 주민들의 어휘에 없는 단어는 분석에서 제외했다. 가장 놀라운 예는 '바다'라는 단어였다. 대부분의 마을이 사막이거나 히말라야의 지맥이어서 이들에게 바다는 의미가 없었다. 그들이 바다를 표현한 단어 중 '바다'는 극히 드물었고 '늪', '웅덩이', '물'이 대부분이었다.

우리는 미리 채취한 DNA로 이 자료를 보완하여 다양한 화자 간의 언어 차이를 계산하고 유전자 차이와 비교했다. 이처럼 상세한 연구로 지방 고유의 역사, 폭넓게는 문화와의 상호작용 같은 다양한 결과를 얻었다.

언어와 유전자가 언제나 함께하는 것은 아니다

첫 번째 결과는 뜻밖이었다. 이 지방에서 유전자는 지리와 거의 관계가 없었다. 지리적으로 멀리 사는데도 불구하고 유전자가 매우 유사한 반면, 이웃 마을 사람들임에도 유전자가 매우 다르기도 했다. 중앙아시아의 외딴 지역에서 이처럼 놀라운 결과가 나왔다. 반면 언어는 집단 간 유전자의 유사성의 원인이기도 하고 차이의 원인이기도 하다. 튀르크어 사용자들 사이의 유전자가 유사한 것처럼 인도이란어파 언어 사용자들 사이의 유전자는 유사하다. 그러나 두 그룹 사람들 간의 유전자 차이는 크다.

이처럼 밀접한 유전자와 언어의 관계에도 예외는 있다. 튀르크어파 언어를 구사하는 투르크메니스탄인은 유전학적으로 인도이란어파 언어를 구사하는 사람들과 다른 그룹에 속한다. 과거에 이 민족의 언어가 달라졌다고 볼 수 있다. 어느 순간 튀르크어파 언어 사용자들이 동쪽에서 오자 투르크메니스탄인의 조상의 언어가 변화했지만 그들과의 유전자 교환은 없었거나 매우 적었을 것이다.

이 현상은 분명 민족이 대체되지 않은 정치적 지배와 관련 있을 것이다. 게다가 이러한 언어 변화는 튀르크어파 언어를 구사하는 다른 민족에게까지 확대됐다. 예를 들어 튀르키예에는 동쪽에서 온 튀르크어파 언어 사용자들이 가져왔을 유전자 흔적이 없다. 따라서 튀르키예인들은 유전적으로 중동 민족에 속하고, 알타이의 튀르크어 사용자들과 구별된다. 튀르키예에서는 동쪽에서 온 민족의 대이동으로 인구가 교체되지 않았다. 언어와 유전자는 함께 움직이지 않았다!

유전자와 언어의 관계에서 또 하나의 예외는 우즈베크인이다. 우즈베크어는 튀르크어파에 속하지만 우즈베크인은 인도이란어파 사람들과 튀르크어파 사람들에게서 발견되는 유전자 풀이 혼재되어 있다.

결혼이라는 인륜지대사

앞의 2가지 예외를 제외하면 이곳의 유전자 다양성은 두 어족과 일치하는 두 집단, 즉 인도이란어파 언어 사용자와 튀르크어파 언어 사용자를 보여준다. 이들은 어떻게 분화했을까? 가장 먼저 생각할 수 있는 것은 언어가 다른 사람들 사이의 유전자에 영향을 미치는 혼혈이 억제됐을 수 있다는 것이다. 하지만 언어 외에도 정체성이 집난 간의 결혼을 제약할 수도 있었을 것이다. 우리가 간파하지 못한 요인이 있을 수도 있기 때문에 언어 교환의 제약을 실질적인 이유로 내세우는 것은 잘못된 일일 것이다. 여러 차이점 중 언어는 겉으로 보이는 한 부분에 불과할 수 있다.

우리 팀은 한 걸음 더 나아가 어족이 같은 언어를 사용하는 사람들의 언어적 거리를 조사하여 계산할 수 있었다. 그런데 이 집단들 사이의 유전자 거리와 언어 거리에는 상당한 연관성이 있었다. 어족이 같은 언어를 사용하는 사람들 사이에는 언어와 유전자 교환을 제한하는 숨은 문화 차이가 없다. 따라서 언어와 유전자 사이에는 분명 밀접한 관계가 있다.

이 현상을 어떻게 설명할 수 있을까? 유전자와 지리의 관련성이 매우 약해서 지리라는 숨은 요소로는 그 밀접함을 설명할 수 없다는 교과서적 사례다. 모순되지 않고 보완적인 2가지 해석으로 이 결과를 이해할 수 있다. 첫 번째는 언어와 유전자의 다양성이 동시에 진화했다는 것이다. 만약 두 민족 사이의 이동이 적다면 언어와 유전자는 멀어질 수밖에 없다. 두 번째 해석은 사람들은 자신이 살고 있는 마을에서 수백 수천 킬로미터를 가야 한다 해도 같은 언어를 사용하는 사람과 결혼하는 쪽을 선호한다는 것이다. 이러한 선택은 언어 차이를 줄여준다. 내가 카자흐스탄의 한 화단 앞에서 이 해석을 이야기하자 주위 사람들은 고개를 끄덕였다. 그들은 마을 사람들이 먼 곳에 살지라도 같은 언어를 구사하는 사람과는 흔쾌히 결혼한다고 이야기해주었다.

가톨릭 대 프로테스탄트

여기서는 문화적 특성과 언어가 어떻게 민족들 간의 유전자 다양성을 이끄는지 살펴볼 것이다. 이러한 현상은 언어에만 국한되지 않는다. 예를 들어 인도에서는 특정 카스트끼리 혼인하기 때문에 이들 사이에서만 관찰되는 유전적 특이성이 있다. 네덜란드에서는 가톨릭과 프로테스탄트로 나뉘는 종교 집단과 일치하는 구조가 나타난다. 영국인의 유전형질에 관한 연구에 따르면 콘월과 데번은 지리적 경계가 전혀 없었음에도 주민들 간의 유전자 차이가 컸다.

지리, 언어, 종교 혹은 문화적 특성으로 족내혼을 하는 사람들은 여러 세대에 걸쳐 유전적 특이성이 축적된다. 심한 족내혼이 지속될수록 유전자 차이는 더욱 두드러진다. 이러한 현상은 철기시대 이전에는 고대 유전자 정보에서 발견되지 않았던 스페인 바스크인들의 유전자 특이성을 이해하는 데 도움이 된다.

오래전부터 인류학자들은 각각의 집단이 이웃 집단과 스스로를 구분하고 싶어 하는 경향을 연구했다. 이러한 조사를 하려면 먼저 정체성이 되는 문화적 기준을 정해야 한다. 기준은 음식 선호도, 노래 레퍼토리, 습관, 언어, 종교 등이다. 예를 들어 세르비아와 크로아티아는 예전에 세르비아크로아티아어라는 동일한 언어를 사용했지만, 분리 이후에는 크게 다른 어휘들을 더 많이 활용했다. 훨씬 오래전인 구석기시대 유럽의 조개 장식 문화권은 지역별로 나뉜다.

한 집단 안에서 배우자를 선택하고, 선택의 선호도가 몇 세대에 걸쳐 지속되면 문화 다양성의 동인이 유전자 다양성에 흔적을 남길 것이다. 그러나 이러한 차이는 약하게 남아 있어서 게놈에 기록된 정보로만 측정할 수 있다.

뒤섞인 유전자들의 핫 포인트

지리적 제약 없이 족내혼만 하는 집단은 극히 드물지만 문화적 고립군은 예외다. 다른 언어를 구사하는 중앙아시아의 집단들 사이에서 이 같은 다양성이 나타나는데, 유전자의 혼합도 확인할 수 있었다. 문화 다양성과 유전자 다양성의 관계가 절대적이지는 않지만 일치하는 경향이 있다. 캅카스를 예로 들어보자. 이 지역은 언어 다양성의 핫 포인트로, 매우 특수한 유전자들을 발견할 수 있다. 반대로 카메룬은 언어 다양성의 핫 포인트지만 집단들 사이의 유전자 다양성은 매우 약하다.

이러한 정보로 여러 집단의 역사를 유추할 수 있을까? 앞에서 언급했듯 문화 다양성과 유전자 다양성이 겹쳐지려면 문화 차이와 족내혼이 결합되어야 하고, 특히 족내혼이 여러 세대 동안 이어져야 한다. 집단의 크기도 중요한 요인이다. 여러 집단에 대한 유전학 연구로 이러한 요인들을 짚어볼 수 있다. 몇 년 전만 해도 학자들은 유전자의 차이만 평가할 수 있었다. 통계물리학(융합론)과 정보처리 기술에서 차용한 이론을 이용한 정보가 많아지고 개념이 진보한 덕분에 여러 민족의 역사 시나리오를 진실에 가깝게 복원할 수 있게 된 것은 불과 10여 년 전이다.

예컨대 타지크족은 약 6천 년 전 나타난 유라시아 서부 주민들과 동부 주민들의 혼혈 출신인 반면, 지금의 키르기스족은 약 3천 년 전 동쪽에서 온 집단과 이미 중앙아시아에 살던 주민들의 혼혈 출신이라고 추정된다. 뿐만 아니라 키르기스족은 타지크족보다 인구 규모가 작다.

이처럼 현재의 유전자 다양성으로부터 여러 집단의 과거 중 일부를 이해할 수 있다. 우리의 다음 도전은 문화 다양성의 발달 구조를 더 잘 이해하는 것이다.

부하라의 유대인
— 역사의 경계

오전 7시 우리는 부하라의 파티마호텔에서 아침 식사를 하고 있었다. 그때 갑자기 모든 게 흔들렸다. 호텔 아래로 기차가 지나가는 듯 의자들이 흔들렸다. 지진이었다. 우리는 재빨리 거리로 나갔다. 불안에 떠는 사람들은 우리뿐이었다. 이곳은 지진이 자주 일어나는 지역이어서 다른 사람들은 무덤덤했다. 우즈베키스탄의 수도 타슈켄트는 1966년 지진으로 붕괴된 적이 있다. 그래서 약간 독특한 건축 양식이 도입됐다. 도시를 재건하기 위해 당시 소련은 재능 있는 사람들의 도움을 요청했다. 가장 놀라운 것은 두 층마다 가운데에 원형 정원이 있고 그 둘레에 아파트가 있는 20여 층 높이의 건물이다.

유대교 회당

역동적인 아침 식사 후 우리는 정보원과 다시 만나 부하라의 유대교

회당에 갔다. 미로 같은 골목 끝에 있는 회당의 외관은 멋진 나무문이 있는 이 구역의 다른 집들과 똑같았다.

정보원은 우리 숙소 주인의 친구였다. 부하라의 여느 유대인과 마찬가지로 그의 가족 역시 우즈베키스탄 독립 후 여러 나라를 떠돌았다. 하지만 대부분의 유대인들이 유럽, 아메리카 혹은 이스라엘로 망명한 것과 달리 그의 가족은 우즈베키스탄에 남았다. 랍비가 우리를 맞아주었다. 우리는 그에게 디아스포라 유대인의 유전자 다양성을 조사하려 한다는 계획을 설명하고, 특히 부하라 유대인 공동체에 관심이 많다고 이야기했다. 실제로 부하라 유대인 공동체는 아시아의 가장 동쪽에 위치한 공동체다. 이들의 기원은 오랜 과거로 거슬러 올라갈 것이다. 우리는 연구에 필요한 것은 참여자의 타액 몇 밀리리터뿐이라고 명확히 말했다. 랍비가 과연 연구를 위한 타액 채취에 참여할까, 그리고 다른 사람들에게 자신을 본받아 참여하라고 요청할까?

2천 년의 오랜 역사

운 좋게도 랍비는 요청을 받아들였다. 그는 현재 유대인 공동체가 몇 가족으로 축소됐으며, 당장 그들을 만나겠다고 우리에게 설명했다. 그에 따르면 유대인 공동체는 젊은이들이 배우자를 찾기 어려울 정도로 규모가 줄었다. 우리는 참여자들이 올 때까지 여러 시간 기다렸다. 나중에 찾아온 한 사람 한 사람에게 동영상 촬영에 관한 동의를 구했지만 모두 거절했다. 그들에게 카메라, 즉 대중 앞에서 시험관에 침을 뱉는 것은 상스러운 행동이었다.

저녁까지 20명 남짓 되는 지원자가 왔다. 우리와 함께 프로젝트를 기획한 국제 협력단의 동료들이 연구에 필요하다고 생각한 표본의 최소 인원이었다. 우리는 안도하며 다음 목표를 생각했다. 부하라의 유대인 사이에서 구전되는 이야기에 따르면 그들의 조상은 기원전 8세기에 아시리아에서 추방당한 이스라엘 왕국 사람들이다. 그들은 다른 유대인 공동체와 고립된 상태로 2천 년 이상 된 종교 유산을 유지하고 있었을 것이다. 우리의 연구로 이 역사의 자세한 부분을 밝힐 수 있을 것이다. 적어도 우리의 바람은 그랬다.

2년 후 유전자 검사 결과가 나왔고, 우리는 이 지방으로 출장 갔을 때 랍비에게 부하라 유대인 공동체가 조지아 등의 캅카스에 있는 다른 유대인 공동체와 유전적으로 유사하다는 결과를 알려줬다. 이들은 모두 미즈라힘(미즈라흐 유대인)이라고 불리는 집단이다.

각각의 유대인 공동체 집단은 유전적으로 다르다. 아슈케나짐(아슈케나즈 유대인)은 미즈라힘, 북아프리카 유대인, 인도나 예멘의 유대인들이 포함된 스파라딤(15세기 이베리아반도에서 추방당한 유대 민족의 후손)과 구별된다. 각 집단은 자신들만의 역사가 있다. 그럼에도 불구하고 유대인 공동체들의 뿌리는 분명 동방東方*에 있다. 스파라딤 유대인 공동체, 모로코 유대인 공동체, 그리고 미즈라힘은 지역의 비유대인 주민들과 유전적으로 유사하다. 하지만 중동 기원에서 예외인 두 집단이 있다. 바로 아라비아반도(예멘, 사우디아라비아, 시리아) 주민과 가까운 예멘 유대인, 그리고 이란, 중앙아시아와 관련 있는 인도 유대인이다. 현

---

*　유럽의 관점에서 해가 뜨는 동쪽 지방. 레바논, 시리아, 이스라엘, 팔레스타인, 요르단이 있는 지역이다.

지 주민으로 동화되거나 동방에서 온 개인들이 이주한 경우도 있다.

또 다른 흥미로운 사실은 Y 염색체와 미토콘드리아 DNA를 검사한 결과 Y 염색체보다 미토콘드리아 DNA에 의한 혼혈이 더 많았다는 것이다. 이 지역에서 발생한 혼혈이 남성보다는 현지 비유대인 여성 공동체에 의한 통합이었다는 의미다. 여성들이 전파한다는 종교에 대한 직관적 통념에 반하는 결과다.

개방적 공동체 혹은 폐쇄적 공동체

지역 주민들에 대한 개방성을 알 수 있는 척도인 혼혈 정도는 모든 공동체가 같을까? 아니다. 유럽 아슈케나짐은 유전적으로 중동 사람들과 유럽 사람들의 중간 정도로 혼혈이 빈번했다. 반면 부하라의 미즈라힘은 지역 주민보다는 동방의 주민들과 더 가깝다. 미즈라힘은 아슈케나짐에 비해 현지 주민들과의 혼혈이 적었을 것이다.

미즈라힘의 폐쇄성은 이 공동체의 인구 과소와도 관련 있을 것이다. 이처럼 많은 유전자 샘플을 연구하여 캅카스의 미즈라힘 집단과 우즈베키스탄의 미즈라힘 집단을 구별할 수 있었다. 그에 반해 러시아에서 이탈리아에 이르는 모든 아슈케나짐 집단은 유전적으로 유사했는데, 여러 공동체 간에 혼혈이 반복된 결과다.

동일한 문화 척도, 특히 이들의 종교가 유전자에 기여하는 한 집단의 개방성 혹은 폐쇄성에 미치는 영향이 다르다는 사실은 흥미롭다. 제대로 이해하려면 추가로 분석할 필요가 있다. 특히 여러 집단이 캅카스와 우즈베키스탄에 도래한 시기가 언제인지 추산해야 할 것이다. 이들의 역사가 구전과 일치하지 않을 수도 있다. 구전에 따르면 첫 번째 집단이 2천 년 전에 유입됐지만, 최근에 정착한 새로운 집단이 이들 공동체의 주요 현대적 유전적 계보를 구성하고 있다는 사실도 배제하지 말아야 한다. 이 경우 현지 주민들과 다른 유전자는 족내혼이 빈번했다는 신호라기보다는 혼혈이 이루어지기에는 시간이 부족했을 만큼 최근 유입됐을 가능성이 크다.

한마디로 세밀한 유전자 분석은 우리 모두와 관련된 문제를 제기하는 매우 흥미로운 분야다. 어떤 상황에서 우리 공동체가 이웃 집단들과 유전자를 교환할 정도로 개방될 수 있을까?

바이킹의 아이슬란드 정복
— 9~10세기

파리가 불탄다! 스칸디나비아 전사 무리가 배를 타고 파리 센강까지 올라왔다. 때는 845~885년이었다. 바이킹은 7~11세기에 여러 번 파리에 와서 약탈하거나 주민들에게 조공을 요구했다. 상인이면서 동시에 약탈자이기도 했던 바이킹은 무엇보다 뱃사람들이었다. 오래된 사가 saga[*]는 크리스토퍼 콜럼버스보다 5백 년 앞선 1000년경 이들이 아메리카를 발견한 모험담을 이야기한다. 뉴펀들랜드섬은 대륙으로 가던 그들이 잠시 거쳐 간 흔적을 간직하고 있다.

바이킹이 성공적으로 정착한 섬은 아이슬란드였다. 현재 아이슬란드인들의 조상은 1천여 년 전 유럽의 스칸디나비아, 아일랜드, 스코틀랜드에서 온 소집단으로 그 수는 8천~1만 6천 명이었다. 이후 아이슬란드는 수 세기 동안 고립됐다.

---

* 　중세 노르웨이나 아이슬란드 등의 북유럽에서 유행한 산문체 이야기. 영웅의 모험이나 무용담을 담았다.

10여 년 전 아이슬란드는 현재의 주민 30만여 명의 계보를 복원한다는 거대한 작업을 기획했다! 한 민족 규모의 이 계보는 아이슬란드 사람들의 자세한 역사를 이해하는 데 도움이 될 것이다. 바이킹은 이 지방의 식민화에 어떤 역할을 했을까? 이 섬의 유전형질은 역사가 흐르면서 어떻게 변화했을까? 과학자들은 자원자 수천 명의 DNA 배열로 한 민족 전체의 유전자 초상화를 그렸다.

수다스런 치아

2018년 아이슬란드 연구자들은 아이슬란드 형성 시기인 1천 년 전으로 거슬러 올라가는 여러 인간의 유골에서 추출한 고대 DNA를 배열했다. 발견된 35개의 DNA 중 27개를 분석할 수 있었다. 인상적이게도 유골의 79퍼센트가 남성이었다. 초기 아이슬란드인들은 성별에 따라 죽은 자들을 달리 처리했다.

치아의 동위원소를 분석한 결과에 따르면 대부분은 아이슬란드에서 태어난 초기 세대 사람들이었다. 치아가 형성될 때 법랑질은 생활환경의 스트론튬 동위원소를 끌어모은다. 유아기에 구성되는 법랑질의 스트로튬과 아이슬란드에서 발견되는 스트로늄을 비교하면 그 사람이 아이슬란드에서 어린 시절을 보냈는지를 알 수 있다.

초기 아이슬란드인들과 현대 아이슬란드인들을 비교해서 어떤 결과를 얻었을까? 식민지 개척자들 중 스칸디나비아에서 온 바이킹은 56퍼센트였다. 나머지 44퍼센트는 영국제도(스코틀랜드와 아일랜드) 출신인 게일족Gaeil이었다. 현대 아이슬란드인의 유전자 풀을 분석하면 바이킹

유전자가 70퍼센트 이상이다. 세월이 흐르며 바이킹이 게일족보다 많은 후손을 남겼다.

이처럼 성공한 생식은 무슨 의미일까? 역사학자들에 따르면 이곳에 온 상당수의 게일족은 노예였다. 지위가 낮았던 이들은 바이킹보다 적은 자손을 낳았을 것이다. 또 다른 요인으로 1380~1944년 아이슬란드를 점령했던 덴마크인들도 아이슬란드인의 유전자에 스칸디나비아의 흔적을 남겼을 것이라는 가설을 들 수 있다. 하지만 덴마크인의 수가 많지 않아서 이 가설은 인정받지 못했다. 1930년 이들의 인구는 아이슬란드인 8만 명 대 7백 명에 불과했다.

따라서 바이킹이 세대를 거듭하며 생식에 최고의 성과를 거뒀다는 설명이 가장 그럴듯하다. 현대 아이슬란드인에 관한 첫 유전자 연구는 미토콘드리아 DNA와 Y 염색체에 집중됐다. 이 연구로 모계의 62퍼센트가 스코틀랜드와 아일랜드에서 유래한 데 반해, 부계의 75퍼센트는 스칸디나비아에서 유래했다는 사실이 밝혀졌다. 바이킹과 그 후손들의 생식의 우월성은 부계에게서 전달됐다.

이들의 시조가 스칸디나비아 바이킹인지 게일족인지도 추정할 수 있었다. 이미 두 유전자 풀이 혼합된 이들도 많았다. 사실 바이킹은 아이슬란드를 정복하기 전 스코틀랜드와 아일랜드도 정복했다. 아일랜드에서 진행된 최근의 연구에 따르면 현 아일랜드 유전자 풀의 20퍼센트는 바이킹의 유산이라고 추정된다.

바이킹의 유골은 여전히 드물지만 앞으로 더 많은 표본을 분석하면 식민화 과정을 잘 이해할 수 있을 것이다. 특히 여성의 유골이 부족한 상태다.

고립된 섬에서 나타난 유전자 부동

식민화 이후 아이슬란드인들은 어떻게 살았을까? 이 섬은 오랜 기간 고립됐고, 인구밀도가 낮았다. 1850년 아이슬란드인은 대략 5만 명 정도였다. 이후 인구가 급성장하여 현재 33만 명에 이른다. 상대적으로 규모가 작고 고립됐기 때문에 아이슬란드인들은 유전자 부동(유전자의 무작위적 변화)을 겪고 원집단과 유전자가 달라졌다. 따라서 현 아이슬란드인의 유전자 풀은 스칸디나비아인과도 스코틀랜드인과도 혹은 아일랜드인과도 겹치지 않는다. 반면 초기 식민지 개척자들의 유전자 풀은 스칸디나비아인이나 게일족과 일치한다.

유전자 부동은 인구수가 적을 경우 몇 세대 만에 나타날 수 있다. 한 세대에서 다음 세대로의 무작위적 전달이 유전자 차이의 원인이 된다. 일부 개인들의 생식력이 왕성하면 속도가 더 빨라지는데, 아이슬란드에서 바이킹이 이러했다. 유전자 부동은 퀘벡에서도 많이 연구되었다. 한 민족 단위의 계통을 재구성하는 데 선구적 역할을 한 퀘벡은 아이슬란드 연구에 길을 열어주었다.

유럽으로 몰려간 칭기즈칸 군대
— 12세기

　12세기에 칭기즈칸의 부족은 바빌로니아 입구까지 갔다. 대단한 전략가인 이 부족장은 몽골의 여러 씨족을 자기 주변으로 모으는 데 성공했다. 위력적인 몽골 군대는 서쪽으로 진군하며 도중에 만난 여러 부족을 통합했다. 칭기즈칸은 오늘날 특히 몽골에서는 전설적인 인물이다. 온통 그에게 할애된 울란바토르 국립박물관 앞 광장에는 왕좌에 앉은 그의 동상이 있다. 이 전시에서 인상적인 것은 역사적 수집품들 한가운데에 유전자가 초대되었다는 것이다. 2003년 과학 논문 하나가 이 지역을 떠들썩하게 만들었다.

　유라시아 여러 민족의 Y 염색체를 분석한 유전학자들은 옛 몽골제국의 영토에 거주하는 남성들의 10퍼센트(현대 유라시아인의 3퍼센트)가 약 1천 년 전 공통 조상의 유전자 변종을 가지고 있다고 추산했다. 12세기에 칭기즈칸은 수많은 아내와 자식을 둔 것으로 명성이 자자했다. 따라서 유전자가 비슷한 이 남성들은 칭기즈칸의 후손일 것이다.

울란바토르 국립박물관은 커다란 광고판에 이 놀라운 발견을 게시했다. 중앙아시아는 "온 세상의 왕"(그의 이름을 번역한 것이다)에 이르는 기원을 확인했다는 자긍심을 가졌다.

유전자의 왕

당시에 실제로 무슨 일이 일어났을까? 우리는 한 가지 개념에서 정보를 얻었다. 많은 사람이 같은 조상에게서 물려받은 Y 염색체의 변이 유전자를 지니고 있으면 동일한 Y 하플로그룹을 공유한다고 이야기한다. 하플로그룹은 유전자 프로필이 비슷하고 조상이 같은 사람들의 집단이다. 칭기즈칸에게서 몽골 하플로그룹이 시작됐다는 이야기는 지나칠 수 있지만, 이후 여러 세대에 걸쳐 여러 하플로그룹이 현 주민에게 흔히 나타날 정도로 전파됐을 것이다. 사람들은 아름다운 이야기를 좋아하기 때문에 하나는 칭기즈칸 하플로그룹이라고 명명했고, 다른 하나는 청나라에서 이름을 따온 청 하플로그룹이라고 명명했다. 청 하플로그룹의 기원은 청나라를 개창한 시조의 조부 기오창가로 1582년 사망했다.

이처럼 인상적인 하플로그룹은 아들뿐 아니라 손자, 증손자, 고손자 등을 포함한 20여 세대의 생식이 모두 성공했다는 의미다. 다시 말해서 강한 생식력이 세대에서 세대로 전달되었다.

같은 가계의 남성들이 어떻게 이런 성공을 거두었을까? 대답은 번창하는 모든 하플로그룹의 공통점이 전통적으로 부계사회였다는 것이다. 이 사회는 씨족과 부족으로 가계가 구성되고 각 개인은 아버지와 같은 집단에 속한다. 게다가 다양한 사회계급이 마트료시카처럼 끼워 맞추어져 있다. 같은 가계의 일원들은 부계 조상을 공유하고, 여러 가계는 공통 부계 조상을 둔 씨족을 형성하며, 씨족들이 모여 부족을 이룬다.

부계사회에서 계급과 재산, 사회적 지위는 부계로부터 계승된다. 각 개인은 특히 친가를 중요시한다. 사회적 계보가 무척 중요하기 때문에, 중앙아시아에서는 계보를 기록한 일지를 쉽게 볼 수 있다. 한번은 키르기스스탄의 어느 관청 벽에 마을 사람들의 완전한 가계도가 기록되어 있는 것을 본 적이 있다. 상당수 지방의 개인은 친가 족보를 10여 세대까지 외울 정도로 잘 알고 있다. 이러한 사회구조는 누구와 혼인할 수 있는지 혹은 혼인할 수 없는지를 정한 규범을 강요한다. 간혹 같은 가계나 씨족 외부 사람과 혼인할 수 있지만 그래도 같은 부족일 가능성이 높다.

전설일까, 사실일까?

부계사회가 유전자 다양성에 영향을 미칠까? 또한 무척 빈번히 나타나는 하플로그룹을 설명할 수 있을까? 그러기 위해서는 기록된 가계가 생체 가계와 일치해야 한다. 즉, 두 사람의 조상이 같다고 가정할 때 공통 조상은 실세로 같은 인물일까, 아니면 그저 신화일까?

우리 팀은 유전자 정보와 중앙아시아 사람들의 가계 기록을 비교하고, 가계가 같은 사람들이 실제로 부계와 가깝다는 것을 증명했다. 씨족에서도 약하지만 동일한 관계를 관찰했다. 반면 부족 단위에서는 그 영향력이 적었다. 달리 말하면 서술된 소단위의 가계들이 그저 단순한 사회구조만은 아니라는 의미다. 이들은 생물학적 연합이기도 하다. 반대로 부족은 생물학적 관계가 아니고, 인척관계가 아닌 집단들이 사회적, 정치적으로 결합한 더 큰 집단이다.

이와 같은 부계 체계는 유전자 다양성에 어떤 영향을 미칠까? 우리는 부계사회를 이루는 중앙아시아, 알타이, 몽골에서 특정 Y 염색체가 과하게 나타난다는 사실을 입증했다. 즉, 많은 남성이 같은 Y 염색체를 가지고 있었다. 예를 들어 모든 유형의 Y 염색체가 존재하는 프랑스 사람들과는 반대다. 게다가 이들의 Y 염색체 유전자 계통수는 약간 독특했다. 각각의 가지들에 작은 가지들이 달려 있는 반듯한 나무와 달리 작은 가지들이 무성하고 비대칭적이어서 균형을 이루지 않았다. 이러한 비대칭은 왕성한 생식력이 유전됐다는 표시다. 많은 아들을 낳은 조상들을 둔 사람들은 그들 역시 다수의 아들을 낳는다.

한 세대에서 다음 세대로 계승된 일부다처제

결과적으로 이들 사이에 특정 Y 염색체가 급속도로 확산됐다. 어떻게 이런 일이 발생했을까? 왕성한 생식력이 대물림되는 이유는 무엇일까? 이들이 한 세대에서 다음 세대로 전해지는 사회적 특권을 상속받았기 때문이다. 이들은 사회적 지위와 많은 아들을 남기고, 같은 식으로 대가 이어진다. 이러한 현상은 1970년대 남아메리카 야노마미족Yanomami에서도 나타났다. 사회적 지위가 높은 남성들은 많은 아내를 두었고, 하위 계층 사람들보다 자식이 많았다. 그들의 아들들은 부계의 사회적 지위를 물려받았고, 역시 일부다처인 경우가 많았다.

이 같은 구조는 뉴질랜드 마오리족에서도 관찰할 수 있다. 이들의 경우 특권을 가진 계층이 여성들이었다. 사회적 지위가 높은 여성들은 권력이 있었고, 그들의 아이들은 오래 살아남아서 지위를 딸들에게 대물림했다. 여성들의 생식력이 왕성한 경우는 여성에서 여성에게만 전해지는 미토콘드리아 DNA로 특유의 유전자 다양성을 확인할 수 있다.

중앙아시아를 연구한 우리는 구전된 가계와 유전자 정보를 비교하여 부계사회가 유전자 다양성에 어떻게 영향을 줬는지 증명했다. 문화적 행위가 인구 다양성과 진화에 미치는 영향을 볼 수 있는 또 다른 일례다. 이제는 부계나 모계도 진단할 수 있다. 다시 말해서 유전자 정보로 직접 왕성한 번식력의 계승을 측정할 수 있다. 따라서 한 사람의 Y염색체 정보를 통해 부계 유전자가 어느 정도 있는지 알 수 있다. 또한 미토콘드리아 DNA로는 왕성한 생식력이 어머니에게서 딸에게 계승됐는지도 알 수 있다.

수렵채집인 어머니가 딸에게

우리는 유전자 계통수에 근거하여 다른 사회에 관한 통계 실험을 했다. 실험을 위해 수렵채집인, 유목민, 농민 등 생활 방식이 다양한 주민 40여 명의 미토콘드리아 DNA를 검사했다.

분석에 따르면 수렵채집인 사회에서 여성들의 왕성한 생식력이 계승됐다. 특정 유형의 미토콘드리아 DNA에 다산에 유리한 유전적 요인들이 있을 수 있다는 가설을 1백 퍼센트 배제하지 않더라도, 어머니에게서 딸로 전달되는 사회적 지위 또는 생식과 밀접한 자원에 대한 접근의 이점 등 몇 가지 사회적 메커니즘이 이러한 전달과 양립할 수 있다.

중앙아시아의 경우 생식력은 분명 부계를 통해 계승되었다. 몇몇 가계 혹은 씨족이 생식에 최적화된 사회적 특권을 가지고 있었다면 부계를 통해 계승됐을 것이다. 그렇게 한 씨족이 너무 커지면 분화된다. 이 같은 핵분열은 우연이 아니라 부계 관계에 따라 발생하고, 이때 유사한 Y 염색체들이 집중된다. 그렇기 때문에 몇몇 집단에서 특정 Y 염색체들이 과하게 나타난다.

청동기시대 이후의 유전자 계승

물론 수많은 민족이 부계를 통해 많은 유전자를 전달한다. 그렇다면 이러한 혈족 관계는 언제부터 시작됐을까? 고대 DNA로 혈족 제도를 알아내려면 같은 시대 사람들의 DNA를 분석할 표본이 많아야 하는데 현재는 양이 적다. 머지않아 확보할 수 있을 것이다! 대신 우리는 현대인의 Y 염색체들을 실마리로 추적했다. 하플로그룹이란 유사한 돌연변이를 공유하는 Y 염색체들의 특정 돌연변이에 기초하면 연대를 추정할 수 있다. 유라시아에서 흔히 발견할 수 있는 이 그룹 대부분은 두 시기에 시작됐다.

칭기즈칸 하플로그룹 같은 젊은 그룹은 1천 년 정도 됐고, 다른 그룹은 3천~4천 년 정도다. 이 연대에는 수백 년의 오차가 있을 수 있다. 가장 오래된 하플로그룹은 청동기시대에 시작됐다. 이 시기에 국가가 성립하고, 지배층이 출현했으며, 사회계급이 탄생했다. 따라서 이때 사회적 지위와 남성들의 생식력의 상관관계가 시작됐을 것이다. 어떤 사람들은 사회적 특권 때문에 후손을 더 많이 가졌고, 특권은 여러 세대에 대물림됐을 것이다. 이 현상은 부계사회 출현과 관련 있을 수 있다.

주요 변화의 또 다른 간접적 증거는 시간의 흐름에 따른 유라시아 Y 염색체의 유전적 다양성을 다양한 방법으로 추적하여 발견했다. 이 작업은 청동기시대 Y 염색체의 다양성이 대폭 감소했다는 것을 증명했다. 연구자들은 변화를 설명하기 위해 부계를 기반으로 하는 모델을 제시했다.

생식 성공률을 높이기 위해 사회적으로 세분화된 계급사회에 살 필요가 있을까? 아니다. 이러한 현상은 보다 일반적이고, 부계사회에서만 나타나는 것은 아니다. 현대 서양에서도 사회적 지위가 높은 남성들은 평균적으로 후손이 더 많다. 사회적 지위는 부분적으로 한 세대에서 다음 세대로 승계된다. 칸 행세를 하기 위해 몽골에 갈 필요는 없다.

몽골인들의 이주

몽골부터 중앙아시아까지 확인된 칭기즈칸 하플로그룹을 통해 지역 사회의 사회조직뿐 아니라 다른 이야기도 알 수 있다. 역사가들에게 잘 알려진 두 지역 남성들은 이주 과정에서 여러 후손을 남겼다. 우리는 그 이주, 특히 성 문제에 관한 정보를 많이 얻고 싶었다. 남성들만 이주했을까, 혹은 여성들도 포함됐을까?

몽골인들에 관한 자료는 매우 드물고, 중앙아시아 사람들이 유래했다고 주장하는 서몽골(알타이산맥의 일부)은 더더욱 그렇다. 그래서 대상을 넓혀 서몽골 사람들의 표본도 채취하기로 했다. 그곳에서 연구한 학자들은 동의하겠지만, 몽골은 연구하기 쉬운 곳이 아니다! 유목 전통이 있는 상당수 몽골인들의 시간과 공간에 대한 이해 방식은 서양인과 사뭇 다르다. 여러분이 누군가와 만나기로 약속한다면, 마지막 순간에 상대가 그 나라의 다른 쪽 끝에서 온다는 것을 알게 될 것이다! 이런 조건에서 조사하는 것이 쉽지는 않았지만 우리는 항상 웃으며 해결책을 찾았다.

서류상으로 우리의 여정은 괜찮아 보였다. 시베리아 남쪽 투바공화국을 시작으로 호브드에서 연구하기 위해 몽골 국경을 지나 서쪽으로 갈 예정이었다. 투바공화국에서의 작업은 키질대학교 연구자들의 도움 덕분에 순조로웠다. 우리에게 흥미를 느낀 마을 주민들은 우리를 환대하며 조사에 기꺼이 응해주었다. 우리는 이어서 몽골로 출발할 준비를 했다.

모험가 학자

지도에도 거의 표시되지 않은 길은 비포장도로의 돌멩이와 강바닥의 자갈들로 덜컹거렸다. 강을 건너야 할 땐 무척 무서웠다. 운전기사는 이곳 지리에 익숙했지만 며칠 전 억수같이 내린 비와 싸워야 했고, 거기다 누가 봐도 거나하게 취해 있었다. 그는 야트막한 곳으로 차를 몰고 들어갔고, 강 한가운데까지 가자 빠른 물살이 차 안으로 밀려 들어왔다.

공포에 휩싸인 우리는 차에서 내리기 위해 사투를 벌여야 했다. 허리까지 닿는 얼음장처럼 차가운 급물살 한가운데에서 러시아 우아즈 트럭이 우리를 보호해줬다. 한 연구자가 물살에 휩쓸렸는데, 앞서 강을 건너던 다른 사람이 겨우 그의 셔츠 깃을 잡았다.

정말 다행히도 모두 무사했다. 우리는 빨리 불을 피워 몸을 데우고 트럭을 바라보며 분통을 터트렸다. 강 한가운데에 기울어져 물이 차 있는 트럭에는 가방과 장비들이 실려 있었다. 그때 어디선가 한 무리의 유목민들이 말을 타고 나타났다. 그들은 우리에게 따뜻한 밀크티를 준 후 수십 킬로미터 거리의 가장 가까운 마을에 우리 소식을 알리러 갔다. 몇 시간 후 주민들이 트랙터를 몰고 나타나 차를 강에서 끌어내고 우리를 자신들의 집으로 데려갔다.

그동안 모은 표본들은 방수 용기 속에 있어서 무사했고, 조사 서류와 공문서들도 배낭에 들어 있어서 무사했다. 하지만 여행 가방들은 처참했다. 우리 중 한 사람은 여권이 든 가방을 분실했는데, 강물에 휩쓸리는 동료를 구할 때 사라진 것 같았다. 러시아에서는 여권과 국내 여행 비자가 없으면 이동이 불가능했다. 우리는 투바공화국의 수도 키질로 돌아가야 했는데 이틀이 걸릴 예정이었다.

마을을 떠나기 전 우리는 강에서 분실한 작은 가방 하나를 찾아서 돌려주는 사람은 보상으로 안에 있는 돈을 가져도 된다고 얘기했다. 키질에 도착한 우리는 가장 먼저 모스크바 소재 프랑스 대사관에 전화했다. 대사관 직원은 여권을 분실한 동료에게 그 나라를 벗어날 수 있는 임시 여권을 발급해주겠다고 했다. 문제는 대사관에 직접 찾으러 가야 한다는 것이었다! 참으로 황당한 것이 우리가 있는 곳에서 모스크바까지의 거리는 5천 킬로미터인데 대사관은 여권을 보내줄 수 없다고 거절했다. 이 나라에서는 신분증이 없으면 항공권이나 기차표를 살 수 없고 여행 자체가 불가능했다. 강이 우리를 집어삼키지는 않았지만 익사 위기를 넘기자 또다시 터무니없는 상황에 처했다!

작은 뼈와 향

대학교 학장은 우리에게 공화국 보안청장과의 만남을 주선해주었다. 그는 모스크바의 승인 없이 특별 이동허가증을 발급하기 위해 할 수 있는 일을 알아보고 우리를 도와주겠다고 약속했다. 한편 우리와 연락을 주고받는 대학교 관계자는 투바의 샤먼 대표와의 만남을 주선해줬다. 지역에서 존경받는 인물인 샤먼은 우리를 기꺼이 도와주겠다고 했다. 그는 우리를 불러 작은 뼈들과 향을 사용하여 혼령들을 부르는 의식을 치렀다. 그다음 우리는 웅장한 절에 초대되어 큰스님을 만났는데, 그는 우리를 위해 영적 존재에게 도움을 청했다. 이곳의 매력 중 하나는 다양한 신앙과 소련 체제의 합리성이 공존하는 것이다.

하루가 끝날 즈음 특별 이동허가증이 준비됐다. 공항으로 가려는데, 마을 사람들이 강에서 우리 가방을 찾았다는 전화를 받았다. 하지만 그들은 우리가 약속한 보상금에 더해 우리가 임무를 계속할 수 없을 정도로 터무니없는 돈을 요구했다. 우리는 돈 문제를 해결하기 위해 학장을 만나러 갔다. 보드카에 취해 우리를 강에 빠트리고 난처하게 만든 사람이 바로 그의 운전기사였기 때문이다! 합의를 마친 우리는 다시 마을로 갔다.

마을 면장의 이야기에 따르면, 사고 다음 날 온 마을 사람이 보상금을 노리고 강을 뒤졌는데 아무것도 발견하지 못했다. 그런데 몇 사람이 끈질기게 잠수해서 자신들이 잘 아는 움푹한 강바닥을 뒤졌고, 결국 가방을 발견했다. 우리는 충돌 없이 공식적으로 돈과 여권을 교환했다. 다음 날에는 경찰서장의 호위를 받으며 마을을 떠났고, 이틀 후 조심스럽게 강바닥을 따라 러시아와 몽골의 국경을 넘었다.

놀라운 풍경이 펼쳐졌다. 인적이 끊긴 평야 한가운데 설치된 유르트에서 사람들이 우리를 맞아주었다. 드디어 국경이었다! 우리는 젖어 훼손된 여권과 증명서 몇 장을 들고 다시 한번 러시아에서 몽골로 입국하기 위해 협상해야 했다. 국경 너머 호브드에서 닷새간 체류할 예정이었으나 이틀밖에 머물 수 없었다. 표본 채취를 위한 계획을 변경해야 했다.

우리는 전대미문의 방법을 택했다. 시장 노점을 빌리고, 지역 라디오 방송에 광고를 했다. 이 작전은 잘 통했다! 심지어 감당하기 힘들 정도로 성공적이었다. 사람들은 기꺼이 질문에 답하고 치수를 재고, DNA 표본 채취용 타액 수집에 응해줬다. 우리는 기진맥진했지만 행복하게 노점을 나왔다. 표본 채취를 마무리하자 어느 부부가 우리에게 암각화가 있는 계곡에 가보라고 제안한 것은 금상첨화였다.

숨어 있는 보물

다음 날 즉흥적으로 소개받은 안내자는 우리를 동굴로 인도했다. 동굴 안쪽 암벽에 멋진 낙타가 새겨져 있었다. 감동적이었다. 더 안쪽으로 들어가자 우리는 숨을 쉴 수 없었다. 꼭대기에서 바닥까지 몇백 미터 길이의 암벽에 그림이 새겨져 있었다. 어떠한 감시도 없이 외부에 버젓이 보물이 있었다.

이 지역은 전 세계에서도 놀라운 곳이다. 고고학 유적은 오랜 역사의 증거다. 사람들이 수천 년 전부터 인류가 살았던 땅을 생각할 때 시베리아 남쪽 알타이 지방을 떠올리진 않을 것이다. 하지만 이곳에서 네안데르탈인 유골, 오늘날까지 이어지는 인간의 점거 흔적들이 발견됐다. 명백히 밀도 높은 점거였다. 암각화 계곡 옆에 다른 무덤들(쿠르간)이 가득한 유적이 이어졌다. 수백 킬로미터에 펼쳐진 왕들의 계곡이다.

안내자는 자신의 친구인 낙타 사육자에게 우리를 데려갔다. 그 지역의 스타였던 사육자는 경주용 쌍봉낙타를 타고 다녔다. 그의 유르트에는 태양열 전지판이 전원을 공급하는 텔레비전이 있었는데, 그 위에 각종 트로피와 그의 기사가 실린 일간지 1면이 진열되어 있었다. 그가 낙타를 타보라고 권했고, 우리는 제안을 받아들였다. 안장을 두 혹 사이에 맞춰놓은 덕분에 놀랍게도 편했다. 하지만 낙타를 앞으로 가게 하는 건 불가능했다. 노새보다 고집이 셌다! 낙타 사육자는 낙타 젖 짜는 모습을 보여줬고 우리도 따라 했다. 낙타 젖은 약간 쓰고 짜서 맛이 이상했지만 곧 적응할 듯했다. 맛있게 느껴지려면 며칠은 걸릴 것 같았다. 전날 우리의 조사에 응해준 참여자들과도 마찬가지였지만 우리는 그들의 언어로 소통할 수 없어서 안타까웠다. 다행히 안내자가 러시아어 단어 몇 개를 알고 있었다.

여성들의 역마살

파리 인류박물관으로 돌아온 우리는 힘들게 얻은 표본들을 분석했다. 몇몇 민족, 특히 몽골인, 카자흐인, 그리고 키르기스인에게서 (칭기즈칸이나 기오창가의 것으로 여겨지는) 그 유명한 Y 염색체들이 자주 발견됐다. 놀라운 것은 이들의 Y 염색체를 보니 민족들 간의 차이가 극단적이라는 것이었다. 매우 높은 빈도로 하플로그룹들이 나타나는 민족이 있는가 하면, 매우 적은 민족도 있었다. 이러한 격차의 원인은 지리로밖에 설명할 수 없다. 가까이 사는 민족들 간에는 눈에 띄는 차이가 나타나는 반면 지리적으로 먼 민족들 간에는 빈도가 유사하다.

이처럼 심한 차이는 여성들의 역사를 알 수 있는 미토콘드리아 DNA로 측정하는 다양성과 분명히 대조된다. 일정한 지역 민족들의 차이가 크지 않은 것은 여성들이 지역 내에서 반복하여 이동했다는 표시다. 따라서 중앙아시아 혹은 시베리아-서몽골로 확대해보면 이 민족들의 미토콘드리아 DNA가 유사할 정도로 여성들의 이동이 매우 잦았을 것이다. 그럼에도 불구하고 우리는 지리적으로 거리가 먼 지역들 간의 미미한 차이를 발견했다. 여성들의 교환은 국지적으로는 빈도가 매우 높지만, 규모가 확대되면 빈도가 낮아졌다.

반대로 지리적 규모와 상관없이 남성들의 이동은 중요도가 크게 떨어진다. 민족들 간의 Y 염색체는 매우 다른데, 이웃한 민족일지라도 마찬가지다. 남성들은 적게 이동하지만, 일단 이동하면 칸 하플로그룹에서 볼 수 있듯이 멀리 간다. 사람종의 경우 일반적으로 여성들이 남성들보다 더 많이 이동한다.

혼인에 관한 보편적 법칙

전 세계 차원에서 민족 간의 미토콘드리아 DNA와 Y 염색체의 차이를 비교하면 부계의 Y 염색체가 모계의 미토콘드리아 DNA보다 유전자 차이가 더 크다. 여성들이 더 많이 이동했다는 의미다. 직관적이지 않은 이 결과를 어떻게 설명할 수 있을까? 혼인할 때의 거주 규정과 관계가 있을까?

사실상 모든 인간 사회는 다른 마을 사람과의 혼인을 규정하고 있다. 간략히 말해서 부계사회에서는 부부가 남성의 가족이 거주하는 마을에 거처를 정한다. 따라서 이동하는 사람은 여성이다. 모계사회에서는 부부가 여성의 가족들이 거주하는 마을에 거처를 정한다. 이때는 남성이 이동한다. 어떤 사회는 새로운 장소에 거처를 마련하는 것이 규범인데, 이를 신거제新居制라고 한다.

대부분의 인간 사회는 부계사회다. 여러 세대에 걸쳐 이웃에서 이웃으로, 마을에서 마을로 이동한 사람은 대부분 여성이다. 그럼에도 불구하고 인간 사회의 30퍼센트는 모계사회다. 사람종의 독창적 특성 중 하나는 바로 거주 제도의 다양성이다. 그렇다면 프랑스는 어떨까? 전통적으로는 부거제지만 현대사회로 접어들면서 점차 신거제가 증가하고 있다.

인간이 아닌 영장류는 같은 종의 구성원 모두가 단 하나의 거주 규칙을 공유한다. 침팬지는 부거제 행동 양식을 보이기 때문에 수컷은 성성숙기에 자신이 자란 집단에 남는 반면 암컷은 자기 집단을 떠난다. 이러한 규칙은 모든 침팬지 구성원에게서 동일하게 나타난다. 긴꼬리

원숭이와 개코원숭이의 경우 수컷이 무리를 떠난다. 이들 역시 모든 구성원의 거주 규칙이 같다. 다른 종은 이처럼 엄격한 데 반해 인간의 관습이 유연한 이유는 무엇일까? 비밀은 여전히 풀리지 않고 있다.

누벨프랑스로 이주한 유럽인
— 16세기

　16~19세기는 대서양을 횡단하는 이주의 시기였다. 약 3백만 명의 유럽인이 아메리카로 이주했고, 1천만~1천2백만 명의 아프리카인이 아메리카로 강제 이주됐다. 인류의 최선(신대륙 발견으로 인한 열기)과 최악(인간의 인간 착취)이 뒤섞인 양면적 시기의 퀘벡 식민지 개발은 유전학자인 나로서는 매우 흥미롭다. 나는 역사학자 제라르 부샤르Gérard Bouchard가 설립한 시쿠티미 소재 연구소에서 이곳 민족을 몇 년간 연구했다. 탐험가 자크 카르티에Jacques Cartier의 소형 함대에 소속된 3척의 선박 중 하나인 그랑드 에르민에 올라 대서양을 가로질러 항해해보자.

　1534년, 생말로 출신의 이 유명한 탐험가는 세인트로렌스만에 접안하고 캐나다를 '발견'했다. 그는 즉각 프랑스 국왕의 이름으로 현재의 퀘벡을 점령하고 누벨프랑스를 건설했다. 순식간에 본국에서 온 식민지 개척자들이 정착하고 영토를 식민지로 만들었다. 이들 중에는 도시에서 온 젊은 남성이 많았다. 대다수가 수공업자였고, 드물게는 농촌 지역 주민들도 있었다. 역사 자료에 따르면 그들은 가난에서 벗어나려고 이주한 것이 아니었다. 고증에 따르면 번영의 시기에 주요 출발 항구였던 라로셸에서 이주민들이 더 자주 떠났다. 개척자들의 기록을 보면 그들은 돈을 더 많이 벌고 큰 부자가 되려는 희망을 품고 있었다.

왕의 딸들

여성들 역시 도시에서 왔는데, 계층은 더 다양했다. 퀘벡에 발을 들여놓은 전체 2천 명의 프랑스 여성 중 가난한 소녀들은 850명이었다. 이들 대부분은 '왕의 딸들'로서 이곳을 속령으로 만들기 위해 누벨프랑스로 왕이 보낸 고아들이었다.

이들은 가정을 이루고 세인트로렌스강을 따라 정착했다. 환경은 만만치 않았지만 영아 사망률은 프랑스보다 낮았기 때문에 일반적으로 대가족이었다. 혹독하게 춥고 긴 겨울 덕분에 전염병 확산이 억제되었다. 따라서 연간 인구 성장률이 1천 명당 25명으로 같은 시기 1천 명당 3명인 프랑스보다 높았다. 특히 1681~1765년 자연 증가로 인구가 1만 명에서 7만 명이 됐다.

1608~1760년에 정착하러 온 프랑스 이민자는 대략 1만 명이다. 1763년 프랑스는 영국에 누벨프랑스를 뺏겼다. 이로써 프랑스의 식민지 개발은 끝났다. 이후 도착한 이민자들은 영국인 개신교도나 아일랜드 가톨릭교도였다. 두 공동체는 프랑스인들과 섞이지 않았다. 따라서 프랑스인들이 이들에게 밀리지 않도록 하기 위해 프랑스어를 사용하

는 성직자가 '요람 전쟁'*을 시작했다. 가톨릭을 믿는 프랑스가 비록 영토를 뺏겼지만 교회가 나서서 인구 증가 정책을 시작한 것이다.

주님의 뜻

결과적으로 자녀가 10명 이상인 가정이 드물지 않았다. 1850~1880년에 사그네락생장 행정구에서 태어난 여성들은 평균적으로 혼인한 7명의 자녀와 38명의 손주가 있었다. 등기부를 보면 최고 25명의 혼인한 자녀를 둔 기록도 있다. 교구의 주임신부는 불의의 사태에 대비하는 차원에서 규칙적으로 신도 가정을 찾아가 여성들에게 의무를 상기시켰다.

퀘벡에서 태어난 한 여성 친구는 1950년대에도 상황이 비슷했다고 내게 이야기했다. 그의 어머니는 6명을 낳았는데, 막내가 태어날 때 난산으로 목숨을 잃을 뻔해서 의사가 다시 임신하는 것을 만류했다. 하지만 지역 주임신부는 아랑곳하지 않고 정기적으로 찾아와 주님의 뜻이라며 아이를 더 가지라고 부추겼다. 부부가 거절하자 신부는 그들을 파문하고 미사에 오는 것을 금지했다! 1960년대와 1970년대 프랑스어권 퀘벡인들은 성직자의 규칙을 버림으로써 '조용한 혁명'을 했다. 따라서 이 지방은 인구통계의 과도기를 겪었다. 한 가정당 자녀가 평균 6명 내지 7명이던 것이 2명 이하로 대폭 줄었다.

---

* 요람 복수라고도 불린다. 주요 목적은, 당시 대거 몰려오는 영국 이민자보다 수적 우세를 점하거나 적어도 프랑스어권 사람들이 적어지는 것을 막기 위해 영국인보다 많이 출산하는 것이었다.

주민들의 일대기

당시 교회의 통제는 유용한 면이 있었다. 소교구 등록부에는 출생, 결혼, 사망 등이 자세하게 기록되어 보관되고 있었다. 인구통계학자에게는 금광이었다. 하지만 기록을 활용하여 이 지방의 역사를 살펴보려면 자료를 면밀히 검토하고, 기록을 전사轉寫하고, 연결하는 지난한 작업을 해야 했다. 한 사람 한 사람에게 고유번호를 부여해서 아이디를 만들고 모든 개인 신상 기록을 연결하는 일이었다. 계통학 전문가라면 이 과정을 잘 알 것이다.

어떤 과정을 거쳐야 할까? 간단한 방법은 결혼증명서부터 시작하는 것이다. 각각의 증명서에는 부부의 이름이 적혀 있지만 양가 부모 이름도 있다. 이 정보로 각 개인의 부모를 확인하고 세대를 거슬러 조상을 확인할 수 있다. 하지만 역사인구학으로 연구하기에는 조상들의 계보 자료가 충분하지 않았다. 각 개인이 평생 몇 명의 자녀를 몇 살에 가졌는지, 자녀들이 몇 살에 사망했는지, 결혼 전에 사망했는지 등도 알아야 했다.

정보들을 얻으려면 모든 신상 명세를 보강하고 '모집단 파일'을 다시 만들어야 했다. 몇 살에 사망했는지, 결혼했다면 누구와 몇 살에 했는지, 자녀들이 있다면 몇 살에 얻었는지, 그리고 그 자녀들은 결혼했는지 등등의 자료는 개인의 인구통계학적 일대기를 보여준다.

이 파일이 있으면 한 사람이 다른 사람들과 맺은 혈족 관계를 알 수 있다. 또한 부모가 사촌인지, 배우자가 사촌인지, 손주가 있다면 몇 명인지도 알 수 있다. 이 자료는 인간 집단이 어떻게 작동하는지 이해할 수 있는 매우 소중한 자원이다. 역사인구학은 프랑스에서 시작됐지만 퀘벡에서 자동화하고 이례적으로 발전했다. 아일랜드인들은 인구 파일을 만드는 과정에서 퀘벡인들로부터 노하우를 배웠다.

열성 유전병을 찾아서

어느 시기의 퀘벡 주민 파일이 만들어졌을까? 첫 번째 파일에서는 퀘벡 인구가 약 20만 명이었던 17세기 식민지 개발 초기에서 1800년까지의 모든 프랑스어권 퀘벡인을 조사했다. 두 번째 파일에서는 1838~1971년 사그네락생장과 샤를부아 지역의 목록을 작성했다. 이후 두 번째 파일은 퀘벡의 다른 지역까지 확대됐고, 현재 2천9백만 명의 신상 명세 파일이 만들어졌다.

샤를부아와 사그네락생장 지역에 집중된 두 번째 파일이 만들어진 계기는 역사적 문제뿐만 아니라 의학적 문제 때문이었다. 의사들은 이지역의 50세 이상 주민에게서 나타나는 몇 가지 유전병을 특정했다. 대부분 열성이지만 아버지와 어머니 양쪽에서 동시에 해로운 돌연변이를 수용할 때만 나타나는 질환이다. DNA는 2가지 버전의 동일한 유전자를 갖는데, 이것을 동형접합체 돌연변이 유전자라고 한다. 이 지역의 질환 발현 빈도는 1천6백 분의 1로 상당히 높았다.

열성 질환 보유자의 존재는 보통 가까운 혈족 관계로 설명할 수 있다. 왜 그럴까? 근친 관계인 부모가 있는 사람은 공통 조상으로부터 같은 돌연변이 유전자를 직접 받을 수 있기 때문이다. 부모가 혈족 관계가 아니라면 그들 중 1명이 우연히 돌연변이 유전자를 가지고 있었다는 것인데, 가능성이 희박하다.

발현 빈도가 1백 분의 1인 돌연변이를 가정해보자. 혈족 관계가 아닌 개인은 아버지에게서 이 돌연변이를 받을 확률이 1백 분의 1이고, 어머니에게서 받을 확률은 1백 분의 1이다. 즉, 동형접합체 돌연변이 유전자가 발현할 확률은 1만 분의 1(100×100)이다. 만약 부모가 사촌 관계고 그들의 공통 조부가 (1백 분의 1 확률로) 돌연변이를 가지고 있으며, 부모가 될 손자와 손녀에게 16분의 1 확률로 전달하면, 그들의 자녀는 동형접합체 돌연변이 유전자를 가질 수 있다. 자녀가 아버지와 어머니에게서 돌연변이 유전자를 받을 확률은 16분의 1×1백 분의 1로, 부모가 사촌이 아닐 때보다 6배 높다.

'아랍 결혼'이라고 불리는 사촌 간의 결혼을 선호하는 지중해 주변에서 열성 질환에 걸리는 사람들은 대부분 이러한 혼인으로 태어났다. 가톨릭교회에서는 친척 간 결혼의 결과가 잘 알려져 있다. 사촌 간에, 시기에 따라서는 6촌 혹은 8촌과 결혼하려면 교회법의 면제 증명서를 받아야 했다. 면제 증명서들을 분석하면 19세기나 20세기 초까지의 프랑스 인척 관계도를 그릴 수 있다. 근친혼은 지방마다 상당히 달랐다. 근친혼의 결과는 프랑스와 유럽 왕가의 가계도에 잘 드러난다. 왕족들이 반복되는 사촌 간의 혼인에서 기인한 열성 질환에 시달리는 경우가 드물지 않았다.

비근친혼의 비밀

샤를부아와 사그네락생장 주민들의 가계도를 복원한 덕분에 열성 질환을 앓는 사람들의 근친혼이 어느 정도인지 계산할 수 있었다. 그런데 결과가 의외였다. 근친혼이 더 많진 않았다! 일반적으로 사그네락생장 주민의 근친혼이 다른 유럽인들보다 많지는 않았다. 그렇다면 환자의 비율이 이처럼 높은 이유는 무엇일까? 이유는 단순하다. 질환들을 유발하는 돌연변이가 이 지역 주민에게 자주 발생하기 때문이다.

실제로 이 지방의 특이 질환들의 경우 보균자, 즉 돌연변이 유전자 사본이 하나여서 질환이 발현하지 않은 사람의 비율은 20분의 1 혹은 30분의 1이다. (샤를부아-사그네 경련성 운동실조증, 제1형 타이로신혈증, 비타민 D 가성결핍증 같은) 몇몇 질환은 이 지방에서만 발현한다. 점액과다증 같은 다른 질환들은 유럽인들에게서 흔히 발현한다. 브르타뉴처럼 이 질환이 자주 발현하는 프랑스 지역과 사그네락생장의 발현율은 비슷하다.

반대로 (프리드라이히 운동실조처럼) 유럽에서 흔한 몇몇 열성 질환은 퀘벡 동부에서는 발견되지 않았다. 이 고장에서 나타나는 질환들의 돌연변이는 이제 잘 알려졌고, 분자 지표molecular signature를 보면 이곳 주민에게만 특징적으로 나타난다는 사실을 알 수 있다. 다시 말해 이 질환들은 이곳 주민에게만 발생한다. 그 이유는 주민들의 수가 제한적이었기 때문이다. 이는 퀘벡, 그중에서도 샤를부아와 사그네락생장의 유전자 풀에 영향을 끼쳤다.

최초 확진자를 찾아서

퀘벡에 관련 질환들을 가져온 사람을 찾을 수 있을까? 최초 보균자를 찾으면 잠재적 보균자인 그의 후손들 모두를 확인할 수 있을까? 우리는 개인 신상 자료들 덕분에 조상들의 가계도를 쉽게 복원할 수 있었다. 한 질환을 보유한 환자 1백여 명의 가계도를 살펴봤다. 1700년 이전의 2천6백 명의 조상들까지 거슬러 올라갔다. 이들 중 공통 조상은 50여 명이었다. 환자들 중 95퍼센트의 가계에 이 최초 확진자들이 있었다. 다시 말해 최초 보균자는 50여 명 중 1명이다.

이어서 우리는 시쿠티미 연구팀과 함께 다른 질환을 같은 방식으로 조사했다. 결과는 놀라웠다. 앞에서 찾았던 50여 명의 조상이 다시 나타났다. 이 질환을 보유하지 않은 사람들의 표본 중 하나를 무작위로 택해도 연구자들은 동일한 50명의 공통 조상에 도달했다! 요컨대 모든 사그네락생장 주민의 공통 조상은 이 50명이다. 몇몇은 프랑스어권 퀘벡인 대부분의 조상이기도 하다.

이들은 수많은 후손의 공통 조상일 뿐만 아니라 더 나아가 (프랑스어권 퀘벡인의 자녀인 주민들 중 무작위 20여 명의) 가계도가 서로 다른 현대인들과도 연결되어 있다. 그렇기 때문에 현대인에게 미치는 유전자 기여도가 높다. 사실 한 가계도에서 단 한 번 발견된 먼 조상은 현대의 한 개인의 유전자에 거의 영향을 미치지 않는다. 이는 세대 수에 따라 계산한 결과다. 우리는 유전자의 2분의 1을 아버지 혹은 어머니에게서, 4분의 1을 조부에게서, 8분의 1을 증조부에게서 받는다. 따라서 10대 조가 우리 유전형질에 미치는 영향은 2분의 1의 10제곱인 0.1퍼센트다. 반면 가계도에 20회 등장하는 조상이라면 유전자 기여도는 몹시 높아질 수 있다.

유전자 기여도는 무엇일까? 한 조상의 특정 게놈을 후손에게서 발견할 수 있는 확률이다. 기여도는 그 조상에게서 유래한 개인의 게놈의 평균 백분율로 이해할 수 있다. 따라서 50명의 공통 조상 모두가 현대인 유전자 풀의 40퍼센트에 영향을 미쳤다. 반면 시조의 60퍼센트가 현대인의 유전자 풀에 끼친 기여도는 10퍼센트 미만이었다.

창시자효과

여러 세대에 걸친 유전자 전달 모의실험 결과 우리는 시조들이 현재 주민에게서 흔히 발현하는 질환을 보유했을 가능성이 있음을 증명했다. 예상 밖의 일이었을까? 그렇기도 하고 아니기도 하다. 아닌 이유는, 우리 모두는 유전자 돌연변이를 가지고 있어서 그것이 후손 중 1명에서 2개의 복사본(하나는 아버지에게서, 다른 하나는 어머니에게서 물려받은 것)으로 발견될 때 질환으로 이어질 수 있기 때문이다. 섬 혹은 화성에 하나의 새로운 집단을 만든다고 가정하면 우리의 돌연변이들은 퀘벡에서처럼 10세대 뒤의 후손들에게 질환을 일으킬 수 있을 것이다.

이 새로운 집단의 창시자들은 자신들이 속했던 집단의 부표본인 유전자 풀을 자신도 모르게 가지고 간다. 이것이 앞에서 언급한 창시자효과다. (프리드라이히 운동실조처럼) 프랑스에서 자주 발현하는 몇몇 유전질환이 왜 퀘벡까지 건너가지 않았는지, 또한 반대로 퀘벡에서는 흔한 질환들이 왜 프랑스에는 없는지를 창시자효과로 설명할 수 있다. 따라서 아버지 시조들에게서 해로운 유전자들의 기원을 찾는 것은 놀라운 일이 아니었다. 반면 몇 세대 만에 (규모가 큰 집단에서는 10여 세대 만에) 특정 돌연변이들이 발현할 확률이 그토록 높아진 것은 예상 밖의 일이 었다.

생각해보면 아버지 시조들의 범위가 대략 50여 명으로 제한된 점은 뜻밖이었다. 대체로 사람들은, 굳이 므두셀라까지 거슬러 가지 않아도 한 집단의 공통 조상이 있다는 사실을 놀라워한다. 우리 조상들이 모두 다르다고 상상해보자. 프랑스어권 퀘벡인 10만 명부터 시작해보자. 각자 2명의 부모, 4명의 조부모, 8명의 증조부모가 있다. 모든 사람의 조상이 각기 다르고 1명의 조상이 1명의 후손만을 갖는다면, 이 집단의 3세대 전에는 인구가 40만 명이고, 4세대 전에는 80만 명, 1800년인 6세대 전에는 320만 명이어야 한다. 그런데 퀘벡 인구는 당시 20만 명이었다.

따라서 한 가계의 조상들은 다른 가계에도 조상으로 나타나고, 여러 사람의 가계에 여러 번 등장할 수 있다. 여러분이 퀘벡인이라면 모계 고조부는 부계 고조부 그리고 다른 퀘벡인의 조상과 동일인일 수 있다. 10세대나 12세대 전 라벨프로방스* 시조는 수천 명에 불과했다. 따라서 퀘벡인들의 가계에 이들이 여러 번 반복해서 등장한다.

*   캐나다 동부 프랑스어권 지방인 퀘벡의 별명.

가계도에 관한 기록

예를 들어보자. 자카리 클루스티에와 그의 부인 생트 듀퐁은 1930년대에 혼인한 퀘벡인들의 가계 81퍼센트에서 나타나고, 심지어 동일한 한 가계에 50번이나 등장한다. 터무니없어 보이지만 두 사람의 후손은 수백만 명에 이른다! 또 다른 기록은 1657년 퀘벡에서 안느 아숑과 혼인한 피에르 트랑블레다. 퀘벡의 모든 트랑블레의 기원인 그는 동일한 가계에 92번이나 등장함으로써 최다 기록의 소유자가 되었다!

시조 50명이 퀘벡 주민에게 미친 기여도가 왜 이처럼 불균형하게 높을까? 모든 시조가 여러 세대 이후 평균적으로 같은 수의 후손을 두었다고 가정해보자. 그렇다면 시조 50명이 사그네락생장 주민 유전자 풀의 40퍼센트를 차지하는 불균형한 유전적 기여는 찾아볼 수 없었을 것이다.

다른 사람들은 그렇지 않은데 몇몇 시조만 이토록 크게 기여한 이유를 설명하려면 인구통계 자료와 출산율을 살펴봐야 한다. 자녀가 적은 가족은 드물었지만, 유전학에서 중요한 것은 한 집단 안에 정착한 자녀들이다. 자손을 낳기 전에 사망하거나 이주한 사람들은 집단의 유전자 풀에 영향을 미치지 않는다.

유전자 풀에 기여한 사람들을 '유효한 아이들'이라고 한다. 만약 당신에게 7명의 자녀가 있는데 그중 1명은 어려서 사망하고 다른 6명은 집단을 떠났다면 당신은 그 집단의 다음 세대에 유전적으로 기여하지 못한다. 반대로 당신에게 7명의 자녀가 있는데 그중 6명이 성인이 되도록 살면서 그 집단 안에서 자식을 낳았다면 당신의 유전적 기여는

6명의 자식이다. 그렇다면 몇몇 가족이 다른 가족들보다 유효한 아이들의 수가 많은 이유는 무엇일까?

인구통계 자료를 보면 뜻밖의 결과에 도달한다. 몇몇 가족은 이 집단 안에 살며 결혼한 자녀가 많고, 이 자녀들도 이 지방에 살며 결혼한 자녀가 많다. 이러한 도식이 반복된다. 한 세대에서 다음 세대로 이어지는 생식력의 상관관계를 관찰할 수 있다. 그런데 이 관계는 결혼한 자녀에게만 해당된다. 성년이 되기 전에 사망한 자녀들과 특히 다른 곳으로 떠나 결혼한 자녀들을 포함한 전체 자녀를 계산하면 이러한 생식력의 상관관계는 없다.

간단히 말해서 자녀들이 지역에 남아 결혼한 대가족이 있었고, 자녀들이 지역을 떠난 대가족도 있었다. 이 지역은 개척 전선이었다. 따라서 몇몇 가족은 모든 자녀가 정착할 수 있도록 사그네락생장 근처에 머물면서 지역 삼림을 개간하러 갈 수도 있었을 것이다. 이 지방에 터전을 잡은 손주들의 가족이 1백여 명에 이르는 경우도 드물지 않았다!

말하자면 17세기에 살았던 몇 안 되는 사람들이 유전적으로 불균형하게 기여한 것은 그곳에 정착해서 결혼하는 전통을 몇몇 가족이 지켜온 덕분이었다. 이 성공적인 생식의 문화적 계승은 전통적으로 남성만이 성공적 생식을 계승하는 중앙아시아에서도 관찰된다.

발세린 계곡에서

프랑스 사람들은 창시자효과를 알아보려고 멀리 갈 필요가 없다. 내가 연구했던 앵주의 발세린 계곡이 이 현상의 훌륭한 예시다. 뒷받침할 자료도 충분하다. 쥐라산맥 남쪽에 위치한 이 웅장한 계곡에는 여러 마을이 자리 잡고 있다. 의사들은 이곳에서 오슬러-웨버-랑뒤 증후군(유전성 모세혈관확장증이라는 명칭으로도 알려졌다)이라는 지역 고유의 유전 질환을 발견했다. 이 질환은 심한 코피와 출혈을 야기하는데, *ACVRL1* 유전자에 돌연변이가 있는 사람에게서 발병한다.

동형접합체가 있는 사람은 이 질환으로 급속히 사망하게 된다. 돌연 변이가 아버지와 어머니에게서 동시에 전달될 때 이러한 유전자 조합에서는 생존할 수 없기 때문에 동형접합체로 탄생하는 경우는 확인되지 않았다. 따라서 이 질환은 자연선택에 의해 사라졌어야 한다. 하지만 젝스와 낭투아에서는 3백 분의 1 정도의 높은 빈도로 존재한다.

이 상황을 어떻게 설명할 수 있을까? 우선 지역적 질환에 관한 가설에 따르면 관련 집단이 오랫동안 고립됐기 때문에 유전자 부동의 결과 슬며시 발현됐고, 여러 세대에 걸쳐 이어졌을 것이다. 실제로 인구가 많지 않은 한 집단이 외딴곳에 살 때 유전자 부동 현상이 뚜렷해진다. 생식의 우연성이 결과적으로 자연선택을 극복하더라도 돌연변이의 빈도가 높아지거나 유지될 수 있다.

이 가설을 실험하기 위해 역사학자들은 현재부터 18세기까지의 발세린 계곡 주민들의 가계도를 복원했다. 우리는 4만 6천 명의 출생일, 결혼 날짜와 친척 관계를 조사했다. 연구 결과 모든 질환자가 18세기에 생존한 1명의 공통 조상을 둔 것은 아니었다. 그런데 분자 자료는 질환자들이 단 하나의 동일한 돌연변이를 가지고 있다고 분명히 말하고 있었다. 따라서 이 돌연변이는 18세기 이전에 발생한 것이다. 이 시기는 확률 계산으로 추정한 결과다. 이 돌연변이를 가지고 있던 유일한 조상은 16세기의 인물일 것이다. 즉, 이 질환은 그 이전에 있었고, 여러 세대에 걸쳐 전달되면서 사실상 자연선택을 피했을 것이다.

또 다른 놀라운 사실은 모든 역사 자료로 많은 부부의 출생지를 분석한 결과에 따르면 이 계곡은 고립되지 않았다는 것이다. 혼인의 30퍼센트는 이방인과 이루어졌다. 심각한 부동이 있으려면 집단이 폐쇄적이어야 한다. 그런데 돌연변이는 이전에 발생했고, 집단은 이동이 자유로웠다. 맞는 것이 아무것도 없다.

땅의 소유자와 돌연변이의 소유자

모순을 어떻게 해결할 수 있을까? 나는 여러 가계도를 자세히 분석하다 한 가지 결론에 도달했다. 이 집단에 뿌리 내린 사람들, 즉 조상 대부분이 이 계곡 출신인 사람들은 현지에 남아 다른 사람들보다 더 많은 자녀를 낳았다는 것이다. 상관관계가 깊은 일이다. 한 세대의 개인에게 이 집단 출신의 조상이 많으면 많을수록 이곳에 정착한 자녀가 더 많았다. 한마디로 한 가계의 정착은 생식에 유리하다. 반대로 부모 혹은 조부모 중 한두 사람이 이 계곡으로 이주한 사람들은 생식이 불리했다.

이 집단의 중심인물은 여러 세대에 걸쳐 정착한 안정된 사람들이었고, 계곡에서 1, 2세대만 거치며 이동하는 사람들은 주변인이었다.

이유는 오직 땅에 있었다. 중심인물은 들과 방목장을 소유했고, 후손들에게 양도했다. 토지 소유권이 없는 이주민들은 다른 사람들보다 정착하기 힘들었고, 더 쉽게 떠났다. 생활이 안정된 중심인물들이 그들보다 생식에 유리한 것은 순전히 사회·경제적 이유였다. 재산을 물려주기 때문이다.

이제 오슬러-웨버-랑뒤 증후군을 상기해보자. 집단에서 이 돌연변이를 가지고 있는 사람들은 바로 안정된 중심인물들이었다. 이들의 유리한 사회 조건은 이 질환과 관련된 불리한 조건을 상쇄한다. 적어도 유전적 진화의 관점에서 사회문제가 생명현상을 상쇄하는 좋은 사례다!

노예와 강제 이주

― 17~18세기

시카고에 사는 아프리카계 미국 여성 메리는 자신의 가계도를 복원하기로 결심했다. 그래서 세대를 거슬러 가기 시작했는데 18세기까지 올라가니 자료가 부족했다. 조상들 중 일부는 아프리카에서 온 노예들이었다. 메리는 그들이 아프리카 어디에서 왔는지 알고 싶었다. 몇몇 기록을 보면 그들을 강제로 배에 태운 항구는 기록되어 있는데 출신지에 대해선 아무 기록이 없었다. 당시 노예들은 아프리카 내륙부터 해안에 이르는 광범위한 지역에서 끌려왔다.

메리처럼 자신의 뿌리를 알고 싶지만 정보 부족이라는 걸림돌에 마주친 아프리카계 미국인 공동체가 많다. 뿌리를 찾는 이들을 돕기 위해 연구자들과 기업들은 유전학에 도움을 청할 것을 제안했다. 어떤 방법을 사용할 수 있을까? 아프리카계 후손들의 DNA와 현재 아프리카인들의 DNA를 비교하는 것이다.

초기 아프리카계 미국인들이 조사를 시작했을 때는 아프리카의 기준이 되는 사람들이 많지 않았고, 모계로 전달되는 미토콘드리아 DNA만 활용할 수 있었다. 결국 그들은 모계만을 거슬러 조사했다. 이런 방식으로 메리는 모계 조상 중 1명이 서아프리카에서 왔다는 사실을 발견했다. 이후 자료와 방법이 개선됐기 때문에 만약 메리가 유전자 프로필을 다시 만든다면 미토콘드리아 DNA를 물려준 모계만이 아니라 다른 조상들에 관한 정보도 얻을 수 있을 것이다. 어쩌면 자신의 뿌리가 중앙아프리카라는 사실도 알 수 있을 것이다. 오늘날 아프리카계 미국인 후손의 30퍼센트는 중앙아프리카 출신이고, 70퍼센트는 서아프리카 출신이며, 그중 50퍼센트는 베냉만 출신으로 추정된다.

피그미 DNA

메리가 자신이 속한 공동체 구성원에게 피그미족의 요소가 있다는 사실을 알면 놀랄 것이다. 아프리카에서 온 유전자 중 4.8퍼센트는 몇몇 피그미족 조상에게서 받은 것이다. 피그미족 노예의 흔적을 찾아볼 수는 없지만 이들의 유전자가 이웃 부족의 유전자와 약간 섞이고, 이들의 혼혈이 게놈 일부를 가지고 왔을 것이다.

피그미족이 게놈에서 차지하는 지분은 신뢰할 만한 수준이다. 실제로 아프리카는 전 세계에서 유전자 다양성이 가장 높은 대륙이다. 특히 몇몇 아프리카 부족 사이의 유전적 변이는 매우 강하다. 피그미족과 다른 이웃 부족 간의 유전자 차이는 유럽인과 아시아인의 유전자 차이 정도다. 7만 년 이상 된 피그미족과 이웃 부족 간의 상대적 생식적 격리가 반영된 결과다. 그렇지만 이들의 유전자 차이가 가장 큰 것은 아니다.

유전자 차이가 가장 큰 집단은 코이산어를 사용하는 남서아프리카(나미비아, 남아프리카공화국, 앙골라)의 수렵채집인이다. 이들은 12만 년 전 다른 인류와 분화됐는데, 사피엔스가 유럽과 아시아로 이주한 기원전 10만~기원전 70000년보다 앞선 시기이다! 이처럼 커다란 차이 덕분에, 유전자 정보가 충분하면 게놈에 나타나는 유전적 기여도가 낮더라도 피그미족과 산족의 조상들을 추적할 수 있다.

다시 메리에 관해 얘기해보자. 그의 게놈에는 아프리카인 조상들 외에 유럽인 조상들의 흔적도 있다. 미국에서 적용된 이른바 피 한 방울 규칙에 따르면 부모 중 1명은 백인이고 다른 1명은 아프리카 출신인 아이는 '흑인'에 속하고 '백인'과는 무관하다. 하지만 아프리카계 후손 대부분은 유럽인의 흔적을 가지고 있다. 유럽인 혹은 아프리카인의 DNA 조각은 사람마다 매우 다양하다. 오늘날 아프리카인의 요소는 5퍼센트 미만에서 95퍼센트 이상까지 배열된다.

망신당한 백인 우월주의자

따라서 북아메리카 백인들의 게놈에 아프리카인 조상의 흔적이 있는 경우가 드물지 않다. 게놈에 아프리카인의 지분이 14퍼센트 있는 백인 우월주의자 크레이그 콥이 유명한 일례다. 텔레비전으로 생중계되는 무대에서 이 소식을 알게 된 그의 모습은 참으로 진풍경이었다! 미국에 거주하는 흑인의 피부색과 아프리카는 분명 관련 있지만 이 관계가 모든 것은 아니라는 점을 상기시킨 사례였다. 실제로 피부색의 유전 코드를 지닌 유전자의 아프리카 버전은 여러 세대가 지나면서 혼혈에게 전달되지 않았을 수도 있다.

미토콘드리아 DNA를 분석해보면 유전자의 흔적이 사람마다 다르다. 아프리카계 미국인의 미토콘드리아 DNA는 아프리카 출신인 경우가 흔하지만 Y 염색체는 유럽 출신임을 나타내는 경우가 종종 있다. 그 이유는 무엇일까? 바로 여성 노예와 유럽인 남성 소유주의 관계에서 태어난 아이들의 유전자 지문과 밀접하다. 따라서 아버지에게서 아들에게 전달되는 Y 염색체는 유럽 출신임을 보여주는 반면, 어머니에 의해 전달되는 미토콘드리아 DNA는 아프리카 출신임을 보여준다. 하지만 여성보다 많은 남성이 노예가 되어 아메리카로 강제 이주된 것은 역사적 사실이다.

메리가 자신의 뿌리를 계속 조사한다면 아메리카 원주민의 피가 혈관 속을 흐를지도 모른다는 마지막 놀라운 소식이 기다릴 수도 있다. 1492년 크리스토퍼 콜럼버스가 아메리카에 이르렀을 때 이 대륙은 미개척지가 아니었다. 수백만 명의 원주민이 이미 살고 있었다. 그들은 1만 5천 년 전, 가장 최근엔 7백 년 전(이누이트의 조상) 시베리아에서 베링해협을 거쳐 이주했다.

유럽 식민주의자들의 도착은 아메리카 원주민에게 극적인 결과를 초래했다. 수천 년 전부터 고립됐던 이들은 폭력과 유럽인들이 가져온 홍역, 천연두, 티푸스, 콜레라 등의 질병으로 죽었다. 전염병들로 아메리카 원주민의 약 90퍼센트가 사망했다! 1620년과 1630년 천연두와 홍역만으로 아메리카 북서부 지방 전체 인구가 사망했다. 뿐만 아니라 역사가들의 기록에 의하면 식민주의자들이 일종의 '세균전'으로 몇몇 부족을 전멸시키기 위해 질병을 이용했을 수도 있다. 반면 유럽에 알려지지 않은 매독 같은 병원체를 아메리카에서 유럽으로 가져가기도 했다. 하지만 아메리카 땅을 덮친 재난에 비하면 피해가 미미했다.

아메리카 원주민: 여러 인종의 혼혈

유럽인과 아메리카 원주민의 만남은 어떻게 이루어졌을까? 얼핏 보기에 원수인 두 집단이 피를 섞었을까? 식민지를 개척한 나라에 따라 답이 달라진다. 스페인이 식민지를 건설한 아메리카에서는 식민 통치자들이 주로 남성이었는데, 이들은 토착민 여성들을 부인으로 맞았다. 현재 아메리카 원주민 대부분의 Y 염색체는 유럽인들의 것인 반면 미토콘드리아 DNA는 원주민의 것이다. 혼혈 비율도 지역에 따라 다르다. 멕시코의 몇몇 원주민은 아메리카 원주민의 유전자 풀이 1백 퍼센트에 가깝고, 다른 곳은 반대로 유럽인의 유전자 풀이 대부분이다.

스페인이 식민지화한 아메리카 주민들의 또 다른 특성은 아프리카 출신의 비율이 낮다는 것이다. 유전자 정보에 따르면 현대 멕시코 주민들의 게놈에서 아프리카 출신이 차지하는 비율은 7퍼센트로, 20퍼센트에서 95퍼센트에 이르는 미국이나 서인도제도보다 낮다.

식민지에서는 재배 양식과 집약 농업, 식량 재배 여부에 따라 필요한 노예의 수가 크게 달랐다. 사탕수수는 담배와 달리 특히 많은 일손이 필요했다. 이러한 필요는 바베이도스나 자메이카 같은 몇몇 섬에서 아프리카 출신 게놈의 비율이 90퍼센트까지 달하는 이유를 설명한다. 문화가 유전자에 미치는 영향이 섬의 내부에서도 대비되는 경우도 있다. 예를 들면 푸에르토리코 전체에서 유전자 풀의 평균 15퍼센트는 아메리카 원주민, 64퍼센트는 유럽인, 그리고 21퍼센트는 아프리카인의 것이다. 반면 사탕수수를 집약적으로 재배하는 섬의 동쪽에서는 아프리카인의 비율이 30퍼센트에 이른다. 같은 이유로 쿠바 전체에서는 아프리카인의 게놈이 평균 17퍼센트인 데 반해 동쪽 지방에서는 26퍼센트다.

노예의 슬픈 역사

아프리카에서 기원한 유전자가 가장 크게 기여한 곳은 수리남의 네덜란드 농장에서 탈출한 노예들의 후손인 기아나의 흑인 공동체였다. 이들의 경우는 아프리카에서 기원한 게놈이 98퍼센트였다!

중앙아메리카의 또 다른 공동체인 온두라스와 벨리즈의 가리푸나 Garifuna 혹은 '카리브 흑인'들은 특이한 역사를 지니고 있다. 구전되는 이야기에 따르면 이들의 조상은 카리브해의 아메리카 원주민인 카리브족이 살고 있던 세인트빈센트섬으로 도망친 노예들이다. 섬 북쪽에 좌초한 노예 상선에서 왔다는 이야기도 있다. 이야기가 사실이라면 이들은 아메리카에서 강제 노역을 전혀 경험하지 않은 매우 드문 아프리카 대륙 흑인들일 것이다! 카리브족은 17세기 초 이 섬을 침범하려 한 프랑스인과 영국인들을 물리쳤다.

1763년 파리조약에 따라 영국인들이 섬의 공식 소유자가 됐지만 카리브족은 계속 저항했다. 그들은 1796년 전쟁에 패했고, 많은 '카리브 흑인'이 1797년 온두라스만의 한 섬으로 추방됐다. 그러나 이후 스페인인들이 섬을 차지했고, 가리푸나들은 온두라스 해안에 정착하게 해달라고 요청했다. 이 공동체는 놀라울 정도로 빠르게 성장해서, 1800년에 2천 명에 불과했던 인구가 2백 년 후엔 약 8만 명이 됐다.

이 시기 중앙아메리카 해안은 아프리카 노예들이 가져온 말라리아로 큰 타격을 입었다. 병원체가 모기로 인해 급속도로 전파되었다. 아메리카 원주민들의 사망률이 높은 반면, 저항 유전자가 있었던 가리푸나들의 사망률은 높지 않았다. 말라리아가 가장 많이 발생한 해안의 가리푸나들은 아프리카 기원 유전자가 유전자 풀의 80퍼센트를 차지한 반면 세인트빈센트섬의 카리브 흑인들은 50퍼센트였다.

결국 17세기부터 유럽의 지리적 확장으로 수백만 명의 유럽인이 몰려오고 그에 따른 혹독한 대가를 치른 아메리카는 20세기 중반 무렵 유전자 다양성이 눈에 띄게 높은 대륙이 되었다. 몇 가지 수치를 상기해보자. 자료가 많지 않아 논란의 여지는 있지만 유럽인들이 오기 전의 아메리카 원주민 인구는 5천만 명으로 추산됐다. 이 수치는 연구자에 따라 8백만 명에서 1억 명까지 다르다. 식민주의자들이 들어온 후 몇몇 부족은 90퍼센트가 사라졌고, 60퍼센트가 사라진 부족도 있다. 아메리카에 노예로 끌려온 아프리카인은 1천만 명이다. 이러한 강제 집단 이주로 아프리카 대륙도 혼란에 빠졌을 것이다.

제 5 장

모두의 조상

유전자계통학이 밝힌 과거
— 2010년

로랑은 여러분의 형제, 아버지 혹은 친구일 수 있다. 어쨌든 계통학에 심취한 그는 여러 해 전부터 끈질기게 가계도를 복원했다. 얼마 전 미국에 사는 지인들이 그에게 유전학에 관해 언급했다. 로랑은 자신의 DNA로 먼 친척들을 찾을 수도 있을 것이다. 그리고 먼 친척들이 가계도를 복원했다면 그것들을 결합할 수도 있을 것이다.

이 방법은 공공계통학 데이터베이스에 이미 쓰였다. 2명의 이용자가 1명의 공통 조상을 발견하면 이들의 가계도를 통합할 수 있다. 하지만 유전학의 도움을 받으면 다른 사람이 혈연관계를 알려주길 기다리지 않아도 된다. 로랑은 친척을 찾고 공통 조상들을 확인하기 위해 자신의 DNA와 다른 이용자의 DNA를 비교하기만 하면 된다. 계통학 세계의 혁명이었다. 새로운 기술 덕분에 로랑은 우리 모두가 친척이라는 생각을 더욱 확고히 할 것이다.

우리 모두의 샤를마뉴

로랑은 처음에 고전적인 방식으로 가계를 조사했지만 곧 벽에 부딪혔다. 18세기 초 이전의 과거를 알 수 없었기 때문이다. 특히 프랑스혁명기에 여러 소교구의 자료들이 사라졌다. 로랑의 계보학자 친구들 중 가장 운이 좋은 여성은 자신의 프랑스인 조상들 중 샤를마뉴대제까지 거슬러 갔다고 했다. 샤를마뉴는 5명의 합법적 배우자와 적어도 19명의 자녀가 있었다. 810년 당시 프랑스 인구는 약 9백만 명이었다. 이 여성은 로랑의 가계도에도 분명히 샤를마뉴가 있을 것이라고 했다. 그는 어떤 추론 방법을 따랐을까?

앞에서 간략하게 언급한 방법이다. 우리 모두는 2명의 부모, 4명의 조부모, 8명의 증조부모가 있다. 이 방식으로 앞 세대로 거슬러 갈수록 2배로 계산할 수 있다. 우리 모두는 각자 40세대 전 샤를마뉴 시대에 2^{40}, 즉 1조 명의 조상이 있었을 가능성이 있다. 프랑스 전체 인구에 확대 적용하면 약 7천만 명을 이 수치에 곱하면 된다. 전 세계 인구가 약 2억 명이고 실제 프랑스 인구가 1천만 명 이하였던 당시로서는 천문학적 수치다.

의미는 간단하다. 각 개인의 가계에는 많은 공통 조상이 있다. 기분 상할 수도 있지만 우리는 모두 친척이다! 이 계산을 전 세계로 확대할 수도 있다. 전 세계 인구는 70억 명이다. 1백 년 전 우리는 모두 8명의 조상이 있었다. 만약 우리 각자의 조상이 다르다면 현재 전 세계 인구의 조상은 70억×8, 그러니까 560억 명이어야 한다. 그런데 20세기 초 전 세계 인구는 10억~20억 명이었다!

유전자계통학으로 돌아가기 전에, 많이 연구된 전통적 계통학 관점에서 이 주제를 더 살펴보자. 사실 상황은 로랑이 알게 된 것보다 심각하다. 우리는 그의 상상보다 더 가까운 친척이다. 왜냐하면 샤를마뉴 시대에 살았던 1천만 명 모두가 현재 후손을 남기지는 않았기 때문이다. 예를 들어 내 친구 소피의 부모님은 모두 외동이다. 소피의 누이는 자식이 없지만 소피는 아들이 1명 있다. 만약 그에게 자식이 없다면 소피의 조부모 4명은 다음 세대에 유전적으로 기여하지 못한 세대가 될 것이다.

19세기 초 퀘벡 사그네락생장의 여성들 중 50퍼센트만이 6~8세대 후인 1950년대에 태어난 후손이 있다. 후손을 남기지 않은 사람도 있지만, 수많은 사람의 조상도 있다. 이 점이 혼란스럽다. 소규모 집단 표본에서 한정된 수의 세대 이후 적어도 1명이라도 후손이 있는 조상은 거의 1백 퍼센트 이 집단의 후손이라고 볼 수 있다. 따라서 우리의 공통 조상 모두는 2천~1천2백 년 전 유럽에 살았다. 이 시기에 살았고 현재 적어도 1명의 후손을 남긴 사람은 지금 살고 있는 모든 사람의 조상이다. 여러분도 조부모 중 몇몇이 프랑스에서 태어났다면 샤를마뉴가 조상이라고 주장해도 된다!

인류의 할아버지는 3천 살

앞서 언급한 표본 집단은 외부에서 이주한 사람들의 영향을 전혀 받지 않고 내부에서 하위 집단이 조직화되지 않았다. 이 계산법을 이용한 연구자들은 전 인류의 공통 조상이 살았던 시기를 규명했다. 지리적 상황을 고려해서 전 세계가 여러 대륙으로 나뉘고, 각 세대마다 몇몇 이주자들을 교환하는 모델을 구축했다. 결과에 따르면 우리 모두는 겨우 5천 년 전에 같은 조상들이 있었을 것이다! 계통학에서도 전 인류의 첫 공통 조상은 불과 3천 년 전에 나타났다고 추산한다. 대륙 간의 이주 비율이 다소 높은 것을 고려해도 이 모델은 믿을 만하다.

계통학에 따르면 우리의 첫 공통 조상은 3천 년 전에 살았을 것이다. 그리고 우리는 모두 5천 년 전에 같은 조상들을 가졌을 것이다. 다시 한번 언급하면 5천 년 전 살았던 사람들 중 모두가 현재까지 후손을 남긴 것은 아니고, 후손을 남긴 사람들은 모든 인류의 조상이다. 현재까지 후손을 남긴 사람들은 표본에 따라 60퍼센트에서 80퍼센트 사이를 오간다. 달리 말하면 여러분이 5천 년 전의 한 마을이나 도시로 들어간다면 마주치는 사람들 대부분이 우리 전 인류의 공통 조상일 것이다.

물론 이 모든 공통 조상은 사는 장소에 따라 가계도에서 차지하는 중요도가 달라진다. 스웨덴인의 가계도에는 유럽인의 공통 조상들이 자주 나타나겠지만, 가봉인의 가계도에는 아프리카인 조상들이 더 많이 등장할 것이다. 어쨌든 우리 모두 조상들 중 적어도 1명은 양쯔강 유역에서 쌀농사를 짓던 농부, 시베리아의 곰 사냥꾼, 아프리카의 코끼리 사냥꾼, 바빌로니아의 학자 혹은 파푸아의 돼지 먹는 사람이었을 것이다. 이 표본으로 얻은 5천 년이라는 연대는 과거의 이주 방식에 따라 달라지는데, 상당히 먼 이주도 있었을 것으로 추정된다. 만약 표본이 가까운 곳에서 가까운 곳으로 점진적으로 이주한 집단이라면 공통 조상들의 추정 연대는 수만 년 더 빨라질 것이다. 분명 가까운 곳에서 가까운 곳으로의 이주와 장거리 이주 2가지가 혼재돼 있을 것이다.

따라서 우리 모두는 친척이고, 한 집단에서 여러 세대를 거슬러 올라가면 이내 같은 조상들을 만난다. 계보 연구자들의 가장 큰 모임인 뉴잉글랜드 역사 계보 협회에 따르면 도널드 트럼프와 버락 오바마는 친척이고, 버락 오바마도 브래드 피트와 직접적인 친척 관계다. 또한 특정 시점에 모든 개인이 다음 세대의 후손을 갖는 것은 아니다. 우리의 혈통은 모든 살아 있는 사람의 조상인 개인의 작은 집단으로 거슬러 올라간다. 한 사람의 조상은 모두의 조상이다!

하지만 모든 조상이 현재의 우리에게 게놈 조각을 전달한 것은 아니다. 부모는 각각 자기 게놈의 2분의 1만 자녀에게 전달하고, 조부모는 각각 4분의 1만 전달한다. 더 먼 조상은 그만큼 적은 게놈을 전달할 것이다. 6세대까지 게놈 조각이 전달되지만 더 이전의 세대는 기여도가 급격히 떨어진다. 따라서 10대조는 2분의 1의 확률로 10세손에게 아무것도 전달하지 못할 가능성이 있다. 여러분의 조상 4,096명 중 12대조는 82퍼센트의 확률로 여러분에게 아무것도 전달하지 못했을 것이다! 계보의 조상이 반드시 유전자 조상과 일치하는 것은 아니다.

마리 앙투아네트의 후손들

로랑은 처음 유전자계보학에 대해 들었을 때 회의적이었다. 그는 유명인들과 유전자를 비교할 것을 제안하고 마리 앙투아네트, 루이 16세와 혈연관계가 있는지 등도 알려주는 사이트들을 알고 있었다. 뿐만 아니라 그 서비스를 이용한 그의 친구들 대부분이 마리 앙투아네트와 혈연관계가 있다고 했다! 애초에 이 분석은 모계의 혈연관계만 복원할 수 있는 미토콘드리아 DNA만 근거로 했고, 그마저도 판별하기 쉽지 않다. 사실 마리 앙투아네트의 미토콘드리아 DNA 유형은 흔하기 때문에 적어도 5명 중 1명에게서 발견되고, 심지어 당시 오스트리아 여성에게서만 나타나는 특징적 유형도 아니다. 따라서 검사하면 마리 앙투아네트와 먼 혈연관계라고 나온다.

유전자계통학 검사의 새로운 점은 오늘날 미토콘드리아 DNA(부계 역사로는 Y 염색체)뿐만 아니라 게놈도 분석한다는 것이다. 정확도를 높이기 위하여 게놈 전체를 약 70만 표지標識로 나눈다. 사람들 간에 변이성이 있는 게놈 부분들 중 선택된 이 표지들은 사람들 간의 다름과 닮음을 보여준다. 로랑의 관심을 끈 것은 이 표지들 덕분에 이미 검사한 다른 사람과 우리가 공통 조상이 있는지, 있다면 어느 시대의 사람들인지 알 수 있다는 것이다. 간단한 규칙에 따라 두 사람의 DNA 조각을 비교하면 된다. 갈라진 DNA 조각이 길수록 공통 조상은 가까운 과거에 존재한다.

DNA 결합

이 규칙의 기원이 명확한 깃 같지만 한계를 알아보기 위해 자세히 들여다보자. 우리 DNA를 4가지 색의 구슬로 만들어진 기다란 목걸이라고 생각해보자. 구슬은 4개의 뉴클레오티드 A, C, T, G이다. 우리는 모두 아버지에게서 1개, 어머니에게서 1개로 2개의 목걸이를 받았다. 각각의 목걸이는 개인의 소소한 특성들을 지닌다는 의미에서 독특하다. 군데군데 구슬 하나가 다른데, 예를 들면 T의 자리에 A가 있는 식이다. 다음 세대를 만들기 위해 우리는 생식세포를 만든다. 여성은 난자를, 남성은 정자를 만든다. 각각의 생식세포에는 하나의 목걸이만 있는데, 생식할 때 2개의 목걸이, 즉 남성 생식세포에서 온 1개의 목걸이와 여성 생식세포에서 온 1개의 목걸이가 결합하여 새로운 개체를 만든다.

생식세포가 만들어질 때 첫 번째 구슬들은 어머니에게서 받은 목걸이에서 오고, 다음은 아버지에게서 받은 목걸이에서 오며, 이것이 반복된다. 마치 2개의 목걸이를 잘 정렬한 후 그 끝을 자르고, 아버지와 어머니에게서 무작위로 가져온 조각들을 순서에 맞게 수리하는 것과 같다. 재조합이라는 이 현상은 앞에서 언급한 바 있다. 잘린 조각의 길이는 cM으로 표기하는 센티모건*으로 측정할 수 있다. 1센티모건은 2개의 유전자 사이의 교차율이 1퍼센트인 경우의 거리와 같으며, 대략 1백만 뉴클레오티드 길이다.

부모에게서 받은 완전한 게놈, 즉 2개의 목걸이 중 하나는 길이가 3천4백cM이다. 목걸이들이 부서진 곳은 예측할 수 없고 생식세포가 생산될 때마다 변한다. DNA는 매번 34곳이 잘린다. 따라서 각 조각의 길이는 평균 1백cM=3천4백cM/34이다. 그런데 이 조각들 역시 우리 조부모의 DNA에서 기인했다. 따라서 우리는 조부모 각각에게서 50cM으로 잘린 조각을 평균 1천7백cM씩 받는다.

오래된 조상이 물려준 DNA 조각의 길이는 재조합으로 인해 짧아진

다. 이론적으로 이 정보를 활용하면 두 사람의 공통 조상이 오래됐는지를 알 수 있다. 하지만 실제로는 약간의 융통성이 필요하다. 재조합은 예측 불가능한 과정이다. 따라서 먼 조상이 우연히 매우 적은 양의 긴 DNA를 전달할 수 있는 반면, 다른 조상은 작은 조각만 전달할 수도 있다. 실제로 이 두 사람이 혈연관계가 있는지, 공통 조상이 있는지를 밝히려면 모든 게놈 조각을 살펴봐야 한다. 동일한 게놈 조각의 수와 길이로 혈연관계를 계산할 수 있다.

DNA가 해결한 미제 사건

이 계산법은 유전계통학에서 많이 활용된다. 여러분의 DNA를 데이터베이스에 이미 저장된 다른 DNA와 비교하여 유전적 혈연을 밝혀낼 수 있다. 그럼에도 불구하고 앞에서 언급한 것처럼 여러분 가계의 조상들이 유전자상 조상과 반드시 일치하는 것은 아니기 때문에 3종형제 혹은 4종형제 이상의 먼 혈연관계에서 이들 중 1명은 여러분과 DNA를 공유하지 않을 가능성이 높다. 우리가 고조부모를 공유할 수도 있지만, 그들이 우리에게 DNA를 물려주지 않았을 수도 있다.

이러한 어려움을 어떻게 극복할까? 미국 연구자들이 이 문제를 연구했다. 1백만 명 이상의 유전자 프로필을 저장한 데이터베이스를 활용한 이들은 사람들의 60퍼센트가 8촌 혹은 10촌의 유전자 형제들이 있는 현상을 관찰했다. 이 연구는 유럽계 미국인의 2퍼센트가 유전자 정보를 제공한다면 유럽계 미국인들은 이 데이터베이스에서 3종형제나 4종형제를 찾을 수 있다는 것을 증명했다. 달리 말해 3백만 명의 데이터가 있으면 적어도 3종형제와 DNA를 비교해볼 수 있을 것이다.

　미국에서는 사람들이 DNA 정보를 저장하여 공유하는 데이터베이스가 점점 활성화하고 있다. 이 데이터베이스들은 오래된 미제 사건들을 해결하는 데 도움이 되기 때문에 언론에 자주 소개됐다. 특히 '골든 스테이트 킬러' 사건이 가장 유명하다. 범인은 1976년에서 1986년 사이 13건의 연쇄 살인과 성폭력을 저질렀다. 수사관들은 범죄 현장에서 채집한 DNA 덕분에 데이터베이스에서 그의 먼 친척 형제를 발견했다. 이어서 계보학 조사관들은 친척 주변의 계통수를 복원했다. 채집한 DNA 프로필과 나이와 성별이 합치하는 후손들만 남겨 용의자의 신원을 확인했다. 그리고 그의 쓰레기통에서 찾은 빨대로 DNA 검사를 한 후 살인자를 확인했다. 이후 수십 건의 미제 사건이 이 방식으로 해결됐다.

　이 새로운 도구는 미국에서 사적 재산 문제를 일으키기 시작했다. 한 사용자가 재미로 가계도를 복원하거나 친척을 찾기 위해 데이터베이스에 자신의 DNA를 맡긴다고 가정해보자. 그는 가깝거나 먼 친척 관계 모두를 경찰 수사에 노출시킨 셈이다. 실종자나 범죄자를 찾는 데 이러한 도구를 사용하는 것을 사람들이 이해해준다면 계통학 유전자 정보로 모든 사람의 신원을 확인할 수도 있다. 예를 들어 연구자들은 중요한 유전학 공공 연구 프로젝트를 위해 익명으로 DNA를 제공한 미국인들의 신원을 확인할 수 있다는 것을 입증했다.

　위험한 것은 가족들이 이 검사를 할 때 거짓 부모자식 관계가 본인도 모르게 밝혀질 수 있다는 것이다. 가령 형제와 자매가 자신들이 이복형제자매 혹은 이부형제자매라는 사실을 발견하고 가족의 비밀이

드러날 수도 있다. 이처럼 예상치 못한 정보는 심리적으로 받아들이기 어려울 것이다. 페이스북 그룹 'DNA NPE Friends'는 '생물학적 부모로 예상되지 않는 사람들'의 원치 않는 정보를 관리하도록 돕기 위해 미국에서 만들어졌다. 인터넷에는 가족 드라마와 비슷한 행복한 이야기, 예상치 못한 혈연관계 발견 이야기 등이 가득하다. 쌍둥이의 경우를 제외하면 여러분의 DNA는 여러분의 유전자 신분증이다. 하지만 그 DNA는 친척들과 공유하는 것이므로 여러분만의 소유가 아니라 친척들의 소유이기도 하다. 새로운 DNA 활용법은 유전자 정보 저장과 관리, 접근권에 관한 미묘한 문제를 불러일으킨다. 또한 잠재적 상업화는 말할 것도 없다.

황당한 기원 검사

앞서 언급한 유전자 검사보다 기초적인 유전자계통학 검사가 있다. 바로 기원 검사다. 로랑은 2015년 성탄절 선물로 이 검사를 받았다. 그는 설명서에 따라 타액을 채취하여 작은 통에 넣어 우편으로 보냈다. 몇 주 후 받은 결과는 그가 25퍼센트 이탈리아인이라는 것이었다. 그는 가계를 아무리 들여다봐도 알프스 너머(이탈리아)의 조상을 발견할 수 없었다. 4년 후 같은 검사를 다시 했는데 놀랍게도 이번 결과에 따르면 2퍼센트 이탈리아인이었다. 뿐만 아니라 이번 검사 결과로 새로운 기원이 등장했는데, 23퍼센트 프랑스인이었다. 2퍼센트 이탈리아인 혹은 23퍼센트 프랑스인이라는 것이 무슨 의미일까, 그리고 결과는 왜 바뀌었을까?

답을 알려면 검사 방식을 이해해야 한다. 여러분의 타액에는 DNA를 지닌 세포들이 있다. 기원을 검사하는 회사가 여러분의 DNA를 받으면 인구 집단에 따라 가변적이라고 알려진 부분을 읽고 기준이 되는 DNA와 비교한다. 수백만 개의 DNA 조각들을 비교하는 작업으로 백분율을 계산할 수 있다. 'DNA의 25퍼센트가 이탈리아인'이라는 것은 기준 집단과 비교했을 때 4분의 1은 합치한다는 의미다.

검사 결과가 다른 점을 이해하려면 초기 자료들이 중요하다. 이 검사들은 여러분의 DNA를 그 회사들이 구성할 수 있었던 기준 집단의 DNA와 비교한다. 과학 논문에는 집단을 구성하는 방식이 잘 정의되고 설명되어 있지만, 기준 집단 형성은 테스트를 제공하는 회사의 블랙박스가 된다.

일반적으로 연구에 사용하는 기준 집단은 그 집단에 속한 4명의 조부모가 있는 사람들을 선택하여 정한다. 1900년대까지 시간을 거슬러 갔지만 20세기의 빈번한 이주는 고려하지 않은 방식이다. 검사 회사들이 동일한 방식을 따른다고 생각하는 것이 합리적이지만 공개하지는 않고 있다.

그다음 질문은 활용된 집단들의 의미에 관한 내용이다. 예를 들어 '프랑스인'이란 무슨 의미일까? 해외 도DOM나 해외 영토TOM 등 행정 구역 표기 차원의 문제는 제쳐두고, 이 단어가 프랑스 본토에서 태어난 사람을 의미한다고 가정해보자. 유전자 다양성 연구들에 따르면 유럽에서는 4명의 조부모가 같은 장소 출신인, 다시 말해서 적어도 반경 50~1백 킬로미터 내에 있는 사람의 집단을 관찰할 때 유전자 유사성이 지리적 위치에 상응한다. 한마디로 알자스의 프랑스인과 프랑크푸르트의 독일인의 유전자 유사성이, 같은 프랑스인으로 마르세유에 사는 사람과 릴에 사는 사람의 유전자 유사성보다 높다!

예를 들어 여러분의 조상이 북프랑스 출신이고 프랑스인 기준 집단이 남프랑스 사람이라면 여러분이 벨기에 사람이라는 검사 결과가 나올 수 있다. 조상이 이탈리아 북부 출신인 사람이, 이탈리아 남부 사람들과 프랑스 남동부 사람들을 이탈리아인의 기준 집단으로 삼는 다른 회사에서 검사하면 분명 이탈리아인이 아닌 프랑스인으로 분류될 것이다.

지역을 넓혀 여러분에게 시베리아인 조상들이 있고, 시베리아인이 아닌 아메리카 원주민을 포함한 북아메리카인을 기준 집단으로 하는 검사를 한다고 가정해보자. 조상들 중 아메리카 땅을 밟은 사람이 전혀 없는데도 여러분의 기원은 아메리카 원주민으로 분류될 것이다. 그 이유는 이들이 1만 5천 년 전 시베리아를 떠나 아메리카에 왔기 때문이다.

쌍둥이 역설

문제는 이 회사들이 전 세계의 몇몇 지역을 포함한 여러 기준 집단을 사용한다는 것이다. 따라서 여러분이 여러 회사에 검사를 의뢰한다면 분명히 다양한 결과를 얻을 것이다. 놀라운 결과가 나올 수도 있다.

일례로 2명의 쌍둥이가 재미로 DNA를 여러 회사에 보냈다. 몇 군데는 그들의 기원이 북아프리카, 중동이라고 했고 다른 회사들은 전혀 아니라고 했다! 더 이상한 것은 다른 결과가 같은 회사에서 나왔다는 것이다! 이들이 같은 게놈을 가지고 있는 것은 분명하다. 한 사람은 '넓은 의미에서 유럽인'일 확률이 13퍼센트인 반면, 다른 한 사람은 '동유럽인'의 요소가 더 강하게 나타났다. 이 경우 계산 알고리즘 때문에 같은 자료로 약간 다른 결과가 도출됐다. 이 일례는 검사 결과로 제시되는 백분율이 불확실한 통계로 얼룩진 정보일 수 있음을 상기시킨다.

일반적으로 기원에 관한 여러 회사의 검사 결과들은 대륙 차원까지는 일치하는 경향이 있다. 유럽, 아메리카 원주민, 아프리카, 아시아 기원의 백분율은 일치한다. 반면 대륙 안에서 자세히 살펴보면 결과의 신뢰도가 떨어진다. 사람들 간의 유전자 다양성은 매우 적지만 유전자의 유사성이 다른 지역에서는 '기원 집단' 분할은 훨씬 임의적이고 기준 표본에 따라 달라진다. 게다가 민족과 유전자의 다양성이 큰 지역은 과소평가된다. 예를 들어 우리가 연구했던 중앙아시아는 같은 나라 안에서도 민족 집단에 따라 유전자가 다양한데, 기준 집단은 이러한 특성이 없다. 유전자 검사로 기원을 찾을 수 있을 것이라고 생각한다면 실망할 것이다. '중국 기원 50퍼센트' 같은 결과는 기원 지역을 아시아에서 찾는 사람에게는 큰 도움이 되지 않을 것이다.

윤리적 측면에서, 만약 여러분이 이런 검사 기회를 선물받는다면 그저 재미로 받아들이면 된다. 검사 결과를 그대로 받아들여선 안 되고, 실제로 얻을 수 있는 정보도 거의 없다.

유럽의 위험한 민족주의
— 2010년대 말

최근 몇 년간 유럽에서 민족주의 정당이 선거에 압력을 가하고 있다. 인종주의 문제를 언급하지 않고 사람종의 유전자와 역사를 거론하기는 어려워 보인다. 유전학은 '인종'이라는 위험한 개념에 대해 할 말이 많을까? 유전자 기원 검사의 발전이 불러온 또 다른 문제는 바로 이 검사들이 사람들을 분류함으로써 인종주의를 자극할 위험이 있다는 것이다. 진지하게 다뤄야 할 문제다.

집단 분류로서의 인종은 모호해서 경계가 임의적이고 가변적이다. DNA는 우리 모두의 기원이 아프리카고, 유전자는 99.9퍼센트 동일하며, 지리적 기원과 관련하여 유전자 차이가 거의 없다는 점을 이론의 여지 없이 보여준다. 지구의 양쪽 끝에 있는 두 사람은, 조상이 같은 지역에서 온 두 사람보다 아주 조금만 다르다. 따라서 조상들의 지리적 기원을 찾는 검사는 별 의미가 없지만 만족할 만한 결과를 얻을 수도 있다.

역사적으로 사람종은 지구 전체에 퍼졌다. 사람들은 거리가 가까운 사람들과 혼인하며 가까운 곳에서 가까운 곳으로 계속 이주하는 경향이 있었다. 자녀들은 부모 가까이에서 살았다. 유전자 기원 검사는 이주와 지리적 안정이라는 역사의 2가지 요인을 드러냈다. 지리적 안정 없이는 티베트인들이 고지에 적응한 것처럼 환경에 유전적으로 적응할 수 없었을 것이다. 이러한 특징이 나타난 이유는 티베트인들이 여러 세대 동안(수천 년은 됐을 것이라고 추정된다) 고지에 머물러 살았기 때문이다.

반대로 집단들을 가르는 미미한 유전자의 차이는 인류가 모험하며 전개한 이주사의 특징이기도 하다. 관점에 따라 이주사가 강조되기도 하고 현지 적응을 통한 안정이 강조되기도 한다. 유전학은 자료들을 제시하고 작용 원리를 설명하지만, 우리의 DNA의 차이에 어떤 가치를 부여하느냐는 문제는 윤리적 관점, 시대의 사회 규범에 달려 있다. 그럼에도 불구하고 여러 집단의 DNA가 구분되는 것에는 변함이 없다. 그렇다면 이 차이가 관련성 있을까? 이것을 '인종'이라고 할 수 있을까?

의학에서 '인종'이란 무엇인가

지리적 기원에 근거한 분류가 의학적으로 의미 있을까? 아니다. 왜냐하면 의학과 인종 혹은 민족 집단들에 적절한 부분집합이 겹치지 않기 때문이다. 예를 들어 유전성 빈혈인 지중해빈혈은 사하라 이남 아프리카, 지중해 주변, 동남아시아에서 자주 발생하지만 동아프리카에서는 발생하지 않는다. 따라서 지중해빈혈은 아프리카 기원 표지가 아니고, 반대로 아프리카 기원은 이 질병이 발병할 위험이 있는 집단을 알 수 있는 충분한 정보도 아니다.

마찬가지로 테이삭스병은 아슈케나즈 유대인 집단에서만 발병하는 것이 아니라 프랑스어권 퀘벡인도 앓는다. 성인에게 우유 소화 능력을 선물한 적응은 북유럽에서 흔히 볼 수 있고, 사하라 이남 아프리카나 중동의 몇몇 집단에서도 볼 수 있다.

유전자의 몇몇 특이성과 관련된 분류는 매우 한정된 집단에 적용된다. 고지 적응은 아시아인 전체가 아닌 티베트인들에게만 해당된다. 무호흡 능력은 바다의 방랑자인 인도네시아 바자우족Bajau에게는 흔하지만 육지에 사는 사람들은 그렇지 않다.

요컨대 인종 분류가 생물학적 정보와 관련해서 믿을 만한 정보가 아니라는 점에 주의해야 한다. 각 집단은 살아온 역사에 따라 우연히 혹은 자연선택에 의해 유전자 특이성이 발달할 수 있다. 하지만 몇몇 유전자 특이성을 공유하는 집단이 사회적 인종 분류와 일치하진 않는다. 인종이라는 개념의 정치적·역사적·사회적 측면을 제외하고 생물 다양성에 따른 분류만 생각하더라도 의학적 인종 분류는 전혀 과학적이지 않다.

용납할 수 없는 것을 정당화하는 인종차별

인종 개념은 확인하거나 추정한 기원에 따라 사람들을 분류하는 것으로 그치지 않는다. 18세기에 이러한 유형화가 개발되자마자 분류법은 집단 간의 우열을 정하고 나누었다. 여성보다 남성을 우위에 두는 것처럼 인종 유형화는 아시아인과 아프리카인보다 유럽인을 우위에 뒀다. 이 계층적 유형화에, 세대에서 세대로 전해진 확고한 정신적·지적·심리적 격차에서 생물학적 특이성이 생겼다고 믿는 본질주의가 더해졌다.

본질주의는 개인을 가둔다. 전제가 정해진 기원에 따라 개인의 모든 것을 식별한다. 사람은 누구나 원하는 것을 자유롭게 표방할 권리가 있는데, 본질주의는 꼬리표를 달고 자주성을 박탈한다. 성차별주의의 구조도 같다. 나는 성차별주의자 앞에서 식물과 여행을 좋아하는 과학자라고 나 자신을 소개해도 될지 알 수 없다. 나의 의견은 결국 내가 여성이라는 것으로 귀결될 것이기 때문이다.

인종 범주 틀에서 드물지 않게 다음과 같은 본질주의적 주장을 접할 수 있다. "야, 이 도둑놈아", "넌 리듬을 타고났군", "컴퓨터에 재능이 있네", "돈 많겠네". 나는 이러한 생각을 알리기 위해 동료 역사학자 카롤 레노팔리고Carole Reynaud-Paligot 및 파리 인류박물관팀과 함께 2017년 〈우리, 그리고 사람들 – 편견에서 인종주의에 이르기까지〉라는 전시회를 열었다. 이 전시회는 이후 프랑스의 다른 지역과 외국에서 여러 번 열렸다.

계층화와 본질주의는 노예무역, 몇몇 집단의 노예화 혹은 민족 말살 같은 용납할 수 없는 일을 정당화하며 오래 지속됐다. 계층화와 본질주의는 여전히 사람들의 지리적·민족적·종교적 기원을 문제 삼는 범죄로 나타난다. 개인을 유전적 유사성에 따라 나눌 수 있더라도, 집단과 우리 종의 다양성을 설명하는 데 '인종'이라는 용어를 사용하는 것은 적절하지 않다.

오용되는 유전자 검사

인종 개념에서 파생된 3가지 개념(범주화, 계층화, 본질주의)은 기원 검사의 잠재적 일탈을 예고한다. 이 검사들은 대체로 현대인의 다양한 기원을 밝히고 사람종의 이주 역사를 돌아보게 하는 반면, 우위에 있다고 추정되는 지리적 기원에 더 높은 가치를 두는 데 사용될 수도 있다.

예를 들어 유전자 검사는 얼트라이트Alt-right 같은 미국 극우 정치 집단에서 유행했다. 이 집단 회원들은 유럽, 가능하면 북유럽 기원 조상을 내세운다. 이들은 자신의 유당 내성에 자부심을 느낀다. 실제로 북유럽인은 유당 내성 비율이 높지만, 투치족 같은 아프리카 일부 주민들은 90퍼센트에 달한다는 사실을 이들은 분명 모를 것이다.

유전자 검사는 이따금 본질주의를 선도하기도 한다. 유전자 기원에 따라 음악을 제안하는 음악 애플리케이션도 있다. 마치 유전자 기원이 음악 취향을 좌우한다는 듯이! 이 검사들은 정체성 개념에도 영향을 미친다. 과학적 접근 방식인 유전학은 실제로 우리의 정체성을 밝혀줄 수 있다. 하지만 정체성을 표본화함으로써 그 안에 갇혀 경직될 위험이 있다. 표본화한 정체성이 중요한 자리를 차지하면 유전자 정체성은 각 개인이 스스로를 규정할 자유가 있는 현대성과 반대된다.

사람종의 유전자 다양성에 관한 인식과 마찬가지로 기원 검사가 종종 인종주의 사고를 강화하기 위해 혹은 다른 이유로 활용되고 해석된다. 그렇다고 해서 유전자 기원 검사 자체가 인종주의를 만드는 것은 아니다! 비판적인 눈으로 감시하자.

악의 근원

그렇다면 인종주의는 우리가 벗어날 수 있는 악일까? 역사학자와 사회학자들의 연구를 바탕으로, 인종주의가 사회 규범이 되는 구조를 이해할 수 있다. 어떻게 역사의 어느 순간에 시민사회뿐만 아니라 위정자, 엘리트 지식인 등 모든 사회 계층에 인종주의가 형성됐을까?

인종주의적 사회는 식민지화와 노예제도처럼 지배적인 상황이나, 극단적인 예를 만든 나치 체제처럼 순수 인종이라는 개념을 확대한 민족주의에서 싹튼다. 일련의 과정을 살펴보면 나치주의가 어떤 토양에서 자라는지 이해하고 경계할 수 있다. 인간이 천성적으로 인종주의적이라는 믿음은 잘못되었다. 하지만 몇몇 사회·정치적 상황에서 인종주의자가 될 가능성은 있다.

반면 자신이 속한 집단을 선호하는 자민족 중심주의는 인간의 본성을 구성하는 특성으로 보인다. 대부분의 사회에는 자신의 집단(내부 집단)에 더 높은 가치를 부여하여 정의하고 다른 집단을 경멸적으로 가리키는 용어가 있다. 사회심리학은 이것을 '최소 집단'이라고 정의한다. 구성원들이 소속감을 느끼는 최소 규모의 집단이다.

자신의 집단에 대한 억누를 수 없는 성향을 보여준 획기적인 실험이 있다. 어린아이들의 교실에서 붉은색과 파란색 두 그룹을 임의로 나누고 아이들에게 사탕을 나눠주게 해보자. 그룹은 불과 몇 분 전 임의적으로 정해졌지만 아이들은 자기 그룹의 구성원들에게 더 많은 사탕을 줬다. 단지 '그룹을 만드는 것'만으로도 기호가 드러난다.

역사는 이러한 자민족 중심주의가 외국인 수용과 더불어 언제나 작용했음을 보여준다. 사실 문화적 이유로 단절된 인간 집단은 없다. 있더라도 아주 드물다. 우리의 게놈에는 혼혈, 심지어 네안데르탈인 같은 아종과 혼혈한 흔적이 있다. 그렇다면 사람종은 왜 자기 민족을 중요시할까? 진화적 관점에서 합리적인 설명은 자기 집단의 사람과 자원을 나누는 것이 이로우며, 그래야 여러분도 미래에 똑같이 나눠 받을 것이기 때문이다.

이러한 상호작용의 메커니즘에 따라 우리는 협동에 능한 사회적 존재가 된다. 가장 협조적인 사람이 높이 평가받고, 생식 측면에서도 상대에게 매력적으로 받아들여진다는 사실도 여러 연구 결과 밝혀졌다. 진화가 대규모 집단을 이루어 혈연관계가 아닌 사람들과도 협동하며 사는 길로 우리를 인도했다는 점은 분명하다. 우리의 협동 성향은 공동의 이익을 개발하는 데 자양분이 된다. 이것이 조세의 원리다. 이 원리는 조세가 제도로 자리 잡기 훨씬 이전부터 존재했다. 신석기시대 유럽인은 협동이 필요한 건축물인 거석을 세웠다.

20유로, 그게 다라고?

공동 재산이라는 개념은 '사기꾼'이 벌 받는 구조가 존재할 때만 작동할 수 있다. 경제학자들의 실험이 증명하듯 우리는 공평성과 사기꾼을 탐지하는 능력을 타고났다. 카롤린과 소피를 예로 들어보자. 연구자가 카롤린에게 1백 유로를 주며 소피와 나눠 가지라고 한다. 소피는 카롤린이 주는 돈을 받을 수도 있고 거절할 수도 있다. 소피가 거절한다면 둘 다 돈을 갖지 못한다. 논리적으로 생각하면 소피는 카롤린이 주는 돈이 얼마가 됐든 받아야 한다. 카롤린이 1유로를 주고 본인이 99유로를 갖더라도 소피는 1유로를 얻기 때문이다.

소피는 돈이 공평하게 분배되지 않는다고 생각하면 모든 걸 잃는다 해도 거부했다. 거절해서 아무것도 얻지 못한 채 떠났지만 카롤린이 주머니를 채우는 것을 막았다. 각 실험 집단이 공정하다고 생각한 분배 금액은 20유로에서 50유로까지 달랐다. 여러분이 믿든 안 믿든 소피는 20유로 이하의 금액을 거절했다! 공정성에 대한 감정은 불평등과 '배신' 앞에서 침묵, 분노로 표출된다.

자신의 집단에 대한 선호가 다른 집단을 비하하거나 지배하거나 증오한다는 의미는 아니다. 강조하고 싶은 것은 이 부정적 감정들이 발현하려면 정치적 상황이 필요하다는 것이다. 자민족 중심주의는 인종주의가 아니라 본질주의와 함께 하나의 요인일 뿐이다. 본질주의는 성차별주의와 동성애 혐오에서도 발견할 수 있는 지적 순응주의다. 뿐만 아니라 지리적 기원의 다양성을 수용하지 못하는 사람들은 LGBT 같은 또 다른 집단을 수용하지 못하며, 더 나아가서 성차별주의자다. 현대 생물학이 이러한 본질주의를 받아들일 수 없는 이유는 여러 가지다.

첫째, 친절, 도덕, 믿음 등 한 사람을 형성하는 수많은 성격은 유전과 아무 관계가 없다.

둘째, 유전적 요인이나 변이와 관련된 특징은 개인이 성장하는 환경과 상관 있다. 유전자와 환경의 관계에 대한 이해를 돕기 위해 키를 예로 들어보자. 유전적 요소가 증명되었기 때문에 이들의 관계를 알 수 있다. 그렇지만 개인의 성장 환경도 중요하다. 그 증거는 지난 세기 유럽에서 관찰된 키의 성장이 양호한 건강과 위생 상태의 결과였지 유전자와는 관계가 없었다는 점이다.

마지막으로 피부색의 경우 유전적 변이는 색소 형성 유전정보를 지니고 있지만 다른 특성들의 정보는 없다!

개인의 피부색이 윤리적·지적·심리적 능력을 결정할 것이라는 상상은 지나치게 짧은 생각이다. 본질주의라는 단순한 도구 상자는 개인의 기원이 그의 본질을 결정한다는 생각을 담고 있다. 한 개인이 자신의 기원에 의해 결정된다는 생각은 현대에도 존재한다. 이처럼 단순하게 생각하는 사람들은 문화의 중요성을 부정하지는 않지만 문화가 불변하며 동일한 문화가 한 세대에서 다음 세대로 전달된다고 생각한다. 이들은 결정론에 갇혀 있고, 정체성이 정해져 있다고 생각한다.

비뚤어진 역사의 대행진

한 개인의 정체성이 이미 결정됐다는 생각은 집단에도 적용된다. 어떤 사람은 피부색이 '역사의 대행진'에서의 발전 정도를 결정한다고 생각한다! 본질주의 패러다임에 의하면 생물학이 문화를 결정할 수 있다. 새로운 생물학에 자극받은 사람들의 집단은 '문화 수준'이 서로 다를 것이다. 그렇지만 현재 진행 중인 여러 집단에 대한 유전학 연구들은 반대로 문화가 유전자 다양성에 영향을 미친다는 점을 보여준다. 사실 사람들의 일부 유전자 차이는 족내혼, 결혼 규범, 혈족의 규율 등과 같은 문화의 결과다. 유전자 차이가 문화 차이를 만드는 것이 아니라 문화 차이가 유전자 차이를 만든다. 이 연구들은 생물학이 문화의 원인이라는 관계의 패러다임을 뒤엎었다.

나는 인종주의 요인들을 설명함으로써 인종주의를 파괴할 수 있고, 다양성을 부정하기보다는 수용하려고 노력할 수 있다고 생각한다. 우리 모두는 유사하지만 다르기도 하다. 이 차이의 일부는 조상들의 지리적 기원과 관계 있다. 그 어떤 것으로도 개인의 자유를 구속하지 않아야 한다.

2억 5천만 명의 이주민
— 2015년

　지구 상에 인류가 나타난 이후부터 인구가 증가한 과정은 이주의 역사와 함께했고 지금도 계속되고 있다. 2015년 국제연합UN의 조사에 따르면 전 세계 이주민은 2억 5천만 명이다. 국제연합은 다른 국가에서 1년 이상 거주한 한 국가의 개인을 이민자로 정의한다. 왜 그렇게 많은 이동이 지구 상의 인구 증가에 영향을 미쳤을까? 또한 이주는 사람종을 어떻게 변화시켰을까? 책을 집필하는 내내 이 물음이 무언의 압력이 되어 머리를 맴돌았다. 이제 물음에 직면할 시간이다.

　첫째, 현대의 이주에 관한 연구에서 우리는 무엇을 배울 수 있을까? 여러 선입견을 타파했다. 직관에 반하는 교훈에 따르면 남반구 국가들에서 이주민이 더 많이 발생했다. 국제연합에 따르면 남반구 국가는 중앙아메리카와 남아메리카, 아프리카, 일본을 제외한 아시아 국가들이다. 1억 명의 이민자가 남반구 국가에서 태어났고 남반구의 다른 나라에 살고 있다. 남에서 북으로 이동하는 이주자는 8천4백만 명, 북에서 북으로는 5천7백만 명이었고, 나머지 1천2백만 명은 북쪽에서 남쪽으로 이주했다.

둘째, 더 나은 삶을 위해 가장 가난한 나라에서 가장 부유한 나라로 도망가는 사람에 관한 이미지는 잘못되었다. 연구를 전 세계로 확대하면 이민자들이 가장 가난한 나라가 아니라 중간 정도 잘사는 나라에서 온다는 것을 알 수 있다. 이에 따르면 사하라 이남 아프리카에서 많이 발전한 몇몇 국가는 자국민이 유럽으로 대거 이주하는 것을 두려워해야 할 것이다. 하지만 꼭 그럴 필요는 없다. 아프리카인 이주민의 75퍼센트가 아프리카 국가로 이주한다. 게다가 개발과 이주의 관계가 기계적이지는 않다. 예를 들어 한창 개발 중인 에티오피아는 다른 나라로 이주하는 사람이 줄고 이민국이 됐다.

세계적인 연구들의 세 번째 교훈은 인구 과잉과 이주가 별개의 문제라는 것이다. 이주 때문에 인구 과잉 국가가 인구 감소 국가가 되지는 않는다. 인구가 감소하고 있는 발칸 국가들을 예로 들 수 있다. 발칸 국가들의 국민은 20퍼센트 이상이 외국으로 이주한 반면, 인구가 한창 증가하고 있는 아프리카 국가들의 이민율은 평균 3퍼센트에 그친다. 요컨대 아프리카에서 온 젊은이들이 유럽의 구대륙으로 물밀 듯이 들어온다는 생각은 현실과 거리가 멀다.

(인간의) 긍정적인 생물 다양성

사람들은 왜 이주할까? 새로운 나라로 가는 이주민마다 사연이 있겠지만, 시간을 초월한 현상이라는 점을 고려하면 여러 상황 외에 보편적

이유가 있지 않을까? 집단 전체를 생각하면 답은 간단하다. 이주는 생물 다양성에 기여한다. 생물계에서 이주가 없는 폐쇄적인 집단은 여러 세대가 흐르며 다양성을 잃는다. 이러한 손실을 보완할 수 있는 것은 변이가 낳은 새로운 유전자뿐이다. 변이는 계속 발생하고 진화에 중요하지만 강도가 매우 약한 사건이다.

폐쇄된 집단은 유전자가 빈약해진다. 반대로 이주로 인해 유전자 교환이 개방된 집단은 이주자들이 유입됨으로써 유전자가 풍부해진다. 한 집단이나 종의 생존을 위해서는 다양성이 중요하다. 이것은 자연선택이 적응을 위해 끌어올 수 있는 잠재력의 저장고다. 환경 변화, 새로운 병원균, 새로운 식량 공급원에 끊임없이 적응해야 한다. 반대로 과도한 이주는 현지 적응에 불리하다는 사실도 주목해야 한다. 자연선택으로 적응하려면 한 집단의 일부가 여러 세대에 걸쳐 안정적으로 정착할 수 있는 시간이 필요하다.

1930년대부터 이러한 이주/안정이라는 이중성은 한 집단 전체가 가장 잘 적응하도록 보장하는 균형을 설명하는 모델로 사용됐다. 이 모델은 상대적으로 고립된 하위 집단에 관해 설명해준다. 각 하위 집단은 규칙적으로 이동하고 지역 환경에 적응한다. 이것이 사람종의 진화사에 적용된 패턴이고, 장기적으로 이족보행과 큰 뇌 같은 대혁신을 일으켰다.

경쟁을 피하라

더 어려운 질문이 남았다. 집단 차원에서 이주의 긍정적인 면을 이해했다면, 개인 차원에서는 이주로 무엇을 얻을 수 있을까? 현지 환경에 적응한 한 개인이 앞으로 잘 적응할 수 있을지 알 수 없는 새로운 환경과 만날 위험을 무릅쓰고 이주하여 얻을 수 있는 이득이 무엇일까? 몇 가지 진화생물학적 추론을 제안한다. 하나는 이주를 통해 원집단 구성원들과의 경쟁을 피할 수 있다는 것이다. 이 이론을 비난하는 사람들은 집단생활은 경쟁을 부추기기도 하지만 협동도 강화한다고 반박할 것이다.

이주가 지나치게 가까운 혈족과의 혼인을 막아줬을 것이라는 설명은 논리가 더 견고해 보인다. 요컨대 근친교배 예방 수단이라는 것이다. 암컷 침팬지들이 자신의 공동체 밖으로 이주하는 현상을 설명하는 데 전통적으로 사용되는 논거다. 수컷 침팬지들은 자신과 다른 유전자 풀 출신의 암컷들과 번식한다. 같은 원칙을 인간 집단에서도 찾을 수 있을까? 먼 거리에 있는 배우자와 결혼하는 것이 인척 관계를 제한하고 유전자 다양성의 기여도를 높이는 효과적인 방식일까?

항상 그렇지는 않고 상황에 따라 다르다. 절반 이상의 남성들이 다른 마을 여성과 혼인하는 중앙아시아의 유목민들 중 지리적으로 멀리 떨어진 곳 출신의 부부들이 같은 마을 출신의 부부들보다 유전적으로 가깝다는 의외의 결과가 나타났다. 그 이유는 이들이 지리적으로 먼 곳까지 찾아가서 가까운 친척과 혼인하기 때문이다. 19세기 중반 미국에서도 같은 현상이 관찰됐다. 일부 미국인들이 1800년에는 10킬로미터 내에서, 19세기 중반에는 20킬로미터 내에서 배우자를 구했다. 이후 19세기 말에 반대 경향이 나타났다.

이 사례들은 현재의 연구 표본들이 이주와 혈족 관계 혹은 유전자 유사성의 관계를 지나치게 단순화했다는 것을 보여준다. 사실 인간이 지나치게 가까운 유전자의 연관성을 제한하는 방법은 이주 외에도 많다. 인류학은 결혼할 수 있거나 없는 사람을 지정한 온갖 친족제, 그리고 지나치게 가깝거나 멀지 않은 배우자를 선택하는 수많은 방법을 설명해준다.

모험을 강행하는 이유

그렇다면 개인의 이주 동기는 무엇일까? 현대의 이주는 이동 거리가 매우 다양하다. 근거리 이주 외에 장거리 이주도 있다. 오늘날은 이주 동기도 예전보다 훨씬 다양해졌다.

모든 전문가는 이주 현상과 동기가 매우 다양하다는 데 의견이 일치한다. 현재의 표본에 따르면 정치, 경제, 인권에 관한 어려운 상황에서 벗어나고 싶은 욕망 외에도 경제적 이유이든 가족 문제이든, 혹은 개인적 역량을 실현하기 위해서든 목적지 국가를 선망해서든 모두가 이주 동기다.

오랜 역사는 이주 동기에 발견의 즐거움과 호기심을 포함해야 한다는 점을 보여준다. 우리는 모험과 탐험의 부름에 응할 것이다. 그렇지 않고서는 10만 년 전 사피엔스가 아프리카를 벗어나는 모험을 감행한 이유를 설명하기 힘들다. 과거를 돌아보면 이주와 대비되는 개념으로 정착하여 사는 집단들의 안정성이 부각된다. 자료를 살펴보면, 수십 년 전 자신이 태어난 국가에서 사는 개인의 비율은 95퍼센트 이상을 꾸준히 유지한다. 이 수치는 많은 사람이 거주지 근처에서 배우자를 만나 결혼하고, 자녀들은 부모의 근처에 정착한다는 사실, 즉 장소, 환경, 사회 연결망에 대한 애착으로 이해할 수 있다.

시간을 초월한 혼혈

오늘날 이주는 사람종에게 어떤 결과를 가져올까? 계속 유전자 다양성의 원천이 될까? 유전자 정보에 따르면 이주자들은 시간의 흐름 속에서 현지인들과 생식했다. 유럽의 경우를 봐도 아프리카를 벗어나 증가한 사피엔스는 네안데르탈인과 혼혈했고, 이어서 두 번의 대규모 이주 시 중동에서 온 농부들은 현지 수렵채집인과 혼혈했으며, 캅카스 북쪽 출신 유목민들 역시 현지인과 피를 섞었다.

우리의 과거를 들여다보면 혼혈이 없는 이주는 매우 이례적이다. 무척 드문 예로 북아메리카 원주민 대부분이 유럽인으로 대체된 일을 들 수 있다. 자신이 '백인'이라고 생각하는 미국인은 유전자 풀의 0.2퍼센트만이 아메리카 원주민 기원과 관련 있다. 이 수치는 유럽인인 스페인 사람들이 점령했던 중앙아메리카 국가들에서 아메리카 원주민 기원이 약 20퍼센트인 것과 대조된다.

게다가 현대 사회에서는 이러한 집단이 항상 뒤섞인다. 혼혈 비율이 급속도로 증가하고 있다. 프랑스에서는 이주자 자녀의 65퍼센트는 이주자가 아닌 사람, 다시 말해서 부모 역시 이주자가 아닌 사람과 혼인한다. 이 수치가 다음 세대에도 변함이 없다고 가정하면 이주자의 손주들은 12퍼센트만이 현지인과 생식하지 않을 것이고, 그다음 세대에는 수치가 5퍼센트도 되지 않을 것이다.

몇몇 매체와 지식인이 퍼트리는 우리 사회의 인식과 달리 프랑스는 혼혈이 정상인 국가다. 혼혈 비율이 65퍼센트로 높다. 미국에서는 아프리카계 미국인의 17퍼센트만이 자기 공동체 밖에서 배우자를 만난다.

장거리 이주

현대 유럽과 관련된 이주 상황 외에도 전 세계 사람들이 많이 이주하고 있을까? 이주의 규모는 집단과 개인에 따라, 그리고 관찰하는 정도에 따라 매우 가변적이다.

국지적 규모에서는 거주 규칙이 지배적이다. 부거제 사회에서는 여성들이 대거 이동하고, 모거제 사회에서는 남성들이 대거 이동한다. 동족 결혼이 우세한 집단이 있는가 하면 이주에 매우 개방적인 집단도 있다. 중앙아시아의 튀르크족은 50퍼센트 이상이 다른 마을의 배우자와 혼인하는 이족 결혼이 현저히 우세한 반면, 인도이란어파 계열 민족은 80퍼센트 이상이 같은 마을 안에서 혼인하는 동족 결혼이 우세하다.

집단 내에서도 개인마다 차이가 있다. 인구통계 자료가 풍부한 퀘벡이나 발세린 계곡은 이주 양상이 가족에 따라 다르다는 사실을 보여준다. 이곳 사람들은 가족 내에서 여러 세대에 걸쳐 이주에 관한 영향을 주고받았다. 간단히 말해서 이동하는 가족도 있고 남는 가족들도 있었다.

이러한 지역적 현상은 장거리 이주와 중첩된다. 부거제 사회에서는 남성들의 마을 간 이동이 매우 적은 반면, 유라시아의 Y 염색체 분포에서 알 수 있듯 장거리 이동이 훨씬 많다. 인구통계 측면에서 더 넓은 지역에 더 많은 자손을 성공적으로 남긴 사람들도 있다. 19세기 미국인 배우자들의 거리에 관해 연구한 학자들은 여성들이 단거리로 더 많이 이동했고, 남성들은 이동률이 현저히 낮지만 장거리로 이동했다는 사실을 밝혔다.

이주가 인간의 다양성에 어떻게 영향을 미쳤을까? 현대인들은 이전 세기들에 비해 장거리로 더 자주 이주한다. 따라서 멀리 떨어진 집단 사이의 유전자 차이가 감소하고 집단 내의 유전자 다양성은 증가한다. 새로운 표현형이 외모, 특히 집단의 외모에 갑자기 나타나는 것도 배제할 수 없다. 나는 샌프란시스코 차이나타운에서 얼굴이 둥글고 눈이 파란색이면서 가느다랗고 피부색이 짙은 사람을 보고 깜짝 놀란 적이 있다.

인간의 수명과 영생의 유전자
─ 2100년

이주 외에 미래의 변화에 관해 무슨 말을 할 수 있을까? 간단히 말하면 우리는 여전히 진화하고 있을까? 이 질문을 생물학자에게 던진다면 대답은 분명하다. 그렇다! 모든 생명이 그렇다. 우리의 게놈에는 우연이든 자연선택이든 각 세대마다 새로운 변이들이 나타나고 어떤 것들은 사라지며, 어떤 것들은 빈도수가 증가한다. 한마디로 사람종의 유전형질은 변한다. 하지만 사람들은 '그렇다고 해서 우리의 모습도 변할까?'라고 궁금해한다.

스마트폰에서 기린까지

"2100년: 사람들의 다리는 더 이상 사용하지 않아 퇴화하고 짧아졌으며, 필요 없어진 새끼발가락은 사라졌다. 손가락은 스마트폰을 더 잘 다루기 위해 길어지고 한 손에 예닐곱 개의 손가락이 있다. 눈구멍은

화면을 보느라 사각형이 되고…." 집단적 상상력의 세계에서는 미래 인간에 대한 이런 유형의 묘사가 흔하다. 하지만 몇 가지 잘못된 생각에 기초한 예측이다. 그중 하나는 후천적으로 얻은 형질이 전달된다는 생각이다. 이러한 상상은 자주 사용하거나 반대로 불필요해진 기관이 새로운 형태로 후손들에게 전달될 것이라는 생각에서 기인했다. 근육이 발달한 사람이 자신의 힘을 자녀들에게 물려줄 것이라는 생각과 같다.

1950년대 교과서는 후천적으로 얻은 형질의 전달 혹은 자연선택이라는 관점에서 신체적 특징의 출현을 설명하고 해석하기 위해 기린의 역사를 활용했다. 기린 무리가 사바나에서 나뭇잎을 먹는데, 목이 긴 무리들이 다른 무리들보다 많은 먹이를 획득할 수 있었다. 몇 세대가 흐른 후 기린의 목이 길어졌는데, 그 원인은 무엇일까?

첫 번째 추론은 후천적으로 얻은 형질의 전달이다. 기린 1마리가 목을 더 길게 뻗은 끝에 목을 늘려 높은 곳에 있는 나뭇잎을 먹고, 긴 목을 새끼에게 전달한다. 두 번째 추론은 자연선택이다. 목이 가장 긴 기린이 가장 높이 있는 나뭇잎을 먹을 수 있다. 이들은 생존에 유리하기 때문에 더 많은 새끼를 낳고, 새끼들은 어미처럼 목이 길다. 우리는 두 번째 버전이 옳다는 것을 알고 있다.

새끼발가락 걱정?

자연선택을 통해 진화하려면 3가지 조건이 필요하다. 첫째, 형질이 가변성이 있어야 하고, 둘째, 이 형질이 생존이나 번식을 좌우해야 하며, 셋째, 이 형질이 자손들에게 전달되어야 한다. 이 틀로 해석하면 신빙성 있는 가설을 판단하기 쉽다. 새끼발가락의 예를 들어보자. 새끼발가락이 사라질까?

이 형질이 자연선택에 의해 진화하려면 우선 사람에 따라 새끼발가락이 있기도 하고 없기도 하는 가변성이 있어야 한다. 그리고 새끼발가락의 유무가 장단점이 되어야 하며, 마지막으로 이 형질의 소유 유무가 자손에게 전달되어야 한다.

3가지 조건을 동시에 갖추기는 어렵다. 그럼에도 불구하고 한 기관이 유용성을 잃으면, 기관 상실을 야기하는 변이들이 자연선택으로 제거되지 않고 세대의 흐름 속에서 기관 상실을 야기하며 축적될 수 있는 것은 사실이다. 이 현상은 우리가 속한 대형 유인원 집단이 이제 꼬리가 없는 이유를 설명해줄 수 있다. 우리는 수백만 년 전 꼬리가 필요 없어졌을 때… 꼬리를 잃었다!

후성유전적 관점

후성유전학이 발전함에 따라 후천적 형질 전달에 대한 개념이 부분적으로 재검토되고 있다. 후성유전은 환경에 따라 유전자 발현을 조절하는 모든 메커니즘을 포함한다. 그런데 이 발현의 변화 중 일부는 어머니에게서 자녀에게로 전달되기도 한다. 이러한 현상은 기아를 경험했던 여성들에게서 나타났다. 이들의 자궁 내에서 아기가 나중에 최소한의 가용 자원을 최대한 축적하여 '지방을 만드는 데' 사용할 후성유전적 특징이 발달하는 현상이 나타났다. 만약 이 아이들이 유복하게 자란다면 열량을 과도하게 축적하는 경향이 있을 것이고 비만 위험도 매우 높을 것이다.

어머니가 경험한 환경(여기서는 빈곤)이 자녀의 대사증후군 감응성을 매우 높일 것이다. 현재 관련 연구자들의 관심사는 이 구조가 다음 세대에 전달되는지 알아보는 것이다. 물론 대부분의 후성유전적 특징은 게놈 생산 과정에서 발생하는 감수분열에서 재설정되지만, 일부는 다음 세대로 전달되기도 한다. 이 분야에 대한 연구는 왕성하게 발전하고 있다. 생쥐 실험에 따르면 후성유전적 전달은 2, 3대에 걸쳐 나타날 수 있다. 인간의 후성유전에 관해서는 여러 팀이 연구하고 있다. 하지만 반대되는 증거를 보면 이러한 전달은 극히 드물다. 달리 말해서 후성유전학은 개인이 환경에 적응하는 것을 중요시하지만 자연선택에 의해 적응한다는 사실에는 주목하지 않는다.

살아남기, 그리고 전달하기

사람종은 여전히 자연선택에 따라 진화할 수 있을까? 얼핏 보기에 우리의 진화는 끝난 듯하다. 우리는 포식자들을 모두 물리쳤고, 여성을 가장 괴롭혔던 출산으로 인한 사망은 선진국에서는 사라졌거나 무척 드물어졌다. 게다가 적어도 우리 사회에서는 영아 사망률이 극히 낮아져 0에 가깝다.

17세기에는 한 가정이 5명에서 7명의 자녀를 낳는 게 정상이었고, 그중 절반은 15세까지 살지 못했다. 요한 제바스티안 바흐의 자녀들 중 반은 태어나면서 사망하거나 어린 나이에 사망했고, 그의 많은 형제자매도 같은 운명을 겪은 사실을 상기해보자. 출산할 때 사망할 확률은

2퍼센트였고, 어머니들은 그때마다 위험을 감수해야 했다. 또한 출산 전후의 문제들로 사망할 위험성도 30퍼센트나 됐다! 따라서 사망률만 보면, 적어도 유럽인은 자연선택에서 살아남았다고 주장하는 것이 당연한 일이다.

자연선택은 생존에만 국한하지 않는다. 앞에서도 언급했듯이, 유전형질을 전달해야 하고 배우자를 찾아야 하고 후손을 낳아야 한다. 마지막 문제는 논의의 여지가 있다. 1961년에서 1965년 사이 프랑스에서 태어난 남녀의 코호트를 연구한 국립통계경제연구소INSEE에 따르면 남성의 20.6퍼센트, 여성의 13.5퍼센트는 자녀가 없었다.

어떤 유전적 요인이 후손의 부재와 부분적으로 관련 있다면 자연선택이 작용했을 수도 있다. 예컨대 Y 염색체의 유전자 변이가 그렇다. 덴마크에서는 생식 연령인 젊은 남성들의 약 30퍼센트가 불임이다. 불임 남성 집단의 Y 염색체를 세밀히 분석한 결과에 따르면 몇몇 Y 염색체가 과하게 나타났다. 따라서 같은 환경 조건이 지속된다면 이들 하플로그룹은 몇 세대 후 사라질 것이다. 출산율 감소는 Y 염색체를 손상시킬 가능성이 있는 오염 물질 같은 환경 요인들과 관련 있다. 부분적으로 의학이 불임을 보완할 수 있겠지만 1백 퍼센트의 치료는 힘들 것이다.

이러한 자연선택의 예는 하나뿐이기 때문에 드물다. 자연선택은 느린 과정이기 때문에 생식에 직접적이고 중대한 효과를 미치는 경우를 제외하면 '작용'을 보기 어렵다. 하지만 우리가 내분비계 교란 물질이나 오염 물질 같은 환경 요인에 다양하게 대처하고, 한 세대에서 다음 세대로 대처 방안을 전달하며, 자연선택이 작용할 수 있을 만큼 환경 조건을 유지할 수는 있다.

배우자 선택에는 신장이 중요하다?

출산율 외에도 성선택, 즉 배우자 선택은 자연선택의 또 다른 요인이다. 이것으로 생식과 관련된 특정 형질을 가진 사람이 더 매력적으로 느껴지는 구조를 이해할 수 있다. 앞에서도 진화 과정에서 생존에 어떤 이점이 있는지 이해할 수 없는 턱수염, 가느다란 눈, 파란 눈 등이 생식에 어떻게 작용했을지 살펴봤다.

성선택은 간파하기 어렵지만 신장 같은 몇 가지 예는 분석할 수 있다. 여러 연구에 따르면 여성들은 키 큰 남성을 선호한다. 키 큰 남성들은 배우자를 찾을 가능성이 훨씬 높기 때문에 평균적으로 자녀가 많다. 자녀에게 전달되는 이 특징은 자연선택의 이형인 이른바 성선택이 작용한 결과다. 하지만 이 과정은 무척 느리고 수많은 세대 동안 같은 선호도가 지속되어야 한다는 점을 기억하자.

이 구조는 새로운 미래를 상상하게 한다. 우리가 뾰족한 귀에 대한 선호도를 발전시킨다고 가정해보자. 귀의 모양이 한 세대에서 다음 세대로 전달된다면 여러 세대 후에 〈스타트렉〉의 등장인물 스폭과 비슷해질 수도 있을 것이다.

병원체와 싸우는 유전자

성선택에서는 '비슷한 사람끼리 모이거나' 혹은 '반대되는 사람에게 끌리는' 등의 임의적이지 않은 배우자 선택 현상도 나타난다. 많이 연구된 사례 중 하나는 백혈구 항원 체계human leukocyte antigen, HLA다.

백혈구 항원 체계는 면역력에 큰 역할을 한다. 유전자 다양성이 클수록 병원체를 방어하는 능력이 커질 것이다. 백혈구 항원 체계의 높은 유전자 다양성은 게놈의 해당 부분에서 이형접합이 과도하여 발생한다. 아버지에게서 받은 DNA는 어머니에게서 받은 DNA와 다르다. 부부의 백혈구 항원 체계를 비교한 과학자들은 놀라운 발견을 했다. 몇몇 집단의 배우자들은 백혈구 항원 체계가 서로 다른 경향이 있었다. 마치 방어 면역 체계를 강화하는 능력에 온 마음을 바쳐 배우자를 선택한 듯했다!

연구에 참여한 부부의 자녀들은 실제로 백혈구 항원 체계의 다양성이 높고, 다양한 질병을 견뎌낼 수 있을 것이다. 어떻게 사람들은 모르는 상태에서 서로 다른 백혈구 항원 체계를 결합할까? 잠재적 배우자의 백혈구 항원 체계를 볼 수 없지만 감지할 수는 있는 것일까?

대답 중 일부는 다음의 실험으로 알 수 있다. 연구팀은 젊은 남성들에게 여러 날 동안 같은 티셔츠를 입게 했다. 그리고 젊은 여성들로 구성된 패널에게 옷들의 냄새를 맡게 하고, 선호하는 냄새가 나는 옷을 지목하게 했다. 그 결과 여성들은 보통 백혈구 항원 체계가 자신과 가장 다른 남성의 티셔츠를 선택했다. 여기서 백혈구 항원 체계가 동물들의 성적 매력에 기여하는 호르몬인 페로몬과 관련 있다는 가설이 등장한다.

이러한 예를 통해 인간이 자연선택에 의한 진화 구조에서 벗어나지 않았음을 알 수 있다. 자연선택이 어떤 방향으로 흐를지, 어떤 특징들이 선택되는지, 그리고 선택될 가능성은 어느 정도인지 예측하는 것은 불가능하고 민감한 문제다. 사람은 자신의 환경을 많이, 그리고 빨리 변화시키지만 자연선택은 느린 현상이다. 게다가 집단이 클수록 변화가 모든 사람종에게 전파되고 눈에 보이도록 두드러지는 데 많은 시간이 필요하다. 그럼에도 불구하고 만약 다른 행성에 사람들을 보낸다면 진화는 가속화할 것이다. 자연선택이든 우연의 결과이든 1백여 세대 후 그들은 지구에 있는 사람들과 확연히 다른 집단을 형성할 것이다. 다시 한번 말하지만 그들의 모습이 어떨지 예견하기는 어렵다.

미래의 거인들?

자연선택 메커니즘이 이처럼 신중한데 지구에 있는 사람들에 관해 무엇을 예견할 수 있을까? 신장은 최근 수십 년간 가장 많이 변한 외모의 좋은 예다. 여러 집단의 신장은 지난 1백 년 동안 평균 10~20센티미터 성장했다. 이러한 진화가 계속될까? 미래 세대는 모두 거인이 될까?

우선 우리의 진화 역사를 뒤집어보자. 약 4백만~3백만 년 전 덤불숲에 살았던 우리 조상들은 키가 작았다. 매우 드문 화석을 조사한 바에 따르면 120센티미터 이하였다. 이후 수백만 년이 흐르며 신장이 커졌다. 오늘날 유럽 남성들의 평균 키는 178센티미터고, 여성들의 평균 키는 168센티미터다. 이러한 진화가 선처럼 이어진 것은 아니다. 이제 겨우 구석기시대 선조들의 신장을 되찾은 것일 뿐이다. 예를 들어 2만 년도 더 된 옛날 체코 동부 모라바에 살았던 남성은 평균 176.3센티미터, 지중해에 살았던 남성은 182.7센티미터였다. 이후 신석기시대에는 신장이 줄었다. 기원전 5000년 카르파티아 평원에 살았던 렌젤 문화Lengyel culture 구성원의 키는 162센티미터 정도였다.

1백 년 전부터 자료에 기록된 민족들 중에서는 이란 남성들이 가장 두드러지게 성장하여 157센티미터에서 173센티미터로 커졌다. 여성들의 경우 한국 여성들이 142센티미터에서 162센티미터로 기록적인 성장을 했다. 이러한 변화를 어떻게 설명할 수 있을까? 이 현상은 자연선택이 아니라 좋아진 건강 상태가 작용한 덕분이었다. 오늘날에는 소아질병이 크게 감소했고, 우리는 음식을 실컷 먹고(부자 나라에서는) 있다. 신석기시대 몇몇 집단의 키가 작아진 이유는 구석기 수렵채집인에 비해 인구밀도가 높아 질병의 이환율이 높아졌기 때문으로 볼 수 있다.

환경 요인도 영향을 미치지만, 신장은 주로 유전이 변이를 결정하는 것이 특징이다. 신장 유전자의 유전율은 약 80퍼센트다! 유전자 코드에 관한 연구 결과 게놈에 작용하는 3천 개 이상의 변이(단일염기 다형성SNP)를 식별했지만, 각 변이의 효과는 매우 약했다. 게다가 이 모든 유전자의 추가 조정은 신장과 관련된 변이의 일부인 25퍼센트만 설명한다. 여전히 알려지지 않은 유전적 요인들이 있다. 과학자들은 실험의 한계에 도달하여 갈수록 더 많은 사람을 관찰해야 했다. 최근 식별한 3천 개의 변이는 70만 명의 게놈을 분석해서 얻은 성과다. 선행 연구에서는 7백 개의 단일염기 다형성을 발견하기 위해 25만 명의 게놈을 분석했다.

유전학 연구 결과의 80퍼센트는 지난 세기의 신장 변화가 환경 변화 때문이라고 말한다. 이는 환경에 따라 어떤 특징이 변화할지를 예상하는 것은 유전의 몫이 아니라는 의미다. 그 특징은 유전에 매우 중요하지만 환경에 따라 매우 빠르게 변할 수도 있다. 어느 특징에 대한 '유전자 결정론'은 외부 조건의 변화에 반응하여 변화할 가능성에 대해 아무것도 알려주지 못한다.

가장 멋진 성장 방식

신장은 어떻게 계속해서 진화할까? 더 이상 성장할 수 없는 최대치가 있을까? 현재 키의 성장세는 속도가 느려지고 있다. 오스트리아, 프랑스, 스위스, 영국, 그리고 미국에서는 성장세가 매우 더디다. 지난 20세기에는 이 나라 사람들의 신장이 10년에 1센티미터, 즉 1백 년에 10센티미터 성장했다. 몇몇 국가 사람들의 신장은 이미 최고치에 도달했다.

노르웨이, 덴마크, 슬로바키아, 네덜란드 그리고 독일이 그렇다. 노르웨이는 1980년대부터 젊은 남성들의 신장이 179.4~179.9센티미터에 멈춰 있다. 독일은 1990년부터 더 이상 성장하지 않았고, 평균 180센티미터가 상한선이 됐다. 네덜란드는 21세 남성들의 신장이 184센티미터에 머물러 있고, 슬로바키아는 179센티미터에 머물러 있다. 스웨덴 등의 다른 유럽 국가들은 10년간 0.7센티미터로 약한 성장세를 보이고 있다.

하지만 여러 연구에 의하면 스웨덴인의 신장 통계에 이민자들을 포함하지 않으면 2센티미터 성장한 것으로 나타났다. 전체 인구의 13퍼센트인 이주자들의 평균 신장은 177.7센티미터다. 이주와 신장의 관계를 평가하기 위한 비교 자료는 아직 부족하다. 다시 말해서 유럽인들의 성장이 둔화한 원인을 살펴보면, 일부 국가에 이주한 사람들의 상대적으로 작은 키도 요인 중 하나임을 배제할 수 없다. 스웨덴인들은 세계에서 가장 키가 크기 때문에, 스웨덴으로 이주한 사람들의 키는 상대적으로 작다. 반대의 경우인 영국은 발트 국가에서 온 이주자들의 키가 평균보다 훨씬 크다.

지난 세기 유럽의 환경 개선 덕분에 신장이 유전자의 한계치에 이르도록 성장한 듯하다. 선천적으로 키가 작은 민족들을 보면 최대치 신장이 존재한다는 확신이 든다. 피그미족의 작은 키는 유전형질에 기록되어 있다. 환경이 좋았다면 더 클 수 있었겠지만, 분명 180센티미터까지 크지는 않았을 것이다.

최근 몇십 년간 변화한 피그미족의 신장에 관한 자료는 없지만 키가 작은 다른 부족들을 참조할 수는 있다. 과테말라 여성들의 평균 신장은 1994년 140센티미터에서 2014년 149센티미터로 크게 성장했지만, 유럽 여성들의 평균인 168센티미터에는 못 미친다. 마찬가지로 유럽에서도 북유럽 사람들은 남유럽 사람들에 비해 크지만 건강과 위생 조건은 비슷하다. 유전적으로 정해진 최고치가 있을 것이라는 또 다른 증거다.

미래 예측의 어려움

앞의 분석 외에도 신장의 성장이나 둔화에 작용한 요인이 있을 것이다. 그중 하나는 기술적인 것이다. 유전학 연구에 따르면 유럽인의 이형접합체, 즉 아버지에게서 받은 DNA와 어머니에게서 받은 DNA를 선택하는 개인의 유전자 변이는 신장과 긍정적인 상관관계가 있다. 내 견해로는 부모의 유전자가 무척 다양해서 이형접합체가 많은 사람은 보통 키가 더 크다. 이러한 결과가 입증된다면, 멀리서 이주한 집단으로 인해 크게 다른 유전자들이 뒤섞여 이형접합체를 증가시키고 신장을 성장시킬 것이라는 의미이기도 하다.

또 다른 유전 측면도 간과할 수 없다. 바로 후성유전학이다. 이 메커니즘에서는 어머니가 사는 환경이 자녀에게 영향을 미칠 수 있지만 DNA 염기서열을 바꾸지는 못한다. 앞에서 설명했듯이 이미 입증된 메커니즘은 특정 유전자의 발현에 영향을 미칠 수 있는 환경을 자궁 내에서 노출시키는 것이다. 이 영향은 여러 세대에 작용할 수 있다. 현재의 신생아는 2세대 동안 환경의 제한을 겪지 않은 사람의 후손이므로, 어쩌면 우리 유전자에 '보류 상태'의 신장 성장 유전자가 여전히 존재할 수도 있다.

그렇다면 우리는 계속 성장할 수 있을까? 신장의 진화에 관한 메커니즘은 이미 소개했다. 단기간에 효과를 발휘하는 것도 있고 장기간 효과를 발휘하는 것도 있다. 미래 예측은 복잡한 일이다.

모두가 므두셀라?

사르데냐의 마을 중 하나인 알게로의 작은 광장들에는 1백 세 이상인 마을 사람들의 멋진 사진이 전시되어 있다. 사르데냐는 전 세계에서 1백 세가 넘은 사람이 가장 많은 곳 중 하나다. 지난 2백 년 동안 최상의 생활환경이 이곳 사람들의 신장을 성장시키고 수명도 증가시켰다. 현재 여러 나라 여성들의 평균수명은 80세를 넘는다. 언젠가 인류 전체가 사르데냐 사람들만큼 혹은 그보다 오래 살 수 있을까? 우리가 성서에 등장하는 므두셀라와 같아질 수 있을까?

수명이 증가한 정확한 원인은 무엇일까? 흔히 잊고 있지만 19세기 초 전 세계의 평균수명은 40세를 넘지 않았다. 그렇다고 해서 대부분의 사람들이 35세에 사망했을 거라고 생각하지는 말자! 낮은 평균수명의 주요 원인은 영아 사망률이었다. 한 집단에서 50퍼센트가 70세까지 살고, 50퍼센트가 태어나면서 사망한다면 이 집단의 평균수명은 35세다.

1850년에서 1950년 사이 1백 년 만에 평균수명이 40세에서 70세로 크게 증가한 이유는 영아 사망률이 크게 감소했기 때문이다. 1950년대 이후 두 번째로 증가한 기대 수명 덕분에 10년이 증가한(70세에서 80세가 됐다) 원인은 심혈관 질환과 밀접한 성인 사망률이 감소했기 때문이다.

전반적으로 수명이 증가했지만 상대적 현상이다. 이란의 경우 20년 동안 20세가 증가하는 등 대부분의 국가에서 증가하고 있지만, 다른 국가들, 특히 아프리카에서는 에이즈 때문에 수명이 감소했다. 어린아이들의 사망률이 높을수록 수명 통계에 더 많은 영향을 미친다. 30세에 사망한 사람은 70세까지 사는 사람들에 비해 40년의 평균수명을 '잃는' 반면 65세에 사망한 사람은 5년을 잃는다.

러시아의 경우를 살펴보자. 러시아의 평균수명은 소련이 무너진 이후 낮아졌다. 과도한 보드카 섭취로 40~55세 성인의 사망률이 심각하게 증가했다. 결국 러시아 정부는 보드카 가격을 인상하여 중년 사망률이 높아지는 경향을 뒤집었다. 많은 산업국가의 평균수명은 평준화되고 있다. 반면 미국인의 평균수명은 비만 증가와 모르핀계 마약 과다복용 때문에 2년 연속 감소했다.

사회의 나이

수명 증가에는 한계가 있을까? 이 질문은 인구통계학자들 간에 폭넓은 논쟁을 불러일으켰다. 증가의 끝에 다다랐다는 주장이 있는가 하면, 몇몇 질병, 특히 암으로 인한 사망률이 낮아져 수명이 더 길어질 것이라는 주장도 있다.

노년층의 사망률이 낮아지면 기대 수명이 증가할 수 있지만, 그 혜택이 노인에게 더 많이 돌아갈 가능성이 높기 때문에 수학적으로는 이득이 감소할 것이다. 우리 중 상당수는 더 오래 살겠지만, 사회 공동의 이익은 별로 없을 것이다. 낮아진 사망률은, 현재 여성 흡연자가 많아지기 때문에 암에 걸리는 여성들의 비율이 증가하며 의미가 퇴색될 것이다.

수명을 늘리는 다른 방법이 있을까? 가장 높은 사회 직능과 가장 낮은 사회 직능 사이의 기대 수명 차이가 13년이나 되는 프랑스의 경우를 생각하면 대답은 '그렇다'다!

개인의 생애를 추적하는 장기 연구들은 수명과 관련된 요인들을 더 잘 이해할 수 있게 해준다. 148건의 연구를 종합하여 분석한 결과는 뜻밖이다. 개인의 사회성 네트워크 통합 등급은 알코올, 담배 혹은 마약 복용 등 이미 알려진 고전적 건강 요인들과 함께 생존에 영향을 미친다! 우리는 사회적 동물이다. 노인들의 사회 통합 증진도 수명을 연장하는 방법 중 하나일 것이다.

영생의 유전자

우리 각자는 더 오래 살 수 있을까? 우리를 구원해줄, 더 나아가 영생하도록 해줄 장수 유전자가 존재할까? 프랑스의 경우 1백 세 이상인 여성의 수가 1980년대에 0에 가까웠는데 2015년에는 1만 8천 명으로 증가했다. 1백 세 이상인 일본인은 5만 명 이상이다. 사르데냐, 일본, 그리스의 어느 섬과 코스타리카의 특정 지방 등은 1백 세 이상인 사람들이 많은 것으로 유명하다. 과학자들은 1백 세 이상인 사람들이 특이한 유전자 프로필을 지니고 있는지를 연구했다. 안타깝게도 과학자들은 아무것도 발견하지 못했다! 여러분을 실망시켜 마음이 아프지만, 우리를 1백 세 이상 장수하게 만들고 더 나아가 영생하게 해줄 특이한 유전자는 없었다. 물론 최고 연령에 도달하는 데 영향을 미치는 유전자 변이는 존재하지만, 효과가 미미하다.

장수에 관한 세계 기록은 122세에 사망한 프랑스 여성 잔 칼망이 지금도 보유하고 있다. 언젠가 이 기록이 깨질까? 이 기록은 너무나 예외적이어서 노파가 딸의 신분을 대신한 것 아닌지 의심하는 연구자도 있었다. 그 시대의 기록보관소를 감안하면 실현 가능하지 않은 기발한 가설이다.

불사의 존재가 될 수 없다는 것을 받아들이고 가능한 한 오래 건강하게 살기를 희망하는 수밖에 없다. 인구통계학자들은 최근 '건강한 수명'이라는 개념을 발전시켰다. 현재 자료들에 따르면 선진국 국민은 삶의 80퍼센트를 신체 조건이 양호한 상태로 산다. 프랑스 여성들은 수명이 85세이므로 64세까지는 건강하게 삶을 영위하고, 남성들의 경우

수명이 80세이므로 건강하게 사는 기간은 63세까지다.

하지만 이 통계는 측정하기가 무척 민감하다! 모든 건강 손실을 계산한 결과일까, 아니면 자율성 상실만 계산한 결과일까? 고통은 어떻게 평가할까? 만약 '건강'하다고 당사자가 진술한다면 어떻게 국가끼리 비교할 수 있을까? 국가 간 비교 시 고려해야 할 문제는 6개월 이내의 통상적 활동에 제한이 있었는지의 여부다. 스웨덴과 비교하면 프랑스는 불량 학생이다. 태어날 때의 기대 수명은 같지만 스웨덴 사람들은 프랑스 사람들보다 10년 더 '건강하게' 산다. 이 문제도 연구할 필요가 있다.

신장과 수명이 어느 방향으로 진화할지 예측하기는 힘들다. 한편으로 인상적인 것은 최근 수십 년간, 그리고 지난 2백 년 동안 유럽인의 삶의 질이 놀랍도록 나아졌다는 것이다.

인류의 미래

좋든 싫든 사람종은 지구를 차지했다. 7백만 년 전 아프리카 사바나에서 대모험을 시작했을 때 우리의 숫자는 불과 몇백 명이나 몇천 명, 어쩌면 그 이하였다. 2천 년 전에는 1억 명이 되었다. 지구 생태계 대부분을 점령한 오늘날에는 70억 명이 넘는다. 폭발적인 인구 증가의 결과는 무엇일까? 우리는 새로운 대변화기에 살고 있을까?

인구 증가의 역사

여러 국가가 인구 변화기를 거치며 인구 폭증을 경험했다. 영아 사망률이 여성 1명당 6명에서 2명으로 낮아진 덕분이다. 높은 사망률이 낮아지며 자녀 수가 급감했다. 건강 상태 개선이 주요 원인인 변화는 2단계로 일어난다. 우선 건강 상태가 좋아지며 영아 사망률이 감소하고, 이어서 출생 수가 감소한다.

2단계 사이의 시간도 인구 증가에 중요하다. 시간이 길어질수록 인구가 더 많이 증가한다. 인구는 1800년경 10억, 1950년 25억, 1970년 37억, 그리고 현재 70억이 넘는다. 여러분의 나이로 계산하면, 여러분이 태어났을 때 세계 인구는 지금의 2분의 1 혹은 3분의 1이었다. 거의 모든 사람이 인구 변화에 일조했거나 일조하는 중이다. 다만 속도는 국가별로 다르다.

인구 변화 이전인 1750년에 지금의 영국 주민이 750만 명이었다는 사실을 생각해보자. 런던에서 5세 이전에 사망한 어린이의 비율은 1740년 75퍼센트에서 1820년 30퍼센트로 감소했다. 영아 사망률이 감소하자 인구가 1800년 1천1백만 명에서 1920년 4천4백만 명으로 120년 동안 4배나 성장했다! 이 시기 인구가 2배도 늘지 않았던 프랑스는 1750년 약 2천5백만 명에서 1920년 3천2백만 명이 됐다. 왜 그랬을까? 출산율 감소와 사망률 감소가 비슷해졌기 때문이다.

영국과 프랑스의 차이는 전 세계로 확장됐다. 유럽의 인구 변화가 150년이나 걸린 반면 20세기의 몇몇 국가는 불과 15~20년이 걸렸다. 이란은 1976년 여성 1명당 출산율이 7.2명이었는데, 1991~1996년에 3.7명이 됐다. 아프리카는 국가별로 차이가 크다. 성장이 더딘 아프리카의 몇몇 국가와 달리 라틴아메리카는 예상보다 빨리 인구 변화를 겪었다.

인구 변화가 반드시 안정적인 균형으로 이어지는 것은 아니다. 유럽의 몇몇 국가와 일본 등은 변화를 넘어 여성 1명당 2명의 자녀로 인구를 유지할 수 있는 경계 아래에 있다. 따라서 인류의 절반 이상이 여성 1명당 2명 이하의 아이를 낳는 국가에 살고 있다. 뿐만 아니라 일본, 폴란드, 독일, 한국 등의 일부는 여성 1명당 1명의 자녀에 가까운 저출산 국가다. 현실을 살펴보면 지역에 따라 인구가 매우 대비된다. 적은 아이와 많은 노인으로 역삼각형 연령 피라미드를 나타내는 국가들이 있는가 하면 삼각형 피라미드를 나타내는 국가들도 있다.

새로운 인구 변화?

사람종의 미래 인구를 예측할 수 있을까? 전 세계의 인구는 계속 증가할 수 있을까? 우선 짚어야 할 것은 인구 증가에서 수명 증가가 차지하는 역할을 무시하지 말아야 한다는 것이다. 제2차 세계대전 이후 프랑스 인구는 2천만 명 증가했는데, 그중 3분의 1은 수명이 증가한 덕분이었다. 이러한 사실을 감안하면, 아이를 가질 20~30세 사람들 대부분이 이미 태어났기 때문에 미래 인구를 부분적으로 예측할 수 있다. 여러 인구통계학자에 따르면 모든 국가에 동일한 인구 변화 시나리오를 적용하면 인구가 정점에 도달한 후 감소할 것이다.

인구 정점에 도달하는 시기는 언제일까? 예상 날짜와 밀도는 다양하다. 혹자는 2050년이라고 하고, 혹자는 2100년이라고 한다. 인구는 90억 명에서 110억 명 사이가 될 것이다. 인구 증가의 정도는 영아 사망률과 출산율의 감소, 그리고 수명 증가에 따라 달라지고, 사람들은 더 많은 시간을 지구에서 보낼 것이다. 어찌 됐든 인구가 가장 크게 성장할 대륙은 아프리카다. 중국 인구는 인도의 2배가 될 것이다. 현안은 '모든 국가가 이런 변화를 겪을까?'다.

또 다른 문제는 '자연과의 관계가 이 수치에 영향을 미칠까?'다. 앞에서 살펴봤듯이 약 1만 년 전의 인구 성장은 신석기시대로의 변화, 즉 우리와 자연의 관계가 크게 변한 현상과 밀접했다. 19세기 유럽 국가의 인구 변화는 자원을 최대로 활용하는 산업혁명에 이끌려 나타났다. 지금의 인구 변화가 새로운 변화, 즉 생태학적 변화와 함께하길 기원하자.

끝없는 모험을 위하여

우리는 조만간 막다른 길에 이를 수도 있기 때문에 아이디어를 수없이 재검토하고 시급히 새로운 생활 방식을 찾아야 한다. 유럽, 러시아 혹은 미국에 사는 한 사람이 아프리카나 아시아의 가난한 국가에 사는 수백 명과 맞먹는 이산화탄소를 배출한다는 사실을 기억하자. 자원, 특히 생물 다양성 고갈을 어떻게 피할 수 있을까? 이것이 해결해야 할 과제다.

농학자들에 따르면 체계적이고 지속적인 농업을 통해 우리 모두가 식량을 공급받을 수 있다. 관건은 모두가 공평하게 식량을 획득하는 것이다. 글로벌녹색성장기구GGGI의 최신 보고서에 따르면 약 8억 2천만 명이 기아로 고통받고 있다. 음식의 30퍼센트가 버려지고 성인 20억 명이 비만이거나 과체중인 것을 생각하면 슬픈 일이다.

환경에 대한 부담(지구온난화로 증가한 부담)과 인구 성장은 이주자들을 더 양산할 것이다. 그렇다면 우리는 난민들에게 어떤 지위를 부여할 수 있을까? 이 문제에 대한 해답은 나라마다 다르겠지만 인류 역사에서 배운 2가지 사실을 이해하고 해답을 선택해야 한다.

첫째, 우리는 이주하는 종이다. 이 특징은 말 그대로 우리 유전자에 기록되어 있다. 여러분의 DNA는 우리 조상 중 몇몇은 단거리를 이동했고, 몇몇은 대륙을 건넜다는 사실을 이야기해준다. 우리 모두의 조상에는 이주자가 있다. 이 사실을 미래에 투영하면 현재의 모든 부모는 이주자 후손들을 가질 것이다!

둘째, 가장 공평한 사회는 사람들이 건강한 사회다. 한 집단의 가장 좋은 건강 지표인 신장은 경제 평등 지수와 관계 있다! 이 2가지 이유를 통해 사회 형태를 고려하고 협동과 공정이 어우러지는 우리의 미래를 생각해야 한다.

사람종의 전설 같은 대모험이 계속되기를 바라보자. 시간이 흐르며 우리 종은 생체 변화와 문화 발달로 인한 변화에 적응했다. 우리 종은 놀라운 호기심과 기발함, 그리고 함께 살고 협동하는 놀라운 능력을 보여주면서 이동하여 전 지구에 퍼졌다. 이제 우리가 반드시 보호해야 하는 행성에서 여럿이 함께 살기라는 새로운 도전에 이러한 자질을 사용하기를 희망하자.

| 참고문헌 |

제1장 인류의 첫걸음

Bokelmann, L. *et al.*, 2019, "A genetic analysis of the Gibraltar Neanderthals", *Proceedings of the National Academy of Sciences*, 116(31), p. 15610-15615.

Chen, F. *et al.*, 2019, "A late Middle Pleistocene Denisovan mandible from the Tibetan Plateau", *Nature*, 569(7756), p. 409-412.

DeCasien, A. R. *et al.*, 2017, "Primate brain size is predicted by diet but not sociality", *Nature Ecology and Evolution*, 1(5), p. 1-7.

Détroit, F. *et al.*, 2019, "A new species of Homo from the Late Pleistocene of the Philippines", *Nature*, 568(7751), p. 181-186.

Dunbar, R., 1998, "The social brain hypothesis", *Evolutionary Anthropology*, p. 178-190.

Green, R. E. *et al.*, 2010, "A draft sequence of the Neandertal genome", *Science*, 328(5979), p. 710-722.

Hershkovitz, I. *et al.*, 2018, "The earliest modern humans outside Africa", *Science*, 359(6374), p. 456-459.

Heyer, E. (éd.), 2015, *Une belle histoire de l'Homme*, Flammarion.

Hublin, J.-J. *et al.*, 2015, "Brain ontogeny and life history in Pleistocene hominins", *Philosophical Transactions of the Royal Society B : Biological Sciences*, 370(1663).

Hublin, J. J., 2009, "Out of Africa : modern human origins special feature : the origin of Neandertals", *Proceedings of the National Academy of Sciences*, 106(38), p. 16022-16027.

Hublin, J.-J., 2017, "The last Neanderthal", *Proceedings of the National Academy of*

Sciences, 114(40), p. 10520-10522.

Hublin, J.-J. *et al.*, 2017, "New fossils from Jebel Irhoud, Morocco and the pan-African origin of Homo sapiens", *Nature*, 546(7657), p. 289-292.

Jónsson, H. *et al.*, 2017, "Parental influence on human germline de novo mutations in 1,548 trios from Iceland", *Nature*, 549(7673), p. 519-522.

Kaplan, H. *et al.*, 2000, "A theory of human life history evolution : Diet, intelligence, and longevity", *Evolutionary Anthropology*, 9(4), p. 156-185.

Llamas, B. *et al.*, 2017, "Human evolution : A tale from ancient genomes", *Philosophical Transactions of the Royal Society B : Biological Sciences*, 372(1713).

Meyer, M. *et al.*, 2016, "Nuclear DNA sequences from the Middle Pleistocene Sima de los Huesos hominins", *Nature*, 531(7595), p. 504-507.

Mikkelsen, T. S. *et al.*, 2005, "Initial sequence of the chimpanzee genome and comparison with the human genome", *Nature*, 437(7055), p. 69-87.

Pavard, S. et Coste, C., 2019, "Evolution of the human lifecycle", in *Encyclopedia of Biomedical Gerontology*, Academic Press.

Prado-Martinez, J. *et al.*, 2013, "Great ape genetic diversity and population history", *Nature*, 499(7459), p. 471-475.

Prat, S., 2018, "First hominin settlements out of Africa. Tempo and dispersal mode : Review and perspectives", *Comptes Rendus – Palevol*, 17(1-2), p. 6-16.

Prüfer, K. *et al.*, 2012, "The bonobo genome compared with the chimpanzee and human genomes", *Nature*, 486, p. 527-531.

Reich, D. *et al.*, 2010, "Genetic history of an archaic hominin group from Denisova Cave in Siberia", *Nature*, 468(7327), p. 1053-1060.

Sánchez-Quinto, F. et Lalueza-Fox, C., 2015, "Almost 20 years of Neanderthal palaeogenetics : Adaptation, admixture, diversity, demography and extinction", *Philosophical Transactions of the Royal Society B : Biological Sciences*, 370(1660).

Scally, A. et Durbin, R., 2012, "Revising the human mutation rate : implications for understanding human evolution", *Nature Reviews Genetics*, 13(10), p. 745-753.

Scerri, E. M. L. *et al.*, 2018, "Did our species evolve in subdivided populations across Africa, and why does it matter ?", *Trends in Ecology & Evolution*, 33(8), p. 582-594.

Schlebusch, C. M. *et al.*, 2017, "Southern African ancient genomes estimate modern human divergence to 350,000 to 260,000 years ago", *Science*, 358(6363), p. 652-655.

Ségurel, L. *et al.*, 2014, "Determinants of mutation rate variation in the human germline", *Annual Review of Genomics and Human Genetics*, 15(1), p. 47-70.

Slatkin, M. et Racimo, F., 2016, "Ancient DNA and human history", *Proceedings of the National Academy of Sciences*, 113(23), p. 6380-6387.

Slon, V. *et al.*, 2018, "The genome of the offspring of a Neanderthal mother and a Denisovan father", *Nature*, 561(7721), p. 113-116.

Verendeev, A. et Sherwood, C. C., 2017, "Human brain evolution", *Current Opinion in*

Behavioral Sciences, 16, p. 41-45.

Wolf, A. B. et Akey, J. M., 2018, "Outstanding questions in the study of archaic hominin admixture", *PLoS Genetics*, 14(5), p. 1-14.

제2장 모험 이야기

Atkinson, E. G. *et al.*, 2018, "No evidence for recent selection at FOXP2 among diverse human populations", *Cell*, 174(6), p. 1424-1435.

Beleza, S. *et al.*, 2013, "The timing of pigmentation lightening in Europeans", *Molecular Biology and Evolution*, 30(1), p. 24-35.

Bird, M. I. *et al.*, 2019, "Early human settlement of Sahul was not an accident", *Scientific Reports*, 9(1), p. 1-10.

Canfield, V. A. *et al.*, 2013, "Molecular phylogeography of a human autosomal skin color locus under natural selection", *G3 (Bethesda)*, 3(11), p. 2059-2067.

Cerqueira, C. C. S. *et al.*, 2012, "Predicting *homo* pigmentation phenotype through genomic data : From neanderthal to James Watson", *American Journal of Human Biology*, 24(5), p. 705-709.

Chaix, R. *et al.*, 2008, "Genetic traces of east-to-west human expansion waves in Eurasia", *American Journal of Physical Anthropology*, 136(3).

Colonna, V. *et al.*, 2011, "A world in a grain of sand : Human history from genetic data", *Genome Biology*, 12(11).

Crawford, N. G. *et al.*, 2017, "Loci associated with skin pigmentation identified in African populations", *Science*, 358(6365).

Dannemann, M. et Kelso, J., 2017, "The contribution of Neanderthals to phenotypic variation in modern humans", *American Journal of Human Genetics*, 101(4), p. 578-589.

Deng, L. et Xu, S., 2018, "Adaptation of human skin color in various populations", *Hereditas*, 155(1).

Donnelly, M. P. *et al.*, 2012, "A global view of the OCA2-HERC2 region and pigmentation", *Human Genetics*, 131(5), p. 683-696.

Fan, S. *et al.*, 2016, "Review of recent human adaptation", *Science*, 354(6308), p. 54-59.

Fu, Q. *et al.*, 2014, "Genome sequence of a 45,000-year-old modern human from western Siberia", *Nature*, 514(7253), p. 445-449.

Fu, Q. *et al.*, 2016, "The genetic history of Ice Age Europe", *Nature*, 534(7606), p. 200-205.

Fumagalli, M. *et al.*, 2015, "Greenlandic Inuit show genetic signatures of diet and climate adaptation", 349(6254), p. 1343-1347.

Günther, T. et Jakobsson, M., 2016, "Genes mirror migrations and cultures in prehistoric Europe — a population genomic perspective", *Current Opinion in Genetics and*

Development, 41, p. 115-123.

Günther, T. *et al.*, 2018, "Population genomics of Mesolithic Scandinavia : Investigating early postglacial migration routes and high-latitude adaptation", *PLoS Biology*, 16(1), p. 1-22.

Hay, S. I. *et al.*, 2004, "The global distribution and population at risk of malaria : past, present, and future", *The Lancet. Infectious Diseases*, 4(6), p. 327-336.

Hellenthal, G. *et al.*, 2014, "A genetic atlas of human admixture history", *Science*, 343(6172), p. 747-751.

Hlusko, L. J. *et al.*, 2018, "Environmental selection during the last ice age on the mother-to-infant transmission of vitamin D and fatty acids through breast milk", *Proceedings of the National Academy of Sciences,* 115(19).

Hublin, J. J., 2015, "The modern human colonization of western Eurasia : When and where ?", *Quaternary Science Reviews*, 118, p. 194-210.

Huerta-Sánchez, E. *et al.*, 2014, "Altitude adaptation in Tibetans caused by introgression of Denisovan-like DNA", *Nature*, 512(7513), p. 194-197.

Ilardo, M. A. *et al.*, 2018, "Physiological and Genetic Adaptations to Diving in Sea Nomads", *Cell*, 173(3), p. 569-580.

Ingicco, T. *et al.*, 2018, "Earliest known hominin activity in the Philippines by 709 thousand years ago", *Nature*, 557(7704), p. 233-237.

Jablonski, N. G., 2004, "The evolution of human skin and skin color", *Annual Review of Anthropology*, 33(1), p. 585-623.

Jablonski, N. G. et Chaplin, G., 2017, "The colours of humanity : The evolution of pigmentation in the human lineage", *Philosophical Transactions of the Royal Society B : Biological Sciences*, 372(1724).

Jones, E. R. *et al.*, 2015, "Upper Palaeolithic genomes reveal deep roots of modern Eurasians", *Nature Communications*, 6, p. 1-8.

Kamberov, Y. G. *et al.*, 2013, "Modeling recent human evolution in mice by expression of a selected EDAR variant", *Cell*, 152(4), p. 691-702.

Karlsson, E. K. *et al.*, 2014, "Natural selection and infectious disease in human populations", *Nature Publishing Group*, 15(6), p. 379-393.

Kubo, D. *et al.*, 2013, "Brain size of Homo floresiensis and its evolutionary implications", *Proceedings of the Royal Society B : Biological Sciences*, 280(1760).

Lachance, J. *et al.*, 2012, "Evolutionary history and adaptation from high-coverage whole-genome sequences of diverse African hunter-gatherers", *Cell*, 150(3), p. 457-469.

Lalueza-Fox, C. *et al.*, 2007, "A melanocortin 1 receptor allele suggests varying pigmentation among Neanderthals", *Science*, 318(5855), p. 1453-1455.

Lazaridis, I., 2018, "The evolutionary history of human populations in Europe", *Current Opinion in Genetics and Development*, 53, p. 21-27.

Lazaridis, I. *et al.*, 2014, "Ancient human genomes suggest three ancestral populations for present-day Europeans", *Nature*, 513(7518), p. 409-413.

Llamas, B. *et al.*, 2017, "Human evolution : A tale from ancient genomes", *Philosophical Transactions of the Royal Society B : Biological Sciences*, 372(1713).

Lopez, M. *et al.*, 2019, "Genomic evidence for local adaptation of hunter-gatherers to the African rainforest", *Current Biology*, 29(17), p. 2926-2935.

Malaspinas, A. S. *et al.*, 2016, "A genomic history of Aboriginal Australia", *Nature*, 538(7624), p. 207-214.

Marciniak, S. et Perry, G. H., 2017, "Harnessing ancient genomes to study the history of human adaptation", *Nature Reviews Genetics*, 18(11), p. 659-674.

Martin, A. R. *et al.*, 2017, "An unexpectedly complex architecture for skin pigmentation in Africans", *Cell*, 171(6), p. 1340-1353.

Martinez-Cruz, B. *et al.*, 2011, "In the heartland of Eurasia : the multilocus genetic landscape of Central Asian populations", *European Journal of Human Genetics*, 19(2), p. 216.

Mathieson, I. *et al.*, 2015, "Genome-wide patterns of selection in 230 ancient Eurasians", *Nature*, 528(7583).

McColl, H. *et al.*, 2018, "The prehistoric peopling of Southeast Asia", *Science*, 361(6397).

Moore, L. G. *et al.*, 2001, "Tibetan protection from intrauterine growth restriction (IUGR) and reproductive loss at high altitude", *American Journal of Human Biology*, 13(5), p. 635-644.

Nakagome, S. *et al.*, 2015, "Estimating the ages of selection signals from different epochs in human history", *Molecular Biology and Evolution*, 33(3), p. 657-669.

Nielsen, R. *et al.*, 2017, "Tracing the peopling of the world through genomics", *Nature*, 541(7637), p. 302-310.

Norton, H. L. *et al.*, 2007, "Genetic evidence for the convergent evolution of light skin in Europeans and East Asians", *Molecular Biology and Evolution*, 24(3), p. 710-722.

O'Connell, J. F. *et al.*, 2018, "When did Homo sapiens first reach Southeast Asia and Sahul ?", *Proceedings of the National Academy of Sciences*, 115(34), p. 8482-8490.

Olalde, I. *et al.*, 2014, "Derived immune and ancestral pigmentation alleles in a 7,000-year-old Mesolithic European", *Nature*, 507(7491), p. 225-228.

Pagani, L. *et al.*, 2016, "Genomic analyses inform on migration events during the peopling of Eurasia", *Nature*, 538(7624), p. 238-242.

Palstra, F. P. *et al.*, 2015, "Statistical inference on genetic data reveals the complex demographic history of human populations in Central Asia", *Molecular Biology and Evolution*, 32(6), p. 1411-1424.

Patin, E. *et al.*, 2009, "Inferring the demographic history of African farmers and Pygmy hunter-gatherers using a multilocus resequencing data set", *PLoS Genetics*, 5(4).

Patin, E. *et al.*, 2017, "Dispersals and genetic adaptation of Bantu-speaking populations in Africa and North America", *Science*, 356(6337), p. 543-546.

Pemberton, T. J. *et al.*, 2018, "A genome scan for genes underlying adult body size differences between Central African hunter-gatherers and farmers", *Human Genetics*, 137(6–7), p. 487-509.

Piel, F. B. *et al.*, 2010, "Global distribution of the sickle cell gene and geographical confirmation of the malaria hypothesis", *Nature Communications*, 1(8).

Posth, C. *et al.*, 2016, "Pleistocene mitochondrial genomes suggest a single major dispersal of non-Africans and a late glacial population turnover in Europe", *Current Biology*, 26(4), p. 557-561.

Quach, H. *et al.*, 2016, "Genetic adaptation and Neandertal admixture shaped the immune system of human populations", *Cell*, 167(3), p. 643-656.

Quillen, E. E. *et al.*, 2019, "Shades of complexity : New perspectives on the evolution and genetic architecture of human skin", *American Journal of Physical Anthropology*, 168, p. 4-26.

Raghavan, M. *et al.*, 2015, "POPULATION GENETICS. Genomic evidence for the Pleistocene and recent population history of Native Americans", *Science*, 349(6250).

Rasmussen, M. *et al.*, 2011, "An aboriginal Australian genome reveals separate human dispersals into Asia", *Science*, 334(6052), p. 94-98.

Rogers, A. R. *et al.*, 2004, "Genetic variation at the MC1R Locus and the time since loss of human body hair", *Current Anthropology*, 45(1), p. 105-108.

Roullier, C. *et al.*, 2013, "Historical collections reveal patterns of diffusion of sweet potato in Oceania obscured by modern plant movements and recombination", *Proceedings of the National Academy of Sciences*, 110(6), p. 2205-2210.

Schlebusch, C. M. *et al.*, 2012, "Genomic variation in seven Khoe-San groups reveals adaptation and complex African history", *Science*, 374(2012), p. 1-10.

Schlebusch, C. M. *et al.*, 2015, "Human adaptation to arsenic-rich environments", *Molecular Biology and Evolution*, 32(6), p. 1544-1555.

제3장 자연을 정복하는 인간

Aimé, C. *et al.*, 2013, "Human genetic data reveal contrasting demographic patterns between sedentary and nomadic populations that predate the emergence of farming", *Molecular Biology and Evolution*, 30(12), p. 2629-2644.

Aimé, C. *et al.*, 2014, "Microsatellite data show recent demographic expansions in sedentary but not in nomadic human populations in Africa and Eurasia", *European Journal of Human Genetics*, 22(10), p. 1201.

Allentoft, M. E. *et al.*, 2015, "Population genomics of Bronze Age Eurasia", *Nature*, 522(7555), p. 167-172.

Bahuchet, S., 1991, "Spatial mobility and access to resources among the African Pygmies", in M. J. Casimir, A. Rao, *Mobility and Territoriality : Social and Spatial Boundaries among Foragers, Fishers, Pastoralists and Peripatetics*, Berg, p. 205-255.

Batini, C. *et al.*, 2015, "Large-scale recent expansion of European patrilineages shown by population resequencing", *Nature Communications*, 6.

Becker, N. S. A. *et al.*, 2012, "Short stature in African Pygmies is not explained by sexual selection", *Evolution and Human Behavior*, 33(6), p. 615-622.

Becker, N. S. A. *et al.*, 2011, "Indirect evidence for the genetic determination of short stature in African Pygmies", *American Journal of Physical Anthropology*, 145(3), p. 390-401.

Becker, N. S. A. *et al.*, 2013, "The role of GHR and IGF1 genes in the genetic determination of African Pygmies' short stature", *European Journal of Human Genetics*, 21(6), p. 653.

Brites, D., 2015, "Co-evolution of Mycobacterium tuberculosis and Homo sapiens", *Immunological reviews*, 264(1), p. 6-24.

Broushaki, F. *et al.*, 2016, "Early Neolithic genomes from the eastern Fertile Crescent", *Science*, 7943, p. 1-16.

Chiang, C. W. K. *et al.*, 2018, "Genomic history of the Sardinian population", *Nature Genetics*, 50(10).

De Barros Damgaard, P. *et al.*, 2018, "137 ancient human genomes from across the Eurasian steppes", *Nature*, 557(7705).

De Barros Damgaard, P. *et al.*, 2018, "The first horse herders and the impact of early Bronze Age steppe expansions into Asia", *Science*, 360(6396).

Ermini, L. *et al.*, 2008, "Report complete mitochondrial genome sequence of the Tyrolean iceman", *Current Biology*, 18(21), p. 1687-1693.

Evershed, R. P. *et al.*, 2008, "Earliest date for milk use in the Near East and southeastern Europe linked to cattle herding", *Nature*, 455, p. 31-34.

Fan, S. *et al.*, 2016, "Going global by adapting local : Review of recent human adaptation", *Science*, 354(6308), p. 54-59.

Feldman, M. *et al.*, 2019, "Late Pleistocene human genome suggests a local origin for the first farmers of central Anatolia", *Nature Communications*, 10(1).

Furholt, M., 2018, "Massive migrations ? The impact of recent aDNA studies on our view of third millennium Europe", *European Journal of Archaeology*, 21(2), p. 159-191.

Gallego-Llorente, M. *et al.*, 2016, "The genetics of an early Neolithic pastoralist from the Zagros, Iran", *Scientific Reports*, 6(31326), p. 4-10.

Gaunitz, C. *et al.*, 2018, "Ancient genomes revisit the ancestry of domestic and Przewalski's horses", *Science*, 360(6384), p. 111-114.

Goldberg, A. *et al.*, 2017, "Ancient X chromosomes reveal contrasting sex bias in Neolithic and Bronze Age Eurasian migrations", *Proceedings of the National Academy of Sciences*, 114(10), p. 2657-2662.

González-Fortes, G. *et al.*, 2017, "Paleogenomic evidence for multi-generational mixing between Neolithic farmers and Mesolithic hunter-gatherers in the lower Danube basin", *Current Biology*, 27(12), p. 1801-1810.

Gross, B. L. et Olsen, K. M., 2010, "Genetic perspectives on crop domestication", *Trends in Plant Science*, 15(9), p. 529-537.

Günther, T. et Jakobsson, M., 2016, "Genes mirror migrations and cultures in prehistoric Europe – a population genomic perspective", *Current Opinion in Genetics and Development*, 41, p. 115-123.

Günther, T. *et al.*, 2015, "Ancient genomes link early farmers from Atapuerca in Spain to modern-day Basques", *Proceedings of the National Academy of Sciences*, 112(38).

Haak, W. *et al.*, 2015, "Massive migration from the steppe was a source for Indo-European languages in Europe", *Nature*, 522(7555), p. 207-211.

Harper, K. N. et Armelagos, G. J., 2013, "Genomics, the origins of agriculture, and our changing microbe-scape : Time to revisit some old tales and tell some new ones", *American Journal of Physical Anthropology*, 152, p. 135-152.

Hershkovitz, I. *et al.*, 2008, "Detection and molecular characterization of 9000-year-old mycobacterium tuberculosis from a Neolithic settlement in the Eastern Mediterranean", *PLoS One*, 3(10), p. 1-6.

Heyer, E. *et al.*, 2011, "Lactase persistence in central Asia : phenotype, genotype, and evolution", *Human Biology*, 83(3), p. 379-392.

Jeong, C. *et al.*, 2018, "Bronze Age population dynamics and the rise of dairy pastoralism on the eastern Eurasian steppe", *Proceedings of the National Academy of Sciences*, 115(48).

Karmin, M. *et al.*, 2015, "A recent bottleneck of Y chromosome diversity coincides with a global change in culture", *Genome Research*, 25(4), p. 459-466.

Keller, A. *et al.*, 2012, "New insights into the Tyrolean Iceman's origin and phenotype as inferred by wholegenome sequencing", *Nature Communications*, 28.

Kılınc, G. M. *et al.*, 2016, "The demographic development of the first farmers in Anatolia", *Current Biology*, 26(19), p. 2659-2666.

Kluyver, T. A. *et al.*, 2017, "Unconscious selection drove seed enlargement in vegetable crops", *Evolution Letters*, 1(2), p. 64-72.

Krzewińska, M. *et al.*, 2018, "Ancient genomes suggest the eastern Pontic-Caspian steppe as the source of western Iron Age nomads", *Science Advances*, 4(10).

Laval, G. *et al.*, 2019, "Recent adaptive acquisition by African rainforest hunter-gatherers of the late Pleistocene sickle-cell mutation suggests past differences in Malaria exposure", *American Journal of Human Genetics*, 104(3), p. 553-561.

Lazaridis, I. *et al.*, 2016, "Genomic insights into the origin of farming in the ancient Near East", *Nature*, 536(7617), p. 419-424.

Lin, T. *et al.*, 2014, "Genomic analyses provide insights into the history of tomato breeding", *Nature Publishing Group*, 46(11), p. 1220-1226.

Lipson, M. *et al.*, 2017, "Parallel palaeogenomic transects reveal complex genetic history of early European farmers", *Nature*, 551(7680), p. 368-372.

Lopez, M. *et al.*, 2018, "The demographic history and mutational load of African hunter-gatherers and farmers", *Nature Ecology and Evolution*, 2(4), p. 721-730.

Mathieson, I. *et al.*, 2018, "The genomic history of southeastern Europe", *Nature*, 555(7695), p. 197-203.

Mathieson, S. et Mathieson, I., 2018, "FADS1 and the timing of human adaptation to agriculture", *Molecular Biology and Evolution*, 35(12), p. 2957-2970.

Mélanie, S. *et al.*, 2012, "Earliest evidence for cheese making in the sixth millennium", *Nature*, 493, p. 522-525.

Meller, H. *et al.*, 2014, "2200 BC – Ein Klimasturz als Ursache für den Zerfall der Alten Welt ? 2200 BC – A climatic breakdown as a cause for the collapse of the old world ?", 7th Archaeological Conference of Central Germany, October 23-26, 2014 in Halle (Saale).

Narasimhan, A. V. M. *et al.*, 2018, "The genomic formation of south and central Asia", *Science*, 365(6457).

Novembre, J. *et al.*, 2009, "Genes mirror geography within Europe", *Nature*, 456(7218), p. 98-101.

Okazaki, K. *et al.*, 2019, "A paleopathological approach to early human adaptation for wet-rice agriculture : The first case of Neolithic spinal tuberculosis at the Yangtze River Delta of China", *International Journal of Paleopathology*, 24, p. 236-244.

Olalde, I. *et al.*, 2018, "The Beaker phenomenon and the genomic transformation of northwest Europe", *Nature*, 555(7695), p. 190-196.

Olalde, I. *et al.*, 2019, "The genomic history of the Iberian Peninsula over the past 8000 years", *Science*, 363(6432).

Outram, A. K. *et al.*, 2009, "The earliest horse harnessing and milking", *Science*, 323(5919), p. 1332-1335.

Patin, E. *et al.*, 2014, "The impact of agricultural emergence on the genetic history of African rainforest hunter-gatherers and agriculturalists", *Nature Communications*, 5.

Patin, E. *et al.*, 2017, "Dispersals and genetic adaptation of Bantu-speaking populations in Africa and North America", *Science*, 356(6337), p. 543-546.

Pearce-Duvet, J. M. C., 2006, "The origin of human pathogens : evaluating the role of agriculture and domestic animals in the evolution of human disease", *Biological Reviews of the Cambridge Philosophical Society*, 81(3), p. 369-382.

Pemberton, T. J. *et al.*, 2018, "A genome scan for genes underlying adult body size differences between Central African hunter-gatherers and farmers", *Human Genetics*, 137(6–7), p. 487-509.

Ramirez-Rozzi, F. V., 2018, "Reproduction in the Baka pygmies and drop in their fertility with the arrival of alcohol", *Proceedings of the National Academy of Sciences*, 115(27).

Rozzi, F. V. *et al.*, 2015, "Growth pattern from birth to adulthood in African pygmies of known age", *Nature Communications*, 6.

Saag, L. *et al.*, 2017, "Extensive farming in Estonia started through a sex-biased migration from the steppe", *Current Biology*, 27(14), p. 2185-2193.

Ségurel, L. *et al.*, 2013, "Positive selection of protective variants for type 2 diabetes from the Neolithic onward : a case study in Central Asia", *European Journal of Human Genetics*, 21(10), p. 1146-1151.

Ségurel, L. et Bon, C., 2017, "On the evolution of lactase persistence in humans", *Annual Review of Genomics and Human Genetics*, 18(1), p. 297-319.

Shennan, S. *et al.*, 2013, "Regional population collapse followed initial agriculture booms in mid-Holocene Europe", *Nature Communications*, 4.

Shriner, D. et Rotimi, C. N., 2018, "Whole-genomesequence-based haplotypes reveal single origin of the sickle allele during the Holocene wet phase", *American Journal of Human Genetics*, 102(4), p. 547-556.

Skoglund, P. *et al.*, 2012, "Origins and genetic legacy of Neolithic farmers and hunter-gatherers in Europe", *Science*, 336(6080), p. 466-469.

Skoglund, P. *et al.*, 2016, "Genomic insights into the peopling of the Southwest Pacific", *Nature*, 538(7626).

Unterländer, M. *et al.*, 2017, "Ancestry and demography and descendants of Iron Age nomads of the Eurasian Steppe", *Nature Communications*, 8.

Valdiosera, C. *et al.*, 2018, "Four millennia of Iberian biomolecular prehistory illustrate the impact of prehistoric migrations at the far end of Eurasia", *Proceedings of the National Academy of Sciences*, 115(13).

Verdu, P. *et al.*, 2009, "Origins and genetic diversity of Pygmy hunter-gatherers from Western Central Africa", *Current Biology*, 19(4).

Verdu, P. *et al.*, 2013, "Sociocultural behavior, sex-biased admixture, and effective population sizes in Central African Pygmies and non-Pygmies", *Molecular Biology and Evolution*, 30(4), p. 918-937.

제4장 정복의 시대

Arias, L. *et al.*, 2018, "Cultural innovations influence patterns of genetic diversity in Northwestern Amazonia", *Molecular Biology and Evolution*, 35(11), p. 2719-2735.

Baker, J. L. *et al.*, 2017, "Human ancestry correlates with language and reveals that race is not an objective genomic classifier", *Scientific Reports*, 7(1).

Balaresque, P. *et al.*, 2015, "Y-chromosome descent clusters and male differential reproductive success : young lineage expansions dominate Asian pastoral nomadic populations", *European Journal of Human Genetics*, 23(10), p. 1413.

Banda, Y. *et al.*, 2015, "Characterizing race/ethnicity and genetic ancestry for 100,000 subjects in the genetic epidemiology research on adult health and aging (GERA) cohort", *Genetics*, 200(4), p. 1285-1295.

Behar, D. M. *et al.*, 2010, "The genome-wide structure of the Jewish people", *Nature*, 466(7303), p. 238-242.

Blum, M. G. B. *et al.*, 2006, "Matrilineal fertility inheritance detected in hunter-gatherer populations using the imbalance of gene genealogies", *PLoS Genetics*, 2(8).

Bouchard, G. et De Braekeleer, M., 1991, "Histoire d'un génome : population et génétique dans l'est du Québec", *Annales de démographie historique*, p. 350-353.

Brunet, G. *et al.*, 2009, "Trente ans d'étude de la maladie de Rendu-Osler en France : démographie historique, génétique des populations et biologie moléculaire", *Population*, 64(2), p. 305.

Bryc, K. *et al.*, 2015, "The genetic ancestry of African Americans, Latinos, and European Americans across the United States", *American Journal of Human Genetics*, 96(1), p. 37-53.

Campbell, M. C. *et al.*, 2015, "The peopling of the African continent and the diaspora into the new world", *Current Opinion in Genetics and Development*, 29, p. 120-132.

Cavalli-Sforza, L., 1996, *Gènes, peuples et langues*, Paris, Odile Jacob.

Chaix, R. *et al.*, 2004, "The genetic or mythical ancestry of descent groups : Lessons from the Y chromosome", *American Journal of Human Genetics*, 75(6).

Chaix, R. *et al.*, 2007, "From social to genetic structures in central Asia", *Current Biology*, 17(1), p. 43-48.

Charbonneau, H. *et al.*, 1987, "Naissance d'une population : les Français établis au Canada au XVIIe siècle", *Annales de géographie*, 547, p. 370-371.

Crawford, M. H., 1983, "The anthropological genetics of the Black Caribs "Garifuna" of Central America and the Caribbean", *American Journal of Physical Anthropology*, 26(1 S), p. 161-192.

Ebenesersdóttir, S. S. *et al.*, 2018, "Ancient genomes from Iceland reveal the making of a human population", *Science*, 360(6392), p. 1028-1032.

Fortes-Lima, C. *et al.*, 2018, "Exploring Cuba's population structure and demographic history using genome-wide data", *Scientific Reports*, 8(1).

Fortes-Lima, C. *et al.*, 2017, "Genome-wide ancestry and demographic history of African-descendant Maroon communities from French Guiana and Suriname", *American Journal of Human Genetics*, 101(5), p. 725-736.

Gudbjartsson, D. F. *et al.*, 2015, "Large-scale whole-genome sequencing of the Icelandic population", *Nature Genetics*, 47(5), p. 435-444.

Guedes, L. *et al.*, 2018, "First Paleogenetic evidence of probable syphilis and treponematoses cases in the Brazilian colonial period", *BioMed Research*

International, 2018.

Haak, W. *et al.*, 2015, "Massive migration from the steppe was a source for Indo-European languages in Europe", *Nature*, 522(7555), p. 207-211.

Han, E. *et al.*, 2017, "Clustering of 770,000 genomes reveals post-colonial population structure of North America", *Nature Communications*, 8.

Heyer, E., 1993, "Population structure and immigration ; a study of the Valserine Valley (French Jura) from the 17th century until the present", *Annals of Human Biology*, 20(6).

Heyer, E. *et al.*, 2012, "Sex-specific demographic behaviours that shape human genomic variation", *Molecular Ecology*, 21(3).

Heyer, E. *et al.*, 2005, "Cultural transmission of fitness : Genes take the fast lane", *Trends in Genetics*, 21(4).

Heyer, E. *et al.*, 2015, "Patrilineal populations show more male transmission of reproductive success than cognatic populations in Central Asia, which reduces their genetic diversity", *American Journal of Physical Anthropology*, 157(4), p. 537-543.

Heyer, E. et Brunet, G., 2007, "Généalogie et structure génétique de la population", in A. Bideau et G. Brunet (dir.), *Essai de démographie historique et de génétique des populations – Une population du Jura méridional du XVIIe siècle à nos jours*, Paris, INED, Études et enquêtes historiques, p. 159-172.

Heyer, E. *et al.*, 2017, "Anthropological genetics in Central Asia on the peopling of the region and the interplay between cultural traits and genetic diversity", in S. Roche (dir.), *The Family in Central Asia*, Heidelberg, Éditions Klaus Schwarz, p. 222-242.

Heyer, E. et Mennecier, P., 2009, "Genetic and linguistic diversity in Central Asia", in *Becoming Eloquent : Advances in the Emergence of Language, Human Cognition, and Modern Cultures*, John Benjamins Publishing, p. 163-180.

Heyer, E. et Tremblay, M., 1995, "Variability of the genetic contribution of Quebec population founders associated to some deleterious genes", *American Journal of Human Genetics*, 56(4), p. 970-978.

Heyer, E. *et al.*, 1997, "Seventeenth-century European origins of hereditary diseases in the Saguenay population (Quebec, Canada)", *Human Biology*, 69(2), p. 209-225.

Homburger, J. R. *et al.*, 2015, "Genomic insights into the ancestry and demographic history of South America", *PLoS Genetics*, 11(12).

Jeong, C. *et al.*, 2019, "The genetic history of admixture across inner Eurasia", *Nature Ecology & Evolution*, 3(6).

Karmin, M. *et al.*, 2015, "A recent bottleneck of Y chromosome diversity coincides with a global change in culture", *Genome Research*, 25(4), p. 459-466.

Kopelman, N. *et al.*, 2020, "High-resolution inference of genetic relationships among Jewish populations", *European Journal of Human Genetics*.

Landry, Y., 1992, *Les Filles du roi au XVIIe siècle : orphelines en France, pionnières au*

Canada ; suivi d'un Répertoire biographique des Filles du roi, Montréal, Éditions Leméac.

Landry, Y., 2001, "L'émigration française au Canada avant 1760 : premiers résultats d'une microanalyse", in A. Courtemanche et M. Pâquet (dir.), *Prendre la route : l'expérience migratoire en Europe et en Amérique du Nord du XIVe au XXe siècle,* Hull, Éditions Vents d'ouest, 2001.

Lesca, G. *et al.,* 2008, "Hereditary hemorrhagic telangiectasia : Evidence for regional founder effects of ACVRL1 mutations in French and Italian patients", *European Journal of Human Genetics,* 16(6), p. 742-749.

Leslie, S. *et al.,* 2015, "The fine-scale genetic structure of the British population", *Nature,* 519(7543), p. 309-314.

Manni, F. *et al.,* 2008, "Do surname differences mirror dialect variation ?", *Human Biology,* 80(1), p. 41-64.

Marcheco-Teruel, B. *et al.,* 2014, "Cuba : exploring the history of admixture and the genetic basis of pigmentation using autosomal and uniparental markers", *PLoS Genetics,* 10(7).

Marchi, N. *et al.,* 2017, "Sex-specific genetic diversity is shaped by cultural factors in Inner Asian human populations", *American Journal of Physical Anthropology,* 162(4), p. 627-640.

Mathias, R. A. *et al.,* 2016, "A continuum of admixture in the Western Hemisphere revealed by the African Diaspora genome", *Nature Communications,* 7.

Montinaro, F. *et al.,* 2015, "Unravelling the hidden ancestry of American admixed populations", *Nature Communications,* 6(6596).

Moreau, C. *et al.,* 2011, "Deep human genealogies reveal a selective advantage to be on an expanding wave front", *Science,* 334(6059), p. 1148-1150.

Moreno-Estrada, A. *et al.,* 2013, "Reconstructing the population genetic history of the Caribbean", *PLoS Genetics,* 9(11).

Patin, E. *et al.,* 2017, "Dispersals and genetic adaptation of Bantu-speaking populations in Africa and North America", *Science,* 356(6337), p. 543-546.

Raghavan, M. *et al.,* 2015, "Genomic evidence for the Pleistocene and recent population history of Native Americans", *Science,* 349(6250).

Reich, D. *et al.,* 2012, "Reconstructing Native American population history", *Nature,* 488(7411), p. 370-374.

Rosser, H. *et al.,* 2000, "Y-chromosomal diversity in Europe is clinal and influenced primarily by geography, rather than by language", *American Journal of Human Genetics,* 67(6), p. 1526-1543.

Rotimi, C. N. *et al.,* 2017, "The African diaspora : history, adaptation and health", *Current Opinion in Genetics and Development,* 41, p. 77-84.

Salzano, F. M. et Sans, M., 2014, "Interethnic admixture and the evolution of Latin

American populations", *Genetics and Molecular Biology*, 37(1 SUPPL.), p. 151-170.

Schroeder, H. *et al.*, 2015, "Genome-wide ancestry of 17thcentury enslaved Africans from the Caribbean", *Proceedings of the National Academy of Sciences*, 112(12), p. 3669-3673.

Star, B. *et al.*, 2017, "Ancient DNA reveals the Arctic origin of Viking Age cod from Haithabu, Germany", *Proceedings of the National Academy of Sciences*, 114(34) p. 9152-9157.

Verdu, P. *et al.*, 2014, "Patterns of admixture and population structure in native populations of Northwest North America", *PLoS Genetics*, 10(8).

Via, M. *et al.*, 2011, "History shaped the geographic distribution of genomic admixture on the island of Puerto Rico", *PLoS ONE*, 6(1).

Yunusbayev, B. *et al.*, 2015, "The genetic legacy of the expansion of Turkic-speaking nomads across Eurasia", *PLoS Genetics*, 11(4).

Zeng, T. C. *et al.*, 2018, "Cultural hitchhiking and competition between patrilineal kin groups explain the post-Neolithic Y-chromosome bottleneck", *Nature Communications*, 9(1).

Zerjal, T. *et al.*, 2003, "The genetic legacy of the Mongols", *American Journal of Human Genetics*, 72(3), p. 717-721.

Zhabagin, M. *et al.*, 2017, "The connection of the genetic, cultural and geographic landscapes of Transoxiana", *Scientific Reports*, 7(1).

제5장 모두의 조상

Altshuler, D. L. *et al.*, 2010, "A map of human genome variation from population-scale sequencing", *Nature*, 467(7319), p. 1061-1073.

Auton, A. *et al.*, 2015, "A global reference for human genetic variation", *Nature*, 526(7571), p. 68-74.

Benonisdottir, S. *et al.*, 2016, "Epigenetic and genetic components of height regulation", *Nature Communications*, 7.

Blanpain, N. et Chardon, O., 2010, "Projections de population à l'horizon 2060 : Un tiers de la population âgé de plus de 60 ans", *Insee Première*, 1320.

Bourgain, C. *et al.*, 2019, "Faut-il se fier aux tests génétiques ?", *Pour la Science*, 499.

Collectif, 2016, "A century of trends in adult human height", *ELife*, 5, p. 1-29.

Derrida, B. *et al.*, 2000, "On the genealogy of a population of biparental individuals", *Journal of Theoretical Biology*, 203(3), p. 303-315.

Donnelly, K. P., 1983, "The probability that related individuals share some section of genome identical by descent", *Theoretical Population Biology*, 23(1), p. 34-63.

Erlich, Y. *et al.*, 2018, "Identity inference of genomic data using long-range familial searches", *Science*, 362(6415), p. 690-694.

Formicola, V. et Giannecchini, M., 1999, "Evolutionary trends of stature in upper Paleolithic and Mesolithic Europe", *Journal of Human Evolution*, 36(3), p. 319-333.

Gauvin, H. *et al.*, 2014, "Genome-wide patterns of identityby-descent sharing in the French Canadian founder population", *European Journal of Human Genetics*, 22(6), p. 814-821.

Grasgruber, P. *et al.*, 2014, "The role of nutrition and genetics as key determinants of the positive height trend", *Economics and Human Biology*, 15, p. 81-100.

Grasgruber, P. *et al.*, 2016, "Major correlates of male height : A study of 105 countries", *Economics and Human Biology*, 21, p. 172-195.

Gravel, S. et Steel, M., 2015, "The existence and abundance of ghost ancestors in biparental populations", *Theoretical Population Biology*, 101, p. 47-53.

Gymrek, M. *et al.*, 2013, "Identifying personal genomes by surname inference", *Science*, 339 (6117), p. 321-325.

Helgason, A. *et al.*, 2003, "A populationwide coalescent analysis of Icelandic matrilineal and patrilineal genealogies : Evidence for a faster evolutionary rate of mtDNA lineages than Y chromosomes", *American Journal of Human Genetics*, 72(6), p. 1370-1388.

Helgason, A. *et al.*, 2008, "An association between the kinship and fertility of human couples", *Science*, 319(5864), p. 813-816.

Hermanussen, M., 2003, "Stature of early Europeans", *Hormones*, 2(3), p. 175-178.

Heyer, E. (éd.), 2015, *Une belle histoire de l'Homme*, Flammarion.

Heyer, E., 1995, "Genetic consequences of differential demographic behaviour in the Saguenay region, Québec", *American Journal of Physical Anthropology*, 98(1).

Heyer, E. et Reynaud-Paligot, C., 2017, *Nous et les autres – Des préjugés au racisme*, Paris, La Découverte.

Heyer, E. et Reynaud-Paligot, C., 2019, *On vient vraiment tous d'Afrique ?*, Paris, Flammarion.

Kaplanis, J. *et al.*, 2018, "Quantitative analysis of population-scale family trees with millions of relatives", *Science*, 360(6385), p. 171-175.

Kelleher, J. *et al.*, 2016, "Spread of pedigree versus genetic ancestry in spatially distributed populations", *Theoretical Population Biology*, 108, p. 1-12.

Krausz, C., 2001, "Identification of a Y chromosome haplogroup associated with reduced sperm counts", *Human Molecular Genetics*, 10(18), p. 1873-1877.

Leslie, S. *et al.*, 2015, "The fine-scale genetic structure of the British population", *Nature*, 519(7543), p. 309-314.

Li, J. Z. *et al.*, 2008, "Worldwide human relationships inferred from genome-wide patterns of variation", *Science*, 319(5866), p. 1100-1104.

Marchi, N. *et al.*, 2018, "Close inbreeding and low genetic diversity in Inner Asian human populations despite geographical exogamy", *Scientific Reports*, 8(1).

Marouli, E. *et al.*, 2017, "Rare and low-frequency coding variants alter human adult height", *Nature*, 542(7640), p. 186-190.

McQuillan, R. *et al.*, 2012, "Evidence of inbreeding depression on human height", *PLoS Genetics*, 8(7).

Nettle, D., 2002, "Women's height, reproductive success and the evolution of sexual dimorphism in modern humans", *Proceedings of the Royal Society B : Biological Sciences*, 269(1503), p. 1919-1923.

Ralph, P. et Coop, G., 2013, "The geography of recent genetic ancestry across Europe", *PLoS Biology*, 11(5).

Robine, J.-M. et Cambois, E., 2013, "Health life expectancy in Europe", *Population and Societies*, 499.

Rohde, D. L. T. *et al.*, 2004, "Modelling the recent common ancestry of all living humans", *Nature*, 431(7008), p. 562-566.

Vallin, J. et Meslé, F., 2010, "Espérance de vie : peut-on gagner trois mois par an indéfiniment ?", *Bulletin mensuel d'information de l'Institut national d'études démographiques*, 473, p. 1-4. D'après www.ined.fr/fichier/s_rubrique/260/publi_pdf1_pes473.fr.pdf

Yengo, L. *et al.*, 2018, "Meta-analysis of genome-wide association studies for height and body mass index in ~700 000 individuals of European ancestry", *Human Molecular Genetics*, 27(20), p. 3641-3649.

결론-인류의 미래

Bokelmann, L. *et al.*, 2019, "A genetic analysis of the Gibraltar Neanderthals", *Proceedings of the National Academy of Sciences*, 116(31), p. 15610-15615.

Chen, F. *et al.*, 2019, "A late Middle Pleistocene Denisovan mandible from the Tibetan Plateau", *Nature*, 569(7756), p. 409-412.

DeCasien, A. R. *et al.*, 2017, "Primate brain size is predicted by diet but not sociality", *Nature Ecology and Evolution*, 1(5).

Détroit, F. *et al.*, 2019, "A new species of Homo from the Late Pleistocene of the Philippines", *Nature*, 568(7751), p. 181-186.

Dunbar, R., 1998, "The social brain hypothesis", *Evolutionary Anthropology*, p. 178-190.

Green, R. E. *et al.*, 2010, "A draft sequence of the Neandertal genome", *Science*, 328(5979), p. 710-722.

Hershkovitz, I. *et al.*, 2018, "The earliest modern humans outside Africa", *Science*, 359(6374), p. 456-459.

Heyer, E. (éd.), 2015, *Une belle histoire de l'Homme*, Flammarion.

Hublin, J.-J. *et al.*, 2015, "Brain ontogeny and life history in Pleistocene hominins", *Philosophical Transactions of the Royal Society B : Biological Sciences*, 370(1663).

Hublin, J. J., 2009, "Out of Africa : modern human origins special feature : the origin of Neandertals", *Proceedings of the National Academy of Sciences*, 106(38), p. 16022-16027.

Hublin, J.-J., 2017, "The last Neanderthal", *Proceedings of the National Academy of Sciences*, 114(40), p. 10520-10522.

Hublin, J.-J. *et al.*, 2017, "New fossils from Jebel Irhoud, Morocco and the pan-African origin of Homo sapiens", *Nature*, 546(7657), p. 289-292.

Jónsson, H. *et al.*, 2017, "Parental influence on human germline de novo mutations in 1,548 trios from Iceland", *Nature*, 549(7673), p. 519-522.

Kaplan, H. *et al.*, 2000, "A theory of human life history evolution : Diet, intelligence, and longevity", *Evolutionary Anthropology*, 9(4), p. 156-185.

Llamas, B. *et al.*, 2017, "Human evolution : A tale from ancient genomes", *Philosophical Transactions of the Royal Society B : Biological Sciences*, 372(1713).

Meyer, M. *et al.*, 2016, "Nuclear DNA sequences from the Middle Pleistocene Sima de los Huesos hominins", *Nature*, 531(7595), p. 504-507.

Mikkelsen, T. S. *et al.*, 2005, "Initial sequence of the chimpanzee genome and comparison with the human genome", *Nature*, 437(7055), p. 69-87.

Pavard, S. et Coste, C., 2019, "Evolution of the human lifecycle ", in *Encyclopedia of Biomedical Gerontology*, Academic Press.

Prado-Martinez, J. *et al.*, 2013, "Great ape genetic diversity and population history", *Nature*, 499(7459), p. 471-475.

Prat, S., 2018, "First hominin settlements out of Africa. Tempo and dispersal mode : Review and perspectives", *Comptes Rendus – Palevol*, 17(1-2), p. 6-16.

Prüfer, K. *et al.*, 2012, "The bonobo genome compared with the chimpanzee and human genomes", *Nature*, 486, p. 527-531.

Reich, D. *et al.*, 2010, "Genetic history of an archaic hominin group from Denisova Cave in Siberia", *Nature*, 468(7327), p. 1053-1060.

Sánchez-Quinto, F. et Lalueza-Fox, C., 2015, "Almost 20 years of Neanderthal palaeogenetics : Adaptation, admixture, diversity, demography and extinction", *Philosophical Transactions of the Royal Society B : Biological Sciences*, 370(1660).

Scally, A. et Durbin, R., 2012, "Revising the human mutation rate : implications for understanding human evolution", *Nature Reviews Genetics*, 13(10), p. 745-753.

Scerri, E. M. L. *et al.*, 2018, "Did our species evolve in subdivided populations across Africa, and why does it matter ?", *Trends in Ecology & Evolution*, 33(8), p. 582-594.

Schlebusch, C. M. *et al.*, 2017, "Southern African ancient genomes estimate modern human divergence to 350,000 to 260,000 years ago", *Science*, 358(6363), p. 652-655.

Ségurel, L. *et al.*, 2014, "Determinants of mutation rate variation in the human germline",

Annual Review of Genomics and Human Genetics, 15(1), p. 47-70.

Slatkin, M. et Racimo, F., 2016, "Ancient DNA and human history", *Proceedings of the National Academy of Sciences*, 113(23), p. 6380-6387.

Slon, V. *et al.*, 2018, "The genome of the offspring of a Neanderthal mother and a Denisovan father", *Nature*, 561(7721), p. 113-116.

Verendeev, A. et Sherwood, C. C., 2017, "Human brain evolution ", *Current Opinion in Behavioral Sciences*, 16, p. 41-45.

Wolf, A. B. et Akey, J. M., 2018, "Outstanding questions in the study of archaic hominin admixture", *PLoS Genetics*, 14(5), p. 1-14.

| 감사의 말 |

이 책은 오랜 실무와 현장 경험으로 쌓은 과학 지식을 공유하려는 열망의 산물이다. 내가 과학부장으로 근무했던 파리 인류박물관은 쇄신 정책의 일환으로 이 열망을 담아 여러 전시를 기획했다. 특히 2017년 〈우리, 그리고 다른 사람들 - 편견에서 인종주의에 이르기까지〉라는 제목으로 첫 전시를 한 일은 큰 행운이었다.

과학에서 중요한 일 중 하나는 지식을 사회에 환원하는 것이다. 책은 지식을 대중과 공유하는 좋은 수단이다.

원고를 보며 다양하게 해석하고 '매의 눈'으로 평가하며 지식을 공유하는 친절을 베풀어준 동료들에게 감사드린다. 특히 세르주 바워셰, 셀린 봉, 라파엘 셰, 도미니크 그리모 에르베, 실비 르보맹, 셸리 마지, 상드린 프라 그리고 폴 베르뒤에게 감사를 전한다.

연구는 공동 작업이다. 나는 공식 프레젠테이션 혹은 커피 한잔 마시며 나누는 간단한 대화로 언제든 지식, 호기심, 자유에 대한 갈증을 풀고 아이디어가 가득한 곳에서 좋아하는 일을 할 수 있는 행운을 누렸다.

또한 연구 계획을 함께 설계하고 때로는 현장까지 동행한 모든 이에게 감사드리고 싶다. 타티아나 에게, 필립 메느시에, 로르 세구렐, 라파엘 세, 프레데릭 오스테를리츠, 폴 베르뒤, 안나 니콜레아바, 에릭 베르젤, 기 브뤼네, 니나 마르키, 아녜스 조스트랑, 실비 르보맹, 마르크 트랑블레, 알랭 가뇽, 엘렌 베지나, 파트리샤 발라레스크, 루이 캥타나 뮈르시, 로맹 로랑, 브뤼노 투팡스, 프란츠 마니, 사뮈엘 파바르, 미리암 조르주, 프리실 투라유, 노에미 베케, 에티엔 파탱, 소피 라포스, 보리스 쉬클로와 주느비에브 쉬클로, 파트릭 파스케, 타우 라헴, 실비 오프랑, 플로랑스 루아조, 나르지 샤피로바, 코뒤라 도르쥐, 피루자 나시로바 등이다. 이들 중 몇몇은 나의 학생이었고, 지금은 자신의 유전자인류학 프로젝트를 수행하는 현장에서 경험과 이론으로 무장한 재능 있는 연구자가 됐다. 그들에게 열정을 물려줄 수 있어서 행복하다.

운 좋게도 여러 민족을 발견하고, 과학과 모험이 결합한 어려운 유전자인류학을 연구하는 도중 만난 모든 사람에게 이 책을 바친다.

에릭 베르즐, 세실 풀라르, 카롤린 브루소의 꾸준한 지지와 동료 마티외 구넬 덕분에 만난 편집자 크리스티앙 쿠니용의 격려, 그리고 그자비에 뮐러의 음악 없이는 이 책을 쓸 수 없었을 것이다. 이들에게도 감사를 보낸다.

유전자 오디세이

초판 1쇄 인쇄 2023년 4월 18일
초판 1쇄 발행 2023년 4월 28일

지은이 에블린 에예르
옮긴이 김희경
발행인 박효상
편집장 김현
기획·편집 장경희
디자인 임정현

편집·진행 김효정
교정·교열 강진홍
표지·본문 디자인 엄혜리
마케팅 이태호, 이전희
관리 김태옥

종이 월드페이퍼 **인쇄·제본** 예림인쇄·바인딩 | **출판등록** 제10-1835호
펴낸 곳 사람in | **주소** 04034 서울시 마포구 양화로11길 14-10(서교동) 3F
전화 02) 338-3555(代) **팩스** 02) 338-3545 | **E-mail** saramin@netsgo.com
Website www.saramin.com

ISBN 978-89-6049-800-6 03470

우아한 지적만보, 기민한 실사구시 **사람in**